dapd
nachrichtenagent

Warum hilft Kratzen, wenn es juckt?

dapd nachrichtenagentur

Warum hilft Kratzen, wenn es juckt?

... und weitere Fragen, die die Welt bewegen

mvgverlag

Bibliografische Information der Deutschen Nationalbibliothek
Die Deutsche Nationalbibliothek verzeichnet diese Publikation in der Deutschen Nationalbibliografie.
Detaillierte bibliografische Daten sind im Internet über http://dnb.d-nb.de abrufbar.

Für Fragen und Anregungen:
dapd@mvg-verlag.de

2. Auflage 2012

Nymphenburger Straße 86
D-80636 München
Tel.: 089 651285-0
Fax: 089 652096

Text: dapd nachrichtenagentur
Redaktion: Jennifer Grünwald, München
Umschlaggestaltung: Maria Wittek, München
Umschlagabbildung: Getty Images
Satz: HJR, Jürgen Echter, Landsberg am Lech
Druck: GGP Media GmbH, Pößneck
Printed in Germany

ISBN Print: 978-3-86882-267-0
ISBN E-Book (PDF): 978-3-86415-262-7

Inhalt

1. Warum wechselt ein Chamäleon seine Farbe? ... 13
2. Wie entstehen Ohrwürmer? ... 14
3. Warum fliegt ein Bumerang zum Werfer zurück? ... 15
4. Weshalb ist der Himmel blau? ... 16
5. Wie wahrscheinlich ist ein Sechser im Lotto? ... 17
6. Warum ist die Nacht dunkel? ... 18
7. Woher wissen Pflanzen, wo oben und unten ist? ... 19
8. Warum waren in Deutschland früher Holzzäune verboten? ... 20
9. Waren die Amerikaner wirklich auf dem Mond? ... 21
10. Warum machen manche Tiere in der Dämmerung Lärm? ... 22
11. Weshalb sind manche Menschen häufiger krank? 23
12. Warum erkennen Vögel Kuckuckseier trotz anderer Färbung nicht? ... 24
13. Wieso kann uns der Regen überraschen? ... 24
14. Warum sind Vogelmännchen bunter als ihre Weibchen? ... 25
15. Weshalb muss man von Pfeffer niesen und nicht von Salz? ... 26
16. Wie wird das Ende der Erde aussehen? ... 27
17. Bei welcher Tierart funktioniert der Artenmix am besten? ... 28
18. Wo reißt ein Seil am schnellsten? ... 29
19. Warum vergeht die Zeit mit zunehmendem Alter schneller? ... 29
20. Weshalb verwechseln viele Menschen rechts und links? ... 31
21. Können Tiere träumen? ... 32
22. Wie entstehen Locken? ... 33
23. Warum stehen Flamingos häufig auf einem Bein? ... 34
24. Weshalb erscheint ein Regenbogen als Halbkreis? ... 34
25. Warum bleiben manche Gerüche ein Leben lang in der Nase? ... 35
26. Wieso können Papageien sprechen? ... 36
27. Wie viel Spülmittel braucht man beim Abwasch? ... 37

28. Warum überleben manche Menschen einen Blitzschlag? 38

29. Weshalb sehen Betrunkene manchmal doppelt? 39

30. Wie finden Eichhörnchen ihre versteckten Vorräte wieder? 40

31. Was geschah beim Urknall? 41

32. Warum sind Menschen nicht am ganzen Körper behaart? 42

33. Wie können Wale stundenlang die Luft anhalten? 44

34. Wie entstehen Falten? 45

35. Warum hinterlässt ein Flugzeug weiße Streifen am Himmel? 46

36. Weshalb riecht Parfüm nicht bei jedem Menschen gleich? 47

37. Warum haben Kamele Höcker? 48

38. Aus welchem Grund kauft man im Supermarkt immer zuerst Gemüse ein? 49

39. In welchem Monat werden die meisten Babys geboren? 50

40. Warum haben die meisten Tiere einen Schwanz? 52

41. Wie kommt der Sand an den Strand? 52

42. Warum schmerzen beim Landeanflug die Ohren? 54

43. Weshalb schmecken Tränen salzig? 55

44. Muss Milch zum Aufschäumen warm sein? 55

45. Fördert Spucke die Wundheilung? 56

46. Kann man sich hinter Fensterglas sonnen? 57

47. Warum fallen wir nicht von der Erde? 57

48. Haben alle Babys blaue Augen? 58

49. Warum wedeln Hunde mit dem Schwanz? 59

50. Weshalb sind Wolken weiß? 60

51. Wie alt kann ein Mensch maximal werden? 61

52. Legen weiße Hühner nur weiße Eier? 62

53. Warum ist Gähnen ansteckend? 63

54. Macht Schwarz wirklich schlank? 64

55. Welches Pferd stand für die Einheit PS Pate? 64

56. Ist Feuer immer rot? 65

57. Wird man im Flugzeug schneller betrunken? 66

58. Wie weit reicht unser Erinnerungsvermögen zurück? 67

59. Haben Verliebte wirklich Schmetterlinge im Bauch? ... 68

60. Warum werden wir blass, wenn wir krank sind? ... 69

61. Kann man sich totlachen? 70

62. Warum kräuseln sich Haare bei feuchtem Wetter? ... 71

63. Weshalb kratzen wir uns beim Nachdenken häufig am Kopf? ... 72

64. Nehmen uns Pflanzen im Schlafzimmer nachts den Sauerstoff weg? ... 73

65. Warum gelten lange Beine als attraktiv? ... 74

66. Weshalb schlagen uns Sorgen oft auf den Magen? ... 75

67. Können Hunde riechen, ob ein Mensch Angst hat? 76

68. Warum kommen rote Haare so selten vor? ... 77

69. Wieso sind Hühnereier oval? ... 79

70. Geraten Schwimmer ins Schwitzen? ... 79

71. Warum gelten blonde Haare als besonders attraktiv? ... 81

72. Weshalb erscheinen Adern unter der Haut bläulich? ... 82

73. Nach welchen Kriterien sind die Zeichen auf der Tastatur angeordnet? ... 83

74. Kann die Harnblase platzen, wenn man lange nicht zur Toilette geht? ... 84

75. Wie lange kann der Mensch ohne Schlaf auskommen? ... 85

76. Was hält das Erdinnere heiß? ... 86

77. Warum sind Pflanzen grün? ... 87

78. Haben auch Hund und Katze Blutgruppen? ... 88

79. Wann schlägt ein Herz zum ersten Mal? ... 89

80. Tarnkappen – Fantasie oder irgendwann Realität? 90

81. Sind Fische wirklich stumm? ... 91

82. Seit wann gibt es die Ehe? 92

83. Sind eineiige Zwillinge wirklich gleich? ... 94

84. Schließt sich mit dem Geburtsschrei tatsächlich ein Loch im Herzen? ... 95

85. Hat der Mythos vom »Fluch der Pharaonen« einen wahren Kern? ... 96

86. Warum sind Planeten rund? ... 97

87. Weshalb läuft bei Kälte die Nase? ... 99

88. Warum frieren Frauen schneller? ... 100

89. Lebt der Weihnachtsbaum noch? ... 101

90. Wie sehen Karius und Baktus wirklich aus? 102

91. Warum gibt es weder bunte Hunde noch lila Kühe? 103

92. Weshalb haben Frauen zwei Brüste? 104

93. Was machen Bienen im Winter? 105

94. Warum kommt es beim Teekochen auf jede Minute an? 106

95. Wieviel Maus steckt im Menschen? 107

96. Wer ist schmerzempfindlicher – Mann oder Frau? 108

97. Sind Elstern wirklich diebisch? 109

98. Weshalb haben Chinesen ein Problem mit dem »R«? 110

99. Legen Hühner täglich ein Ei? 111

100. Entspricht ein Hunde- oder Katzenjahr wirklich sieben Menschenjahren? . 113

101. Warum wird Zucker nicht schlecht? 114

102. Sind Hühner tatsächlich dumm? 114

103. Reden Bauchredner wirklich mit dem Bauch? 115

104. Haben Zwillinge zwangsläufig denselben Vater? 116

105. Warum sind Hunde gehorsam und Katzen eigensinnig? 117

106. Wie verhindert ein Deodorant Schweißgeruch? 118

107. Warum gibt es keine Rieseninsekten? 119

108. Weshalb haben Menschen eine Körpertemperatur von 37 Grad Celsius? 120

109. Bremsen Windkraftanlagen den Wind? 122

110. Warum löst Wasser auf brennendem Öl eine Stichflamme aus? 123

111. Wie kommt der Sand in die Wüste? 124

112. Weshalb hat das Zebra Streifen? 125

113. Ist es am Süd- oder am Nordpol kälter? 126

114. Zeigt der Tacho im Auto tatsächlich zu viel an? 127

115. Was weckt Tiere aus dem Winterschlaf? 128

116. Was hat es mit dem Sandmann-Sand im Auge auf sich? 129

117. Ist Trinken beim Essen ungesund? 130

118. Warum wachsen Eisblumen nur noch selten? 131

119. Befreit warmes Wasser die Hände besser von Keimen? ... 132

120. Warum fallen Wolken nicht vom Himmel? ... 133

121. Weshalb haben Tiere Schwänze? ... 134

122. Warum ist das Meer salzig? ... 136

123. Ist das Rabenweibchen tatsächlich eine Rabenmutter? ... 137

124. Warum funkeln Sterne? ... 139

125. Wie schlau sind Insekten? ... 140

126. Warum ist Glas transparent? ... 141

127. Was träumen Tiere? ... 143

128. Wird Milch wirklich bei Gewitter sauer? ... 144

129. Wie überleben Tiere in der Wüste? ... 145

130. Warum gibt es Gold im Rhein? ... 146

131. Woher kommt das Schillern der Schmetterlingsflügel? ... 148

132. Warum vertragen sich Äpfel und Birnen nicht? ... 149

133. Warum fällt ein Gecko nicht von der Wand? ... 150

134. Wie kommen E-Mails nach Amerika? ... 152

135. Wie schnell ist das Schneckentempo? ... 154

136. Warum brennen Brennnesseln? ... 156

137. Schläft man bei Vollmond schlechter? ... 157

138. Warum gibt es Vögel, die nicht fliegen können? ... 159

139. Können wir im Schlaf lernen? ... 160

140. Können Stiere »rotsehen«? ... 162

141. Warum wird Kindern beim Schaukeln nicht schlecht? ... 163

142. Weshalb können wir uns nicht selbst kitzeln? ... 164

143. Können Tiere sich im Spiegel erkennen? ... 165

144. Hat Honig wirklich heilende Kräfte? ... 166

145. Was machen Schmetterlinge im Winter? ... 167

146. Warum hat der Mensch kein Fell mehr? ... 168

147. Kann die Eule auch mit den Augen hören? ... 169

148. Weshalb gibt es mehr Rechtshänder? ... 170

149. Weshalb sind manche Menschen farbenblind? ... 171

150. Wo kommt eigentlich all der Staub her? ... 172

151. Wie entsteht ein Regenbogen? ... 173

152. Warum umschwirren Motten das Licht? ... 174

153. Was hilft gegen Schluckauf? 175

154. Weshalb kräht der Hahn? 176

155. Warum hilft Kratzen, wenn es juckt? 176

156. Warum verlieren Nadelbäume nicht ihr Grün? 178

157. Weshalb haben viele Menschen Angst vor Spinnen? 178

158. Warum sehen wir manchmal Sternchen? 179

159. Wieso jucken Mückenstiche? 179

160. Bekommt man durch Stress graue Haare? 181

161. Muss man bei Gewitter raus aus dem See? 182

162. Schadet Lesen bei Dämmerlicht den Augen? 182

163. Warum fallen wir im Schlaf nicht aus dem Bett? 183

164. Machen Kopfbälle dumm? 184

165. Hinterlassen Fische Spuren im Wasser? 185

166. Wie entsteht Magenknurren? 186

167. Können Tiere weinen? 187

168. Warum läuft einigen Menschen beim Sport die Nase? 188

169. Kann man seinen Intelligenzquotienten steigern? 189

170. Warum fliegen Vögel in Keilformation? 190

171. Weshalb ist die untergehende Sonne rot? 192

172. Wie gefährlich sind Asteroiden? 192

173. Warum stehen uns bei Angst die Haare zu Berge? 193

174. Weshalb fällt Schnee nicht als festes Eiskorn vom Himmel? 194

175. Wie genau ist ein Kompass? 195

176. Sind Selbstgespräche normal oder krankhaft? .. 196

177. Wachsen Ohren und Nase auch noch im hohen Alter? 197

178. Wie viel Energie kostet eine Suchanfrage bei Google? 198

179. Kann das Wetter krank machen? 199

180. Warum können Wasserläufer übers Wasser rennen? 200

181. Weshalb leiden werdende Väter manchmal unter Schwangerschafts-symptomen? 201

182. Warum »korken« manche Weine? 203

183. Was sehen Blinde? 204

184. Was macht die Löcher im Universum schwarz? 205

185. Geht Muskelkater durch Bewegung schneller weg? 206

186. Angst – was ist das eigentlich? 207

187. Warum ist das Faultier so langsam? 208

188. Wovon lebt der Schimmel an der Wand? 209

189. Sind Blutegel wirklich kleine Heiler? 210

190. Wie entsteht Weinstein? . 211

191. Schützt ein harter Winter vor einer Stechmückenplage? 212

192. Warum kann der Wind Musik davontragen? 213

193. Woher kennt eine Körperzelle ihre Funktion? 214

194. Was treibt Schlafwandler aus dem Bett? 216

195. Wie entstehen Hagelkörner? 217

196. Können wir unsere Träume beeinflussen? 217

197. Wann erkennen sich Babys im Spiegel? 218

198. Werden beim Weinen Stresshormone ausgeschwemmt? 220

199. Weshalb kann ein kompletter Vogelschwarm geradeaus fliegen? 221

200. Friert ein Baumstamm im Winter durch? 222

Quellen 225

Nr. 1

Warum wechselt ein Chamäleon seine Farbe?

Das Chamäleon ist der Verwandlungskünstler unter den Reptilien: Einige Arten können in Sekundenschnelle ihre Farbe wechseln. Diese Fähigkeit ist wichtig im täglichen Überlebenskampf der Tiere.

Chamäleons verändern mithilfe von pigmenthaltigen Hautzellen (Chromatophoren) ihre Farbe. Beim sogenannten physiologischen Farbwechsel werden verschiedenfarbige Pigmente in den Chromatophoren bewegt. Je nach Verteilung der Pigmente erscheint das Chamäleon in einem bestimmten und zuweilen bizarren Gewand.

Ziel ist die rasche Anpassung an die Umgebungstemperatur. Indem die wechselwarmen Tiere ihre Oberfläche abdunkeln, erhöhen sie schneller die Körpertemperatur. Eine Überhitzung lässt sich durch eine Aufhellung vermeiden. Darüber hinaus dient der physiologische Farbwechsel der Kommunikation und kann bei manchen Arten innerhalb von Sekunden erfolgen.

Besonders farbenfrohe Muster zeigen Chamäleons etwa beim Imponieren, Balzen und Drohen. Unterlegenheit signalisieren die Tiere durch Verdunklung und schwache Kontraste. Bei manchen Arten zeigen trächtige Weibchen paarungswilligen Männchen über große Entfernungen ihre Umstände an.

Der sogenannte morphologische Farbwechsel kann dagegen wochen- oder gar monatelang dauern und dient vorwiegend der Tarnung und langfristigen Anpassung an die Umwelt. So wandern die Männchen des Lappenchamäleons während der Trockenzeit in der Savanne umher und färben sich dafür von Grün nach Braun um. Die Weibchen behalten dagegen ihre grüne Grundfärbung, weil sie auf der übrig gebliebenen Vegetation verharren. Beim morphologischen Farbwechsel ändert sich lediglich die Anzahl und Verteilung der Chromatophoren.

Chamäleons sind überwiegend Baum- und Strauchbewohner und kommen in Afrika, Asien sowie im Mittelmeerraum vor. Die meisten Arten fühlen sich in Wäldern, auf Grasland sowie in Feucht- und Trockensavannen wohl.[1]

Nr. 2

Wie entstehen Ohrwürmer?

Ohrwürmer sind hartnäckige Gesellen. Sie befallen viele ohne Vorankündigung, nisten sich gemütlich ein und sind nur schwer wieder zu vertreiben. Wie die echten kleinen Tiere haben auch die musikalischen Ohrwürmer schon so manchem den letzten Nerv geraubt. Neben der Frage, wie sie eigentlich entstehen, ist vor allem auch wichtig: Wie wird man sie wieder los?

Es gibt Musikstücke, die sich einfach im Kopf festsetzen. Wie in einer Endlosschleife zwingen sie jeden Hörer zum permanenten Mitsingen. Ob er will oder nicht. Es ist die mildeste Form einer Zwangsneurose. Meistens fängt es äußerst harmlos an. Erst singt man nur mit, wenn der Titel im Radio läuft. Dann vollendet man das Konzert unter der Dusche, im Keller oder Auto. Spätestens jetzt hat der Ohrwurm sein Ziel erreicht.

Aus einem Mozart-Requiem wird aber sicher kein Ohrwurm, sind sich Neurologen sicher. Ein Lied wird nur dann zum Dauerbrenner im Gehirn, wenn es ein gewisses Muster erfüllt. Meistens zeichnen sich die Ohrwürmer durch eine fast grauenvolle Einfachheit aus. Allzu komplizierte Texte und komplexe Melodien scheiden damit schon einmal aus.

Damit aus einem einfachen Lied ein Ohrwurm wird, muss es vor allen Dingen ununterbrochen gespielt werden. Nur so setzt es sich im Kurzzeitgedächtnis fest und wird immer wieder abgerufen. Löst der Song zudem noch positive Emotionen wie Fröhlichkeit, Verliebtsein oder andere Hochstimmungen aus, hat er schon so gut wie gewonnen.

Bleibt die Frage, wie man den musikalischen Parasiten wieder loswird. Es empfiehlt sich, das eine Lied mit einem anderen zu überdecken. Damit sich der neue Song nicht auch wieder zum Ohrwurm entwickelt, sollte er sich möglichst eindeutig vom nervigen Dauerbrenner unterscheiden.[2]

Nr. 3

Warum fliegt ein Bumerang zum Werfer zurück?

Wohl kein Sportgerät ist so eigenwillig wie der Bumerang. Zwar sind auch Fußbälle oder Dart-Pfeile auf bestimmte Flugeigenschaften getrimmt. Ein Bumerang fliegt aber nur dann in der gewünschten Weise, wenn Bauart und Wurftechnik genau aufeinander abgestimmt sind. Grund ist die knifflige Aerodynamik der Flugobjekte.

Ein Bumerang fliegt nicht nur in eine Richtung, sondern rotiert zusätzlich mit seinen Flügeln um den eigenen Schwerpunkt. Seine Aerodynamik lässt sich mit der eines Hubschraubers vergleichen. Beim Helikopter sorgen die Rotoren für den Auftrieb: Das vorauseilende Rotorblatt, das sich in Flugrichtung bewegt, bekommt dabei mehr Auftrieb als das nacheilende, das im gleichen Moment nach hinten schlägt. Dies führt zu einer Kippbewegung, die der Hubschrauber dadurch ausgleicht, dass er seine Rotorblätter verstellt.

Beim Bumerang bleibt die Kippbewegung während der Rotation erhalten. Während des Fluges neigt er sich also permanent zu einer Seite. Beim Rechtshänder ist es die linke Seite, beim Linkshänder die rechte. Erst diese ständige Seitendrift ermöglicht die geschlossene Kreisform, die der Bumerang vollziehen kann und die im Idealfall beim Werfer endet.

Die geschlossene Kreisbewegung hinzubekommen setzt viel Übung voraus. Wichtig ist, den Bumerang flach und in einer bestimmten Neigung abzuwerfen. Zudem hängt viel von der Bauweise des Bumerangs ab. Schon die kleinste Abweichung in der Form kann die gewünschte Flugbahn unmöglich machen.

So muss die Fläche des Bumerangs in einem passenden Verhältnis zu seinem Gewicht stehen, um den notwendigen Auftrieb zu erzeugen. Bumerangs durchlaufen daher in der Regel eine Einwurfphase, in welcher der Besitzer die Flugeigenschaften testen und gegebenenfalls Änderungen an seinem Sportgerät vornehmen kann.

Die Geschichte der Bumerangs reicht weit zurück: Bereits die Aborigines in Australien und andere Urvölker verwendeten sie. Diese Prototypen der modernen Sportbumerangs kehrten allerdings nicht zum Werfer zurück, sondern wurden als Jagdwaffe benutzt. Als Material dienten Äste, welche die Aborigines flugfähig zuschnitzten.[3]

Nr. 4

Weshalb ist der Himmel blau?

Die Frage scheint naiv, doch haben sich Naturforscher und Wissenschaftler jahrhundertelang daran die Zähne ausgebissen: Warum ist der Himmel blau – wo es doch das Sonnenlicht offensichtlich nicht ist?

Das Licht der Sonne ist urprünglich weiß. Das bedeutet, es besteht aus einer Mischung aller Spektralfarben: Rot, Orange, Gelb, Grün, Blau und Violett. Das Licht wird auf dem Weg durch die Erdatmosphäre gestreut. Ein Teil des Lichtes kommt also gar nicht auf der Erde an, sondern wird von den Luftteilchen in der Atmosphäre aus seiner Bahn geworfen. Dabei wird blaues Licht viel stärker gestreut als rotes Licht. Das führt dazu, dass von dem gestreuten Licht fast nur der blaue Anteil auf der Erde ankommt. Blicken wir also in den Himmel, nehmen wir nur das blaue Licht wahr: Der Himmel erscheint blau.

Der bis heute als gültig anerkannten Erklärung waren über Jahrhunderte hinweg endlose Debatten, Experimente und Berechnungen zahlreicher Naturwissenschaftler vorausgegangen. Die Frage nach dem Blau des Himmels hatte die alten Griechen und Genies wie Leonardo da Vinci beschäftigt und selbst Isaac Newton als einer der besten Physiker aller Zeiten irrte sich bei seinem Erklärungsversuch. Er hatte behauptet, dass winzige Wassertröpfchen in der Luft das Licht in einer Weise reflektierten, die den Himmel blau erscheinen lässt – eine falsche Annahme, wie sich herausstellte.[4]

Nr. 5

Wie wahrscheinlich ist ein Sechser im Lotto?

Beim Lottospielen sind die Deutschen erfinderisch. Ob Geburtstage, persönliche Glückszahlen oder Jubiläen – auf der Jagd nach dem Jackpot und einem Leben ohne finanzielle Sorgen taucht so manch durchdachte Zahlenkombination auf den Tippscheinen auf. Auswirkungen auf die Gewinnchancen hat der Einfallsreichtum jedoch nicht. Jede getippte Zahlenreihe hat die gleiche Chance auf einen Sechser. Und die ist mit ungefähr 1:14 Millionen nicht besonders groß. Soll es zusätzlich noch die richtige Superzahl sein, sinkt die Wahrscheinlichkeit auf etwa 1:140 Millionen.

Für ein Forschungsprojekt wurden in Baden-Württemberg bei einer Ziehung 6 aus 49 insgesamt 7,78 Millionen abgegebene Tippscheine ausgewertet. Man kann also nicht gegen den Zufall spielen. Allerdings lohnt es sich sehr wohl, gegen seine Mitspieler zu tippen.

Viele Spieler kreuzen die gleichen oder zumindest ähnliche Zahlenreihen an. Unter den 7,78 Millionen analysierten Tippreihen befanden sich nur 4,5 Millionen verschiedene Reihen. Viele mögliche Kombinationen wurden also gar nicht getippt, andere nur sehr selten. Je häufiger eine Zahlenreihe aber auch von anderen Tippern angekreuzt wird, auf desto mehr Köpfe verteilt sich im Fall des Falles der Gewinn.

Die beliebteste Reihe war die Zahlenfolge 1, 9, 17, 25, 33, 41 – was auf dem Tippschein der Diagonalreihe von links oben nach rechts unten entspricht. Diese Kombination wurde 8700-mal über dem Durchschnitt getippt. Auch andere geometrische Formen wie Horizontal- und Vertikalreihen, Rechtecke sowie buchstabenähnliche Muster standen hoch im Kurs. Wer im Lotto seinen Gewinn nicht teilen möchte, sollte also auf alles verzichten, was auf dem Lottoschein schön aussieht.

Das Gleiche gilt für Geburtstags- und andere Jubiläumszahlen. Vor allem bei Geburtstagsreihen mit der 19 winkt nur selten der erhoffte Geldsegen. Die Zahl, die bei Erwachsenen für das Geburtstagsjahrhundert steht, ist die mit Abstand beliebteste Zahl. Wird die 19 gezogen und ist dann noch eine Monatszahl von 1 bis 12 dabei, sind die Quoten grundsätzlich im Keller.

Allerdings hat es mit der 19 auch schon sehr hohe Quoten gegeben. In diesem Fall begannen die Lotto-Füchse ihre Tippreihen mit der 19 als der niedrigsten Zahl. Damit handelte es sich um keine klassische Geburtstagsreihe, die Gewinnausschüttung war groß.[5]

Nr. 6

Warum ist die Nacht dunkel?

»Nachts ist es finster, weil die Sonne nicht scheint.« Das wäre eine naheliegende Antwort auf die Frage, warum es in der Nacht dunkel wird. Doch so einfach ist es nicht: Im Universum gibt es fast unendlich viele Sterne, die allesamt so hell leuchten wie unsere Sonne. In jeder denkbaren Himmelsrichtung gibt es Sterne und trotzdem ist das Firmament dunkel. Warum?

Diese Frage hat sich am Anfang des letzten Jahrhunderts auch der Bremer Arzt und Astronom Heinrich Wilhelm Matthias Olbers (1758–1840) gestellt. Im Jahr 1823 schrieb er dazu einen Aufsatz unter dem Titel »Über die Durchsichtigkeit des Weltraums«. Seitdem wird die mysteriöse Dunkelheit des Himmels auch als »Olbers-Paradoxon« bezeichnet.

Olbers schlug als Lösung vor, dass es im Weltraum Staubwolken gibt, die das Licht der Sterne absorbieren. Diese Annahme hat sich jedoch nicht bestätigt: Beobachtungen mit modernen Fernrohren haben gezeigt, dass es im Universum dafür zu wenig Staub gibt.

Der 1919 in Wien geborene Physiker Hermann Bondi schlug Mitte des 20. Jahrhunderts vor, dass die Sterne in einem schnell expandierenden Universum zu wenig Lichtenergie abgeben: Das Licht würde daher verschwinden wie Wasser in einem Fass ohne Boden. Doch auch dieser Gedanke erwies sich als falsch. Zwar expandiert das Universum tatsächlich, aber die Auswirkungen dürften eigentlich nur ausreichen, um den Nachthimmel etwas abzudunkeln.

Heute favorisieren die meisten Astronomen eine Erklärung, die der amerikanische Astronom Edward R. Harrison 1974 aufgestellt hat: Da das Universum mit dem Urknall entstanden ist, gibt es auch Sterne erst seit einer geraumen Zeit. Die meisten Sterne sind so weit von der Erde entfernt, dass deren Licht uns noch nicht erreicht hat. Wenn es in ferner Zukunft eintrifft, werden viele Sterne, die wir heute sehen, bereits erloschen sein. Auf diese Weise erreicht uns immer nur eine geringe Lichtmenge und der Himmel bleibt dunkel.[6]

Nr. 7

Woher wissen Pflanzen, wo oben und unten ist?

Menschen unterscheiden mithilfe ihrer Augen, ihrem Nervensystem und dem Gleichgewichtssinn oben und unten. Pflanzen besitzen keine vergleichbaren Organe. Trotzdem können sie oben und unten auseinanderhalten. Wird etwa Getreide durch Hagel auf den Boden gedrückt, richtet es sich anschließend wieder auf. Doch wie machen Pflanzen das?

Diese Frage haben sich auch Forscher der NASA gestellt. Sie suchten nach einem Weg, um Pflanzen im Weltraum aufrecht wachsen zu lassen. Menschen auf langen Reisen im All sollen mithilfe von Pflanzen Kohlendioxid in Sauerstoff umwandeln, das Abwasser reinigen und Lebensmittel herstellen. Bevor die NASA solche Lebenserhaltungssysteme bauen kann, muss sie allerdings wissen, wie die Schwerkraft die Pflanzen beeinflusst.

Forscher der NASA fanden fanden heraus, dass ein Stoff, der auch im Körper des Menschen vorkommt, eine Schlüsselrolle für den Orientierungssinn der Pflanzen spielt. Die Verbindung trägt den komplizierten Namen »Inositol-Trisphosphat« – kurz »InsP3«.

Der Orientierungssinn der Pflanzen erklärt sich so: Wird etwa Weizen oder Mais auf den Boden gedrückt, verändert das die Ausrichtung von Stärkepartikeln in den Zellen der Pflanze. Dies veranlasst InsP3, sich nach einer halben bis zwei Stunden auf der unteren Seite der Pflanze anzureichern. Über zahlreiche Zwischenschritte bewirkt InsP3 schließlich, dass die sogenannten Motorzellen auf der Unterseite der Pflanze in die Länge wachsen und so das Gewächs wieder aufrichten.

Diese neuen Erkenntnisse sind eine interessante Facette bei der Klärung der Orientierungsfrage. Der Signalweg, der letztlich dazu führt, dass eine Pflanze sich wieder aufrichtet, ist damit aber noch nicht restlos aufgeklärt. Die Forscher der NASA haben also noch viel zu tun.[7]

Nr. 8

Warum waren in Deutschland früher Holzzäune verboten?

In Russland gehören sie zum Landschaftsbild: massive Holzzäune, oft mannshoch und aus nicht immer ebenmäßigen Hölzern zusammengebaut. Holzzäune sind praktisch und billig. Im Mittelalter fand man sie daher auch in Deutschland. Heute hingegen umfriedet man hier sein Grundstück eher mit Steinmauern, Metallzäunen, Hecken oder – notdürftig – mit Maschendrahtzäunen.

Forscher haben festgestellt, dass es in verschiedenen Regionen Europas seit dem Mittelalter immer wieder zu schweren Energiekrisen gekommen ist. Zum Beispiel in der Oberpfalz um 1550: Die Herstellung und Bearbeitung von Metall verschlang ungeheure Mengen an Holzkohle. Im 16. Jahrhundert verbrauchte man für die Gewinnung von einer Tonne Eisen etwa sechs Tonnen Holzkohle. Die wurde aus 30 Tonnen Holz hergestellt, vorzugsweise Buchenholz.

In der Oberpfalz gab es damals etwa 200 Betriebe, die Holzkohle benötigten. Da waren die umliegenden Wälder schnell abgeholzt und die Oberpfalz stand vor einer Energiekrise. Um den Holzschlag einzudämmen, erließen die Regierenden zahlreiche Verbote. Im Jahre 1593 wurde schließlich verboten, Zäune aus Holz zu bauen. Stattdessen hatten die Bürger Hecken zu pflanzen.

Zuweilen trieb der Versuch, den Holzverbrauch einzuschränken, auch seltsame Blüten. So verbot Friedrich II. von Preußen den beliebten Brauch, zu Pfingsten das Haus mit Birken auszuschmücken. Und der österreichische Kaiser Joseph II. befahl, für die Toten keine Särge mehr zu benutzen, sondern sie nur noch in ein Leichentuch einzuschlagen.

Auch in Osteuropa nahm der Holzverbrauch zu. Doch hier war der Schaden auf Regionen in der Nähe von Städten beschränkt.

Das brauchte den Bauern in den Weiten Russlands jedoch nicht zu kümmern. Er zog sein Gemüse und weidete sein Vieh wie eh und je hinter dem Palisadenzaun.[8]

Nr. 9

Waren die Amerikaner wirklich auf dem Mond?

Die Amerikaner sind nie auf dem Mond gewesen, behauptete der »Mondexperte« Bill Kaysing im Jahr 2001 im amerikanischen Fernsehsender Fox. Die Filmaufnahmen von den Astronauten hat die NASA demnach in der Nevada-Wüste gedreht. Genauer gesagt: in der geheimnisvollen »Area 51«, die Gerüchten zufolge auch ein Landeplatz Außerirdischer ist. Der Druck des Kalten Krieges hat die Amerikaner gezwungen, eine Mondlandung vorzutäuschen.

Die These vom sogenannten Mond-Bluff geistert seit den 1970er-Jahren durch die Medien. Fox hat das Thema in einer Sendung aufgegriffen, in der Kaysing ausführlich zu Wort kam. Der Experte erklärte, dass Aufnahmen vom Mond keine Sterne zeigen. Sterne leuchten auf dem Mond jedoch heller als auf der Erde, da der Trabant keine Atmosphäre hat. Offenbar habe die NASA das bei ihren Filmaufnahmen nicht bedacht. Außerdem flattert die Fahne im Wind, die Neil Armstrong und Edward Aldrin bei der ersten Mondlandung 1969 in den Boden rammten. Auf dem Mond kann es ohne Atmosphäre jedoch keinen Wind geben. Und die Krönung der Argumente: Es gibt identische Bilder von der Mondoberfläche, mal mit und mal ohne Raumsonde. Wie sollen die Astronauten so ein Bild gemacht haben? Vor der Landung sei dies wohl kaum möglich gewesen, sagt Kaysing.

Angesichts dieser Vorwürfe sah sich die NASA gezwungen, in einer Erklärung die Behauptungen zu entkräften und Beweise für die Mondlandung vorzulegen. Laut NASA sind die Sterne auf den Mondaufnahmen unsichtbar, weil die Helligkeit der Mondoberfläche und der Raumanzüge alles überstrahlt. Die Fahne flattert, weil die Astronauten sie mit kreisförmigen Bewegungen in den Boden gerammt haben. Das Rätsel von den gleichen Bildern mit und ohne

Raumfähre ließe sich ebenfalls leicht lösen: Die Fotos wurden einfach von verschiedenen Standpunkten aus aufgenommen.
Ein stichhaltiger Beweis für die Mondlandung der Amerikaner sind die mitgebrachten Steine. Selbst Laien können mit bloßem Auge Unterschiede zu Steinen auf der Erde erkennen: Mondsteine sind übersät mit winzigen Kratern. Sie rühren von Staubpartikeln her, die auf dem Mond eingeschlagen sind. Solche Steine können auf der Erde laut NASA gar nicht künstlich erzeugt werden. Kein Beschleuniger kann Teilchen auf Geschwindigkeiten bringen, wie sie im Weltall vorkommen.
Angenommen, die Mondlandung sei tatsächlich ein Bluff gewesen – wie hätte man das in dem riesigen NASA-Apparat geheim halten können? Spätestens die Russen hätten den Bluff erkannt und für sich genutzt. Die Geschichte der Mondlandung hält der deutsche Journalist und Raumfahrtexperte Wolfram Knapp für in sich so schlüssig, dass an eine Fälschung gar nicht zu denken sei. So hat die NASA etwa Reflektoren auf dem Mond aufgestellt, die Laserlicht von der Erde zurückschicken. Forscher nutzen die Reflektoren heute noch, um den Abstand zwischen Mond und Erde zu messen. Wer hätte die Reflektoren denn auf den Mond bringen können, wenn nicht die NASA?[9]

Nr. 10

Warum machen manche Tiere in der Dämmerung Lärm?

Wer an einem lauen Abend zur richtigen Zeit in einen Wald oder Park geht, wird auf laut zwitschernde Vögel und quakende Fröschen treffen. Aber warum machen die Tiere gerade in der Dämmerung so einen Radau? Eine Pauschalantwort auf diese Frage gibt es nicht. Grundsätzlich werden jedoch viele Tiere in der Dämmerung aktiv. Für Amselmännchen ist es dann an der Zeit, mit melodiösem Gesang ihr Revier zu markieren. Pärchen und Vogelschwärme signalisieren zwitschernd ihren Artgenossen, wo sie sich gerade befinden. Die Dämmerung ist dazu die beste Zeit, weil dann die Luftfeuchtigkeit und die Temperatur optimal sind, um die Rufe über große Entfernungen hinweg zu hören. Vor allem Männchen werden in der Dämmerung laut, um Weibchen zur Paarung anzulocken. Ihre Balzrufe hören aber nicht nur die Angebeteten, sondern auch Räuber wie Fuchs und Marder. Das schwindende Licht der Dämmerung hilft den Tieren, nicht zu schnell auf der Speisekarte eines Jägers zu landen. Die Tiere gehen einen Kompromiss ein: Sie werden laut – allerdings vor allem zu Zeiten, in denen sie geschützt sind.

Aber vielleicht hat die Amsel tagsüber einfach keine Zeit zum Singen. Paarung, Brutpflege und Futtersuche nehmen die Tiere zu sehr in Anspruch. Erst wenn sie zwischen Tagesgeschäft und Nachtruhe eine kleine Pause haben, finden die Vögel die Zeit, ihre Kunst auszuüben.

Dass wir auf einem Dämmerungsspaziergang viele Tiere hören, liegt aber auch an unserer eigenen Wahrnehmung. Wenn wir abends weniger sehen, werden andere Sinne wichtiger, weshalb wir aufmerksamer hinhören als am helllichten Tag.[10]

Nr. 11

Weshalb sind manche Menschen häufiger krank?

Zehn Prozent der Patienten scheinen 90 Prozent aller Infekte zu bekommen. Doch woran liegt es eigentlich, dass manche Menschen häufiger krank werden als andere?

So wie es beim Menschen verschiedene Blutgruppen und Augenfarben gibt, unterscheiden sich auch die Immunsysteme. Manche Menschen sind daher gut gegen Krankheiten gewappnet, andere hingegen nicht. Kinder, die nur wenig von einem bestimmten Eiweiß im Blut haben, haben ein größeres Risiko für Atemwegsinfekte. Das Eiweiß mit dem Namenskürzel MBL bindet sich an die Erreger und leitet die Abwehr ein. Ein Mangel an MBL führt zu einer erhöhten Anfälligkeit.

An den Atemwegsinfekten leiden Kinder vor allem im Alter von 6 bis 17 Monaten. In dieser Zeit ist das eigene Immunsystem des Kindes noch nicht ausgereift und die von der Mutter übertragenen Abwehrstoffe bieten keinen Schutz mehr.

Kinder, deren Eltern an einer Infektion gestorben sind, haben ein fünf Mal höheres Risiko, ebenfalls an einer Infektion zu sterben. Und dass, obwohl sie getrennt von ihren Eltern in einer anderen Umgebung aufwuchsen. Die Empfänglichkeit für ansteckende Krankheiten haben die Kinder offenbar von den Eltern geerbt.[11]

Nr. 12

Warum erkennen Vögel Kuckuckseier trotz anderer Färbung nicht?

Jeder weiß es: Der Kuckuck brütet seine Eier nicht selbst aus, sondern legt sie in fremde Nester. Rätselhaft war bislang jedoch, warum seine Eier von den »Gasteltern« nicht erkannt werden, obwohl sie ganz und gar anders aussehen. Vogelkundler haben nun die Lösung gefunden: Die Vögel sehen die Welt mit anderen Augen. Im Gegensatz zum Menschen können sie nämlich auch ultraviolettes Licht wahrnehmen.

Mit einem sogenannten Spektralphotometer analysierten Forscher die Färbung von Eiern des afrikanischen Einsiedlerkuckucks und seiner Wirte und versuchten dabei, der Farbwahrnehmung der Vögel möglichst nahezukommen. Parallel dazu sollten Testpersonen die Ähnlichkeit der Kuckucks- und Wirtseier anhand einer Skala von eins bis fünf beurteilen. Es stellte sich heraus, dass Eier, die für menschliche Augen sehr verschiedenartig gefärbt erscheinen, durch das Messgerät betrachtet sehr ähnlich sind.[12]

Nr. 13

Wieso kann uns der Regen überraschen?

Schwarze Regenwolken türmen sich am Himmel, und bevor ein schützender Unterstand erreicht ist, prasseln die Regentropfen nieder.

Wie sich Wassermoleküle in der Luft so schnell zu Regentropfen sammeln können, lässt sich folgendermaßen erklären:
Vor einem Regenschauer sammelt sich in den Wolken Wasser um winzige Staubteilchen. Die Wassertröpfchen müssen jedoch noch um das Tausendfache wachsen, um das nötige Gewicht zum Herunterfallen zu erreichen. Wenn man die typische Wachstumszeit von Tropfen betrachtet, würde das 10 bis 15 Stunden dauern. Aber die Erfahrung zeigt, dass es sehr viel schneller anfängt zu regnen.
Die Erklärung dafür liegt in vielen kleinen Windturbulenzen innerhalb einer Wolke. Die Turbulenzen wirken wie Zentrifugen, weshalb die darin gefangenen Tröpfchen in wenigen Minuten ihre Fallgröße erreichen können. In den dichten Bereichen am Rand der Turbulenzen prallen die Tröpfchen zusammen, werden größer und beginnen zu fallen. Während des Falls sammeln die Tropfenkeime mehr und mehr Feuchtigkeit, bis sie zu den großen Tropfen heranwachsen, die auf die Erde prasseln.
Mit diesen Erkenntnissen wollen Forscher die Wettervorhersage verbessern. Am liebsten würden sie den Meteorologen eine simple Formel geben, etwa dass bei einer gewissen Windgeschwindigkeit der Regen in 40 Minuten beginnt. Aber das ist bisher nur ein Traum.[13]

Nr. 14

Warum sind Vogelmännchen bunter als ihre Weibchen?

Warum haben Vogelmännchen oft so ein buntes Gefieder, während die Weibchen meist eher unscheinbar wirken? Mit besseren Chancen bei der Balz lässt sich diese Frage nicht allein erklären. Denn viele Vogelarten leben monogam, deshalb müssten die Männchen nicht so farbenprächtig auf den Putz hauen. Des Rätsels Lösung wollen amerikanische Forscher herausgefunden haben.
In einer Studie wurden das Gefieder und die Körpergröße von über 1000 Vogelarten verglichen. Ihre Resultate bestätigen Darwins Thesen von 1871, der vermutete, dass der Unterschied zwischen den

Geschlechtern im Gefieder bei polygam lebenden Tieren besonders ausgeprägt ist. Dabei sind Weibchen umso unauffälliger, je näher am Boden die Vögel ihre Nester bauen. Die Tarnfarbe schützt sie vor Räubern.

Doch auch monogam lebende Männchen sind viel bunter als ihre Gattinnen. Dass diese »Ehemänner« wahrlich »bunte Vögel« sind, zeigen Untersuchungen der Hodengröße. Große Hoden deuten in der Tierwelt auf häufige Seitensprünge hin. So entdeckten Forscher, dass Vögel mit buntem Gefieder eher große Hoden haben. Auch scheinbar treue Vögel halten demnach ihre Farbenpracht für mehrere Damen bereit.[14]

Nr. 15

Weshalb muss man von Pfeffer niesen und nicht von Salz?

Pfeffer und Salz sind die Basisgewürze für viele Gerichte und dürfen in keiner Küche fehlen. Doch während eine Prise Salz meist den direkten Weg in die Suppe sucht, steigt Pfeffer nicht selten in die Lüfte auf und dem Koch in die Nase – ein heftiger Niesanfall ist die Folge: Pfeffer ist so feinkörnig, dass er beim Atmen in die Nase gelangen und an den Nervenenden einen Niesreiz auslösen kann.

Der Niesreiz ist ein natürlicher Reinigungsreflex, der eigentlich eher für die Abwehr gröberer Schmutzpartikel wichtig ist. Hat beispielsweise ein Staubkorn eine gewisse Größe, löst es einen Niesreiz aus: Der Fremdling wird mit bis zu 160 Kilometern pro Stunde und mehrere Meter weit aus der Nase befördert.

Die reizende Wirkung des feinkörnigen Pfeffers geht auf den Inhaltsstoff Piperin zurück. Dieses Alkaloid ist auch für den scharfen Geschmack gepfefferter Speisen verantwortlich, in der Nase ruft der Stoff einen stechenden Schmerz hervor. Gleichzeitig bewirkt Piperin bei seiner Aufnahme in der Nasenschleimhaut, dass der Körper Histamin ausschüttet. Dieser sogenannte Neurotransmitter löst automatisch Niesen aus, denn er spielt sonst vor allem bei allergischen

Reaktionen eine Rolle: Fliegt etwa Blütenstaub in die Nase eines Pollenallergikers, führt dies zur Ausschüttung von Histamin und zu einem lauten »Hatschi«. So werden die Pollen wieder nach draußen befördert.
Nach ein- oder mehrmaligem Niesen klingt die reizende Wirkung von Pfeffer meist rasch wieder ab. Das unterscheidet das Piperin von Inhaltsstoffen anderer Gewürze: Capsaicin aus der Chilischote zum Beispiel landet zwar selten in der Nase, kann aber im Mund- und Rachenraum oft minutenlang empfindlich brennen.[15]

Nr. 16

Wie wird das Ende der Erde aussehen?

Das Ende der Erde wird dem einer Schneeflocke ähneln, die ins Feuer fällt: Sie wird ganz einfach verdampfen.
In sieben Milliarden Jahren wird die Sonne den Wasserstoff in ihrem Innern zu Helium verbrannt haben. Sie verwandelt sich dann in einen »Roten Riesen« und wächst auf ein Vielfaches ihrer jetzigen Größe an. Einen Teil ihrer Atmosphäre stößt sie dabei ab. Da sie an Masse verliert, nimmt ihre Anziehungskraft ab und die Bahnen der Planeten verlagern sich nach außen.
Forscher rechnen damit, dass die Sonne als Roter Riese auch ihr Helium und andere schwerere Elemente verbrennen wird. Sie sagen voraus, dass sich die Sonne bei einer dieser neuen Kernzündungen vorübergehend so weit aufblähen kann, dass die Erde in ihre äußere Atmosphäre gerät. Wenn dieses Aufblähen zu lange andauert, verliert die Erde an Geschwindigkeit und stürzt in einer Spirale in die Sonne.
Einen Hoffnungsschimmer lassen die Forscher der Erde aber noch: Wenn die Aufblähphase nur kurz andauert, wird die Erde zwar »gebacken«, aber sie bleibt auf ihrer Bahn. Sie kann dann dabei zusehen, wie die Sonne wieder schrumpft und schließlich erlischt. Leben wird es auf der Erde dann allerdings längst nicht mehr geben.[16]

Nr. 17

Bei welcher Tierart funktioniert der Artenmix am besten?

Normalerweise macht es für Tiere wenig Sinn, den Partner bei einer anderen Art zu suchen. Wenn aus einer solchen Verbindung überhaupt Nachkommen entstehen, sind diese meist nicht fortpflanzungsfähig. So ist etwa die Paarung von Pferd und Esel nicht wirklich von Erfolg gekrönt: Muli und Maulesel sind steril, können also keinen weiteren Nachwuchs bekommen. Eine Kreuzung, die in freier Wildbahn vorkommt, ist das sogenannte Rackelwild. Der Mischling aus Birkhahn und Auerhahn ist ebenfalls zeugungsunfähig. Weniger bekannte Kreuzungen, etwa die aus Schaf und Ziege, sind äußerst selten, weshalb Biologen sie nur für eine Laune der Natur halten.

Es existiert allerdings eine Vogelart, bei der das anders ist: Der Halsbandschnäpper hat offenbar ein ausgeklügeltes System entwickelt, um die Nachteile der »Hybridisierung«, der Vermischung zweier Arten, auszugleichen. Britische Forscher haben in den Wäldern Schwedens und Tschechiens das Paarungsverhalten des Halsbandschnäppers erkundet und dabei die erstaunliche Entdeckung gemacht.

Die weiblichen Halsbandschnäpper paaren sich zunächst ganz normal mit ihren Artgenossen. Aber wenn sich die Paarungszeit dem Ende nährt, bevorzugen sie männliche Trauerfliegenschnäpper. Sie wechseln zur Konkurrenz, weil die Mischlingsnachkommen so spät im Jahr bessere Überlebenschancen haben. Die ungleichen Paare produzieren zwar mehr männlichen Nachwuchs als weiblichen, aber das ist den Umständen entsprechend eher ein Vorteil: Die Mischlingsmännchen sind in ihrer Fortpflanzungsfähigkeit nur leicht beeinträchtigt, während die Mischlingsweibchen steril sind.[17]

Nr. 18

Wo reißt ein Seil am schnellsten?

Segler und Bergsteiger haben eines gemeinsam: Sie müssen sich auf ihre Seile verlassen können. Grund genug für Forscher aus der Schweiz und aus Polen, zu untersuchen, wo Seile am leichtesten reißen. Mithilfe von gut gekochten und in Olivenöl gewälzten Spaghetti fanden die Wissenschaftler heraus, dass geknotete Seile fast immer kurz vor Beginn eines Knotens reißen. Dort ist das Material am stärksten gebogen.
Die Forscher haben die Einzelbilder eines Films analysiert, der das Reißen einer Nudel zeigte. Einen solchen Vorgang bei gewöhnlichen Seilen genau zu beobachten, ist sehr schwer. Materialien wie Nylon brechen zum Beispiel so schnell, dass selbst mit einer Hochgeschwindigkeitskamera unmöglich zu erkennen ist, wo oder warum das passiert. Gekochte Spaghetti haben sich für filmische Zerreißproben als das beste Material erwiesen.[18]

Nr. 19

Warum vergeht die Zeit mit zunehmendem Alter schneller?

Je älter wir werden, desto schneller vergeht die Zeit – zumindest kommt es uns so vor. Erscheinen uns die Tage der Kindheit im Rückblick endlos, rasen die Wochen im Erwachsenenalter nur so dahin. Auch ältere Menschen klagen darüber, dass die Zeit vergeht wie im Flug. Doch woran liegt das?
Kinder haben ein anderes Zeitempfinden, weil sie jeden Tag Neues entdecken und ständig Unbekanntes verarbeiten müssen. Dadurch erfordert jeder Augenblick eine größere Präsenz. Jeder Moment wird intensiv wahrgenommen, jeder Tag scheint daher lang zu sein. Wenn wir älter werden, wird vieles zur Routine. Dadurch kommt es uns so vor, als würde die Zeit schneller vergehen.

Kinder leben in einem anderen Zeitrahmen als Erwachsene. Neugeborene haben beispielsweise zunächst einen Vier-Stunden-Rhythmus von Essen und Schlafen. Dass Zeit gleich Uhrzeit oder Kalenderzeit bedeutet, erfahren Heranwachsende erst mit zunehmender Sozialisierung. Sie haben daher noch kein ausgeprägtes Gefühl für Pünktlichkeit, vergessen über intensives Spiel beispielsweise die Zeit.

Empirische Untersuchungen haben ergeben, dass die subjektive Lebensmitte bei etwa 18 Jahren liegt. In der Jugend machen wir wichtige Erfahrungen, die uns für unser Erwachsenenleben prägen. Daher kommt uns die Zeit des Erwachsenwerdens im Nachhinein als besonders lang vor.

Hinzu kommt ein weiterer Effekt. Wenn Menschen älter werden, denken viele über die Zeit nach, die ihnen nach der durchschnittlichen Lebenserwartung vermutlich noch bleibt. Sie sitzen dann wie vor einer Sanduhr und sehen, wie die verbleibende Zeit abnimmt. Die Zeit verrinnt unaufhaltsam und scheinbar zu schnell, um sie mit den Dingen zu füllen, die wir noch vorhaben.

Je mehr Pläne und Ziele wir haben, desto schneller vergeht nach unserem subjektiven Empfinden die Zeit. Eine Berliner Altersstudie mit Menschen zwischen 70 und 103 Jahren belegt, dass sich die »gefühlte« Zeit im sehr hohen Alter wieder verlangsamt. Es werden nicht mehr so viele Pläne verfolgt und die Orientierung ändert sich. Das heißt: Die Menschen sind durch ihren Körper stärker beeinträchtigt und setzen sich intensiver mit dem eigenen Tod auseinander. Alte Menschen leben nicht in der Vergangenheit, sondern intensiv im Jetzt.

Man muss allerdings zwischen dem momentanen Zeitempfinden und der Rückschau unterscheiden: Hier ist eine paradoxe Wendung festzustellen. Erleben wir beispielsweise eine Lebensphase voller Projekte und Aktivitäten, rennen die Stunden und Tage nur so dahin. In Rückblick betrachtet kommt uns die Zeit oft sehr ausgefüllt und lang vor.

Grundsätzlich führen Hektik und Stress dazu, dass die Zeit gefühlsmäßig rast. Zeitforscher raten, einen Gang zurückzuschalten, sich sozusagen Zeit zu nehmen.[19]

Nr. 20

Weshalb verwechseln viele Menschen rechts und links?

Rechts ist da, wo der Daumen links ist. Diese und ähnlich verwirrende Eselsbrücken werden Kindern mit auf den Weg gegeben, wenn sie den Unterschied zwischen rechts und links erklärt bekommen. Doch auch einige Erwachsene haben Probleme, die Richtungen korrekt zu benennen. Wie lässt sich dieses Phänomen erklären und bei wem tritt es besonders häufig auf?

Die Links-rechts-Unterscheidung muss von Kindern erst erlernt werden. Das ist besonders schwer, wenn Kinder eine unklare Händigkeit aufweisen, das heißt einmal mit der linken und einmal mit der rechten Hand tätig werden.

Mindestens 10 bis 15 Prozent der Menschen sind von Natur aus Linkshänder. In unserer Kultur gibt es einen Vorrang der Rechtshändigkeit. Viele Gebrauchsgegenstände wie Küchengeräte oder Werkzeuge sind beispielsweise auf die Anwendung von Rechtshändern ausgerichtet. Früher wurden Linkshänder sogar umgeschult. Das führt allerdings zu Verwirrung bei den Betroffenen.

Das liegt an der neuronalen Steuerung. Die rechte Körperhälfte wird von der linken Hirnhälfte gesteuert, die linke Körperhälfte von der rechten Hirnhälfte. Bei dem Kind, das links nicht hantieren darf, muss die Steuerung also auf neuronal nicht vorgebahnten Wegen laufen. Dadurch wird der Gesamtbereich der räumlichen Orientierung geschwächt.

Das Problem der Richtungsunterscheidung wird zusätzlich durch das sogenannte Ranschburg-Phänomen – auch Ähnlichkeitshemmung genannt – ergänzt. Menschen kommen leicht durcheinander, wenn sie sich gleichzeitig verschiedene Inhalte merken wollen, die ähnlich sind. Daher sollten beide Richtungen möglichst nicht gleichzeitig eingeübt werden.

Fachleute schlagen vor, Kindern Hilfen zur räumlichen Orientierung zu geben. Mädchen können beispielsweise an der linken Hand einen Ring tragen. Es kann auch nützlich sein, den Jüngsten einen festen Platz

am Esstisch einzuräumen und diesen mit einer Richtung zu benennen, zum Beispiel »rechts neben der Mutter«.
Kinder sollten auf jeden Fall bis zum Schulalter eine klare Händigkeit haben. Lehrer sollten besonders bei Emigrantenkindern darauf achten, ob das Problem in stärkerem Ausmaß auftritt. Denn in vielen Ländern, wie zum Beispiel im arabischen und osteuropäischen Raum, wird die Linkshändigkeit bis heute tabuisiert.[20]

Nr. 21

Können Tiere träumen?

Der Haushund liegt mit geschlossenen Augen in seiner Hütte und wedelt mit dem Schwanz. Die Katze schnurrt, doch sie scheint tief zu schlafen. Dass Menschen träumen und sich dabei manchmal auch bewegen oder Laute von sich geben, ist bekannt. Aber können Tiere träumen?
Auch Tiere verarbeiten ihre Erlebnisse im Schlaf. Wie beim Menschen gibt es auch bei Säugetieren den sogenannten REM-Schlaf, eine Schlafphase, die durch schnelle Augenbewegungen gekennzeichnet ist. REM steht in der Fachsprache für den englischen Ausdruck *Rapid Eye Movement*. Die meisten Träume finden in dieser Phase statt.
Bei Delfinen gibt es diese Schlafphase allerdings nicht. Da diese Tiere zum Atmen regelmäßig an die Wasseroberfläche schwimmen müssen, schalten sie zum Schlafen nur eine Gehirnhälfte aus. Auch Enten können dies bei Bedarf. Wenn sie sich nicht sicher fühlen, schließen sie beim Ruhen nur ein Auge.
Bei Ratten haben Wissenschaftler dagegen herausgefunden, dass beim Laufen durch ein Labyrinth dieselben Hirnwellen messbar sind wie während des Schlafens. Die Forscher gehen also davon aus, dass die Tiere von dem Erlebnis im Labyrinth träumen. Die Gefühlswelt von Insekten lässt sich mit menschlichen Maßstäben dagegen nicht messen. Säugetiere wie Elefanten und Pferde können indessen beispielsweise abstrahieren und Dinge wiedererkennen. Daher kann man davon ausgehen, dass sie auch träumen. Den Inhalt der Träume

kann der Mensch allerdings nur anhand körperlicher Äußerungen oder bestimmter Laute interpretieren. Wahrscheinlich sind folglich nur aufregende Träume der Tiere für den Menschen ablesbar.[21]

Nr. 22

Wie entstehen Locken?

Die Struktur der menschlichen Kopfhaare ist sehr unterschiedlich beschaffen. Während einige Menschen völlig glattes Haar haben, neigt es bei anderen zu Wellen- oder Lockenbildung. Doch wie entstehen eigentlich Locken?

Die Art der Haarausbildung ist genetisch festgelegt. Wie sich das Haar formt, hängt maßgeblich vom Querschnitt der Haarwurzel ab. Während Haare von Asiaten einen runden Querschnitt haben und daher sehr glatt sind, neigt das Haar des europäischen Typs meist zum runden bis ovalen Querschnitt. Dadurch ist es glatt bis gewellt.

Die Haare farbiger Menschen weisen dagegen einen asymmetrischen Querschnitt auf. Deshalb kräuselt sich das Haar sehr stark. Dieses stark gelockte Haar setzt sich bei Kindern in der Regel auch dann durch, wenn nur ein Elternteil diesem Typ entspricht.

Die Struktur kann sich im Laufe des Lebens verändern. Das liegt daran, dass die Haare eines Babys wesentlich dünner sind als die eines Erwachsenen.Wer als Kleinkind glattes Haar hat, kann also später durchaus noch Locken bekommen.

Wer seine Frisur unbedingt entgegen der Natur verändern möchte, sollte allerdings auf chemische Behandlungen wie Dauerwellen oder künstliches Haarglätten verzichten. Dadurch werden die Eiweißbausteine aufgebrochen und das Haar wird spröde.[22]

Nr. 23

Warum stehen Flamingos häufig auf einem Bein?

Auf einem Bein zu stehen ist für viele Menschen ein akrobatisches Kunststück. Ungeübte Turner verlieren schon nach wenigen Sekunden das Gleichgewicht. Für einige Vogelarten wie den Flamingo scheint der Balanceakt dagegen ein Leichtes zu sein. Dabei ist das Beinanziehen für die Tiere nicht etwa spielerischer Zeitvertreib, sondern unverzichtbare Überlebensstrategie.
Stehen auf einem Bein hat für Flamingos eine wichtige Energiesparfunktion. Insbesondere bei kalter Witterung muss ein Flamingo viel Energie aufwenden, um seine langen ungefiederten Beine warm zu halten. Indem er eines seiner nackten Beine in sein dichtes Bauchgefieder steckt, geht weniger Körperwärme verloren. Zum Einsatz kommt die Technik in den Ruhe- und Schlafphasen. Von Zeit zu Zeit wechseln die Tiere das Standbein.
Flamingos sind nicht die einzigen Vögel, die ihr Nickerchen auf einem Bein machen. Auch Schreitvögel wie Reiher und Störche oder Watvögel wie der Kiebitz ruhen häufig einbeinig und sparen so wertvolle Energie. Und sogar bei menschlichen Urvölkern ist diese Verhaltensweise schon beobachtet worden: Man weiß, dass für die Aborigines in Australien das Stehen auf einem Bein ebenfalls zum Alltag gehört.[23]

Nr. 24

Weshalb erscheint ein Regenbogen als Halbkreis?

Der Regenbogen ist eines der beeindruckendsten Schauspiele der Natur. Er entsteht, wenn Sonnenlicht auf runde Wassertropfen eines Regenschauers fällt, sich in seine Spektralfarben zerlegt und dann reflektiert wird. Weshalb aber erscheint das Spektakel in Form eines Kreisbogens? Man könnte ganz einfach sagen, weil auch die Sonne rund ist, aber dahinter steckt komplizierte Geometrie.

Das geometrische Konstrukt besteht aus der Sonne, der Regenwand und den Augen des Betrachters. Alle drei Komponenten müssen in einem ganz bestimmten Verhältnis zueinander stehen. Voraussetzung ist unter anderem, dass der Betrachter mit dem Rücken zur Sonne steht. In diesem Fall stellt die Regenwand vor ihm die Bildebene dar, von der aus die unzähligen reflektierten Sonnenstrahlen in das Auge des Beobachters treffen. Es fällt aber nur der Teil der bestrahlten Regenwand ins Auge, der im Winkel von etwa 40 bis 42 Grad zum genau der Sonne gegenüberliegenden Punkt liegt. Da die Sonne tagsüber immer über dem Horizont steht, liegt dieser imaginäre Punkt entsprechend unter dem Horizont. Dadurch ist in der Regel auch nur der obere Teil des vollen Kreisbogens für den Betrachter sichtbar.

Oberhalb und unterhalb des sichtbaren Regenbogens wird das Sonnenlicht in vielen weiteren Tropfen gebrochen. Diesen Teil nimmt der Betrachter aber nicht als farbig wahr, weil das dort gebrochene Licht in einem anderen Winkel reflektiert wird und deshalb nicht in sein Auge fällt. Wenn man sich auf eine Leiter stellt oder fünf Meter nach rechts oder links geht, sieht man genau genommen einen anderen Regenbogen.

Zudem hängt die Form des Bogens von der Tageszeit ab. Je höher die Sonne steht, desto kleiner sind die Kreisbögen. Besonders schöne Regenbögen mit vollen Halbkreisen sieht man daher in den Abendstunden. Noch besser ist die Sicht im Flugzeug oder von einem Berg aus. Hier ist der Winkel, in dem das Licht in die Augen des Betrachters fällt, besonders groß. Im Idealfall sieht man dann sogar einen kompletten Kreis.[24]

Nr. 25

Warum bleiben manche Gerüche ein Leben lang in der Nase?

Wie fein der eigene Geruchssinn ist, zeigt sich manchmal erst lange nach einem aufregenden Schnuppererlebnis: Eine kleine Duftnote weht heran und plötzlich erinnert man sich an ein besonderes Ereignis

vor vielen Jahren. Gerüche und Gefühle werden in benachbarten Gehirnarealen verarbeitet und zusammen abgespeichert.
Diese Fähigkeit ist ein Erbe der Evolution. Bei den Vorfahren des Menschen spielte der Geruchssinn – wie heute noch bei vielen Tieren – eine wesentlich bedeutendere Rolle. Große Teile des Gehirns waren mit dieser Sinneswahrnehmung beschäftigt, da Riechen wichtig im täglichen Überlebenskampf war. Unsere Urahnen nutzten ihre Nase etwa zum Abstecken von Revieren, aber auch zum Erkennen von Feinden oder beim Paarungsverhalten.
Sinneswahrnehmungen wie Sehen, Tasten oder Hören hatten zwar ebenfalls wichtige Funktionen. Das Besondere bei Gerüchen war und ist, dass nur sie ohne Umweg in Gehirnarealen landen, wo auch Gefühle verarbeitet werden. Alle anderen Sinneseindrücke kommen dagegen zunächst in Regionen an, die für eine direkte Bewusstwerdung verantwortlich sind.
Dies hat sich bis heute nicht geändert, auch wenn der menschliche Geruchssinn dem von Tieren mittlerweile weit unterlegen ist. Während man etwa visuelle Eindrücke nach Sekundenbruchteilen klar beschreiben kann, bleiben Empfindungen mit der Nase im Alltag oft diffus und schwer zugänglich. Stattdessen werden die Gerüche mit gefühlsbehafteten Bewertungen verknüpft: Da sich das Gedächtnis am besten stark emotionale Erlebnisse merkt, werden auch die Gerüche oft auf ewig mit abgespeichert.[25]

Nr. 26

Wieso können Papageien sprechen?

Eigentlich können Vögel ja nicht sprechen. Nur Papageien machen gerne einmal eine Ausnahme. Bei guter Laune geben sie sogar ganze Sätze von sich. Streng genommen kann von Sprache allerdings keine Rede sein. Papageien ahmen Laute nur nach.
Dies ist bei Vögeln nichts Ungewöhnliches: Auch Stare, Krähen und Raben können sich Laute aus dem Umfeld merken und in ihr Lautrepertoire einbauen. All diese Tiere gehören zu den intelligentesten

Vögeln überhaupt. Die Klugheit ist Grundvoraussetzung für das Aufnehmen und Wiedergeben von Lauten – weshalb etwa ein Huhn nicht sprechen, sondern nur gackern kann.
Eine gewisse Körpergröße und eine muskulöse Zunge sind weitere Voraussetzungen, damit ein Vogel wie der Papagei komplexe Laute nachahmen kann. Aus diesem Grund können auch bei Weitem nicht alle der 360 Papageienarten sprechen. Am besten plappern große Graupapageien, Amazonen und Aras. Mundhöhle und Kehlkopf sind bei ihnen vergleichsweise groß, es steht also mehr Platz für die Tonformung zur Verfügung. Zwar können auch kleinere Arten wie der Wellensittich Laute nachahmen, aber nicht besonders gut.
Weil Papageien in großen Schwärmen leben, ist ihre Sprechbegabung lebenswichtig. Sie brauchen ein breites Spektrum an Lauten, um mit ihren Artgenossen kommunizieren zu können. Wer Papageien zu Hause hält, sollte allerdings nicht zu viel Redekunst von den Tieren erwarten. Vielmehr kann viel Gebrabbel Zeichen von »gestresster Langeweile« sein: Papageien sind sehr gesellige Tiere und brauchen viele soziale Kontakte und ein anregendes Umfeld.[26]

Nr. 27

Wie viel Spülmittel braucht man beim Abwasch?

Ein Abwasch ohne Spülmittel kann recht mühsam sein. Mit Wasser allein lassen sich angetrocknete Speisereste auf dem Geschirr kaum entfernen. Allzu spendabel braucht man mit dem Spülmittel aber auch nicht zu sein. Die meisten Menschen benutzen viel zu viel davon.
Gerade ältere Menschen neigen zur Verschwendung. Sie sind noch die weniger konzentrierten Produkte von früher gewohnt und ändern ihr Spülverhalten nicht. Bei den modernen Konzentraten reicht jedoch ein einziger Tropfen aus, um Gläser und Teller zu säubern. Wenn die Bratpfanne sehr stark verschmutzt ist, kann man aber auch mal mehr nehmen.
Dass die Pfanne nach dem Abwasch wieder blitzt, ist den Tensiden zu verdanken. Normalerweise löst sich Fett nicht im Wasser. Tenside

allerdings setzen die sogenannte Grenzflächenspannung zwischen den Wasser- und Fettmolekülen herab. Dadurch können sich die beiden Stoffe miteinander vermischen, selbst hartnäckige Fettkrusten lösen sich vom Geschirr.
Trotz ihrer beeindruckenden Waschkraft sind Tenside nicht gesundheitsschädlich: Das dürfen sie als sogenannte Bedarfsgegenstände auch gar nicht. Der Gesetzgeber geht davon aus, dass die Substanzen mit der Mundschleimhaut in Kontakt kommen können.
Es ist also nicht notwendig, das Geschirr nach dem Abwaschen mit klarem Wasser abzuspülen. Wer darauf verzichtet, muss allerdings bei der nächsten Mahlzeit mit geschmacklichen Einbußen rechnen. Denn Tenside lösen sich in manchen Zutaten wie beispielsweise Olivenöl sehr gut. Wer sichergehen will, dass sein Salat nicht nach Seife schmeckt, sollte das Geschirr kurz unter den Wasserhahn halten und mit einem Tuch abtrocknen. So lassen sich auch unschöne Schlieren an den Gläsern vermeiden.[27]

Nr. 28

Warum überleben manche Menschen einen Blitzschlag?

Gewitterblitze entladen sich mit brachialer Urgewalt. Sie können Bäume spalten und Häuser in Brand setzen. Trotzdem kommt es immer wieder vor, dass getroffene Menschen den gewaltigen Stromstoß überleben. In diesem Fall hat wahrscheinlich nur ein Teil des Blitzes den Körper berührt.
Blitze entladen sich in der Regel nämlich nicht in einem Stück, sondern in einer Reihe von Impulsen. Manchmal trifft nur der erste Teil der Entladung den Menschen. Der Rest springt auf einen benachbarten Gegenstand über und entlädt sich dort. Dies kann ein Baum, ein Brückengeländer oder ein Fahnenmast sein. Dann ist die Wahrscheinlichkeit zumindest höher, dass der Blitz den Körper sehr schnell wieder verlässt und man den Stromschlag überlebt.

Bei einer Stromstärke von mehreren Tausend Ampere reicht im Prinzip zwar auch der Bruchteil einer Sekunde aus, um das Herz eines Menschen lahmzulegen. Die Frequenz ist bei einem Blitzschlag mit einigen Hundert Kilohertz jedoch so hoch, dass der Stromfluss an die Außenfläche des Leiters – das ist in diesem Fall der menschliche Körper – gedrängt wird.. Beim Menschen führt dieser sogenannte Skin-Effekt dazu, dass sich der Blitz zu einem großen Teil über die Haut entlädt. Dies erklärt auch, warum Menschen, die einen Blitzschlag überleben, häufig schwere Verbrennungen davontragen.
Kritisch wird es, wenn mehrere Teilimpulse des Blitzes den Menschen treffen. Dann dauert die Stromeinwirkung länger und die Wahrscheinlichkeit steigt, dass der Stromanteil des Blitzes, der durch den Herzmuskel fließt, zu groß und damit tödlich wird.[28]

Nr. 29

Weshalb sehen Betrunkene manchmal doppelt?

Im Trinkgelage kommt es bei höheren Promillewerten mitunter zu Momenten, in denen man seinen eigenen Augen nicht mehr traut. Aus dem Wirt am Zapfhahn sind plötzlich zwei geworden, neben die Blondine am Tresenende hat sich eine nicht minder hübsche Zwillingsschwester gesellt.
Um einen Zuwachs an visuellen Fähigkeiten handelt es sich beim rauschbedingten Doppeltsehen nicht – im Gegenteil: Ab einer bestimmten Alkoholmenge wird die Funktion der Hirnareale außer Kraft gesetzt, die für die Koordination des räumlichen Sehens zuständig sind.
Auch im nüchternen Zustand liefern die beiden Augen gewissermaßen ein Doppelbild. Das Gehirn verarbeitet diese Eindrücke aber so, dass sie sich zu einem Bild überlagern. Erst der Alkohol bremst die Erregungsübertragung zwischen den Hirnzellen so weit ab, dass die Koordination durcheinandergerät. Nach einem Alkoholrausch normalisiert sich die Sehwahrnehmung wieder. Das Gehirn trägt allerdings bleibende Schäden davon: Bei jedem Rausch sterben mehrere Tausend Gehirnzellen ab.

Nun könnte man meinen, dass das dem Menschen mit seinen 20 bis 30 Milliarden Gehirnzellen nichts ausmacht. Doch Alkohol kann vor allem bei langfristigem Missbrauch zu erheblichen Gehirnschäden führen. Die Kurzzeitschäden summieren sich praktisch auf. Es kommt zu einem regelrechten Gewebeschwund, der komplexes Denken erschwert. Auch Persönlichkeitsveränderungen und Gedächtnisstörungen sind die Folge sowie schwere Erkrankungen der Leber und des Herz-Kreislauf-Systems.
Vor einigen Jahren ging man noch davon aus, dass sich Gehirnzellen nicht wieder erholen können. Mittlerweile gibt es aber selbst für notorische Trinker Hoffnung, denn die Mediziner haben sich von jenem Dogma distanziert: Wenn man über längere Zeit abstinent bleibt, regeneriert sich das Gehirn bis zu einem gewissen Grad wieder.[29]

Nr. 30

Wie finden Eichhörnchen ihre versteckten Vorräte wieder?

Im Herbst sind Eichhörnchen besonders aktiv. Dann machen sie praktisch den ganzen Tag nichts anderes, als Vorräte für den Winter anzulegen. Nüsse, Bucheckern, Samen und Eicheln – in Baumhöhlen und Erdlöchern konservieren die kleinen Nager so manche Leckerei. Wie aber finden die Eichhörnchen ihre Verstecke wieder?
Am liebsten nutzen sie ihre Nester in den Bäumen, die sogenannten Kobel, als Vorratskammern. Die Tiere haben in der Regel mehrere Kobel in ihrem Revier, darunter ein Hauptnest als Schlafplatz und einen oder mehrere andere, wo die Futtervorräte gelagert werden. Weil der Platz in den Kobeln begrenzt ist, müssen die Nager darüber hinaus auf Baumhöhlen und Verstecke am Boden ausweichen. Die können sie sich allerdings nicht alle im Einzelnen merken. Schließlich erstreckt sich das Revier der Nager über zwei bis fünf Hektar.
Deshalb verbuddeln die Tiere ihre Vorräte im Herbst an prägnanten Orten, beispielsweise unter besonders großen Baumstämmen und Wurzeln oder auffälligen Sträuchern. Im Winter werden diese Plätze

dann gezielt aufgesucht. Mit seiner feinen Nase kann das Eichhörnchen die vergrabenen Nüsse und Eckern erschnuppern, selbst wenn sie unter einer mehrere Zentimeter dicken Schneedecke liegen.

Dabei müssen es nicht immer die eigenen Nüsse sein, die das Eichhörnchen findet und verspeist. Doch über Benachteiligungen anderer kann es im harten Überlebenskampf nicht lange nachdenken. Maximal zwei bis drei Tage kommen Eichhörnchen ohne Nahrung aus. Außerdem kommt es ebenso häufig vor, dass die eigenen Vorratskammern durch Artgenossen erschnüffelt und geplündert werden.

Von keinem Tier aufgespürte Verstecke haben indes auch ihren Nutzen, denn aus vergrabenen Samen können neue Bäume entstehen. Das entschädigt für die jungen Pflanzentriebe, welche die Eichhörnchen im Frühling verspeisen.[30]

Nr. 31

Was geschah beim Urknall?

Das Weltall ist unvorstellbar groß. Es umfasst Milliarden von Galaxien, die Millionen Lichtjahre voneinander entfernt sind. Eine typische Galaxie wie unsere Milchstraße besteht wiederum aus 100 Milliarden Sternen. Entstanden ist dies alles vor 14,3 Milliarden Jahren – aus einem praktisch nicht vorstellbar kleinen Punkt: Beim Urknall war die Ausgangsmaterie für das Universum mehr als milliardenfach kleiner als ein Atom.

Mit dem Urknall entstanden Raum und Zeit. Wie es zu der Initialzündung für alles Leben auf dieser Erde kam, ist unbekannt. Wir wissen nur, dass damals an jenem winzigen Punkt eine ungeheure Menge Energie zusammengeballt war und diese sich plötzlich mit Licht- bis Überlichtgeschwindigkeit ausdehnte. Den Vorgang kann man sich ungefähr so vorstellen wie das Aufblasen eines Luftballons.

Zunächst war das Universum gewissermaßen zu heiß, um sichtbar zu sein. Wissenschaftler sprechen von der sogenannten Ursuppe, einer physikalisch nur schwer definierbaren Vormaterie. Erst 380 000

Jahre nach dem Urknall kühlte sich das Universum so weit ab, dass sich Elektronen an Atomkerne binden und damit die bekannten Elementarteilchen entstehen konnten. Photonen war es nun möglich, sich über große Strecken frei zu bewegen und die sogenannte Hintergrundstrahlung zu erzeugen: Die Photonen sind Lichtteilchen, die das Universum sichtbar machen.
Auch heute können Wissenschaftler noch Hintergrundstrahlung beobachten, wie sie bislang nicht definierte, unsichtbare Räume erreicht. Das ist das Entfernteste, was wir überhaupt sehen können, und der Beweis dafür, dass das Universum aus einem Urknall entstanden ist.
Seit etwa 13,5 Milliarden Jahren entstehen laufend neue Sterne, die allerdings eine begrenzte Lebensdauer haben und nach ein paar Milliarden Jahren explodieren. Ihr Staub verteilt sich im Weltraum und lässt neue Sterne entstehen. Unser Sonnensystem ist aus den Überresten eines Sterns der ersten oder zweiten Generation entstanden und mit seinen fünf Milliarden Jahren noch relativ jung.
Die Sonne selbst ist ein Stern der dritten Generation. Auch sie wird irgendwann explodieren: In etwa fünf Milliarden Jahren wird dies der Fall sein.[31]

Nr. 32

Warum sind Menschen nicht am ganzen Körper behaart?

Zu seinen Haaren unterhält der Mensch ein recht zwiespältiges Verhältnis. Das Haupthaar gilt gemeinhin als Kopfschmuck, der mit den raffiniertesten Wässerchen und Lotionen gepflegt wird. An anderen Stellen des Körpers herrscht dagegen weitgehend Kahlschlag: Frauen rasieren sich meistens die Beine und Achselhöhlen, Männer bevorzugen häufig eine enthaarte Brust. Auch Intimrasuren sind modern, in manchen Kulturen sogar Pflicht.
Dass der Mensch in der Regel nicht auch noch auf Oberschenkeln, Bauch oder auf den Füßen die Rasierklinge ansetzen muss, wie es der ganzkörperbehaarte Affe tun müsste, verdankt er der evolutionären

Entwicklung seiner Spezies. Die Urmenschen waren noch stark behaart. Doch dann setzten sich Individuen mit spärlicher Haarpracht durch. Seitdem kommt der Mensch im Gegensatz zu seinen verwandten Baumbewohnern als eher nacktes Wesen daher.
Wann genau dem Urmenschen die Haare ausgingen, ist unklar. Die Forschung geht davon aus, dass eine zufällige Mutation des Erbguts die Ursache war und ihm – dem Nackten – einen Selektionsvorteil verschaffte. Vermutlich geschah dies zu einem Zeitpunkt, wo der Homo sapiens ausschließlich in warmen Regionen wie Afrika beheimatet und noch nicht auf andere Kontinente gewandert war. In Afrika war es auch damals schon warm genug, dass die mutierten Urmenschen ohne Ganzkörperfell ebenfalls gut überleben konnten.
Selbst als die Wanderungen in den kühleren Norden begannen, blieb das Körperhaar offensichtlich verzichtbar. Die Urmenschen schützten sich mit Kleidung vor der Witterung – offenbar schauten sie sich diese Strategie von den Neandertalern ab, auf die sie in diesen Regionen trafen.
Warum volles Haar an manchen Körperstellen bis heute erhalten blieb, können die Wissenschaftler ebenfalls nur vermuten. Kopfhaar etwa machte offenbar weiterhin als Kälteschutz Sinn: Jeder Glatzenträger weiß, wie empfindlich kühl es auf einem kahlen Kopf werden kann. Schamhaare dienten nicht dazu, sich weniger seiner Geschlechtsteile schämen zu müssen. Sie blieben offenbar als Schutz vor Keimen und Bakterien notwendig.
Je wärmer es auf der Erde wird, desto überflüssiger könnten theoretisch auch die Kopfhaare werden. Es wäre also möglich, dass Menschen in der Zukunft gar keine Haare mehr haben. Vielleicht kehrt aber auch die Ganzkörperbehaarung zurück: In Mexiko beispielsweise treten in manchen Familien regelmäßig Fälle auf, bei denen Menschen von oben bis unten Haare sprießen. Dieses sogenannte Werwolf-Syndrom zeigt, dass die Gene für Ganzkörperbehaarung weiter in uns stecken und nur wieder aktiviert werden müssen.[32]

Nr. 33

Wie können Wale stundenlang die Luft anhalten?

Es gibt kaum Flecken auf der Landkarte, die der Mensch nicht betreten hat. Die Tiefen des Ozeans sind dagegen noch weitgehend unerforscht: Selbst Extremtaucher mit Sportlerlunge kommen kaum tiefer als 50 Meter. Wer sich noch weiter hinabwagt, dem kollabieren die Lungenflügel. Wie ist es dann möglich, dass Meeressäuger wie die Pottwale mehrere Tausend Meter abtauchen können?

Pottwale nehmen, anders als der Mensch, kaum Luft mit in die Tiefe. Vor einem Tauchgang blasen die Tiere fast die gesamte Atemluft ab. Lediglich ein paar Reste bleiben übrig und werden in der Luftröhre gesammelt. Da diese beim Pottwal stark verknorpelt ist, kann sie dem großen Wasserdruck widerstehen. Der erhöht sich alle zehn Meter um ein Bar. Zwar fallen auch die Lungenflügel des Pottwals in größerer Tiefe zusammen, dies ist jedoch kein Problem, weil die Atemorgane praktisch keine Luft enthalten.

Männliche Pottwale tauchen bis zu 3000 Meter tief und können sich dort über zwei Stunden lang aufhalten, um nach Tintenfischen und anderen Tiefseebewohnern zu jagen. Weibliche Artgenossen schaffen bis zu 1000 Meter und kommen über eine Stunde ohne Frischluft aus. Um während des langen Tauchgangs nicht zu ersticken, binden Pottwale große Mengen Sauerstoff im Blut. Als Transporteure dienen ihnen dabei die roten Blut- beziehungsweise Muskelfarbstoffe Hämoglobin und Myoglobin, von denen sie deutlich mehr besitzen als etwa der Mensch. Dennoch kennen Ausdauersportler die Effekte eines höheren Hämo- und Myoglobinanteils: Durch Höhentraining im Gebirge erhöhen sie diesen gezielt und haben später beim Wettkampf mehr Puste.

Auch andere Säugetiere besuchen die Tiefsee. Ein Walross etwa kann über 1000 Meter tief tauchen. Seehunde schaffen es über 500 Meter weit. Sie benutzen allerdings einen anderen Trick als die Pottwale: Indem der Seehund die Durchblutung auf Gehirn und Bewegungsmuskulatur beschränkt, spart er eine Menge Sauerstoff ein. Darüber hinaus reduziert er seine Herzfrequenz drastisch auf bis zu einen Schlag pro Minute.[33]

Nr. 34

Wie entstehen Falten?

Dass Frauen als das schöne Geschlecht gelten und nicht die Männer, hat vor allem mit der Haut zu tun. Das weibliche Geschlechtshormon Östrogen sorgt nämlich in jungen Jahren dafür, dass die Haut der Damen sehr viel mehr Wasser speichern kann. Dadurch ist sie besonders straff und geschmeidig – und mitunter sichtlich attraktiver als die der Herren, welche kaum Östrogen, sondern eine Menge Testosteron produzieren. Doch mit den Wechseljahren geht bei den Frauen dieser optische Vorteil verloren: Dann ist deutlich weniger Östrogen vorhanden und die Haut verliert an Spannkraft. Dadurch entstehen an den vormals babyhaft glatten Körperpartien plötzlich unschöne Falten.

Falten sind ein Zeichen des natürlichen Alterungsprozesses, von dem freilich auch Männer nicht verschont werden. Je älter man wird, desto mehr lässt auch die Produktion von Kollagen und Hyaluronsäure nach, beides Grundsubstanzen der Haut. Das Eiweiß Kollagen sitzt in tiefen Hautschichten knapp über dem Fettgewebe und ist eine Art Stützgerüst für die Oberhaut. Darüber hinaus können Kollagen und Hyaluronsäure viel Wasser aufnehmen, dies hält das Gewebe zusätzlich straff. Mit der eingeschränkten Produktion von Kollagen und Hyaluronsäure wird das Stützgerüst geschwächt. Zudem verlieren die elastischen Gewebefasern, welche die Haut glatt ziehen, ihre Funktion – die Haut wird schrumpelig wie ein verdörrter Apfel.

Verhindern lässt sich dieser Alterungsprozess der Haut nicht. Allerdings gibt es Faktoren, die ihn beschleunigen – wie Rauchen und Alkohol. Auch häufige Sonnenbäder und Solariumbesuche gehören dazu – UV-Licht zerstört die elastischen Fasern der Haut. Mit fettenden Cremes kann man die Haut dagegen geschmeidig halten, vor allem mit solchen, die pflanzliche Östrogene enthalten. Aber auch Mittel, die Harnstoff oder Aloe vera enthalten, führen zu einer verbesserten Feuchtigkeitsanreicherung der Haut. Grundsätzlich ist die Wirksamkeit von Anti-Falten-Cremes aber begrenzt. Es gibt keinerlei Studien, die im Langzeitverlauf belegen, dass diese Cremes die Faltenbildung nachhaltig verzögern oder rückgängig machen könnten.[34]

Nr. 35

Warum hinterlässt ein Flugzeug weiße Streifen am Himmel?

Große Reisejets blasen tonnenweise umweltschädliches Kohlendioxid in die Luft. Sehen kann man die gigantische Abgaswolke in rund zehn Kilometern Höhe zwar nicht. Aber sie lässt sich erahnen anhand des langen weißen Streifens, den die Flugzeuge am Himmel hinter sich herziehen: Der sogenannte Kondensstreifen entsteht, wenn der Wasserdampf, der aus den Triebwerken kommt, in der eiskalten Atmosphäre in Sekundenschnelle vereist.

Wasserdampf ist neben Kohlendioxid das Hauptreaktionsprodukt, das bei der Verbrennung des Kerosins entsteht. Der Dampf ist mehrere Hundert Grad heiß, wenn er aus dem Triebwerk kommt. Kurz nach seinem Austritt wandelt er sich in Wassertröpfchen um – diese Umwandlung des Aggregatzustands von gasförmig in flüssig wird Kondensation genannt. Weil in der Reiseflughöhe Temperaturen von bis zu minus 60 Grad Celsius herrschen, gefrieren die Tröpfchen blitzschnell und hinterlassen einen eisigen schimmernden Streifen.

Wenn der Himmel blau ist, kann man die kristallenen Kondensstreifen besonders gut erkennen. Ihre Entstehung und Verweildauer hängt allerdings vor allem von der Temperatur und der Luftfeuchtigkeit ab. Nur wenn es hinreichend kalt ist, können sich überhaupt Kondensstreifen bilden. Wenn die Luft sehr trocken ist, löst sich das Kondensat sehr schnell wieder auf. Feuchtere Luft kann das Kondensat dagegen nicht so gut aufnehmen, dann kann es mehrere Stunden dauern, bis sich der Kondensstreifen aufgelöst hat. Ist der Himmel ohnehin schon bedeckt, fällt die künstliche Wolke dagegen nicht einmal auf.[35]

Nr. 36

Weshalb riecht Parfüm nicht bei jedem Menschen gleich?

Die Suche nach einem passenden Parfüm ist oft schwierig. Gerne lässt man sich vom Duft der Nebensitzerin im Bus oder der besten Freundin inspirieren und kauft einfach genau das gleiche Fläschchen. Zu Hause dann das enttäuschende Ergebnis: Aus dem blumigen Hauch wird auf dem eigenen Handgelenk ein süßlich-gärender Gestank.

Warum sich ein Parfümduft bei verschiedenen Menschen unterschiedlich entwickelt, ist noch nicht abschließend erforscht. Es gibt aber bereits einige Anhaltspunkte für dieses Phänomen. Jeder Mensch hat auf der Hautoberfläche eine Art Schutzfilm, der das Eindringen von Erregern verhindern soll. Er besteht aus Talg und Fetten. Aber auch Bakterien, Pilze, Viren und andere Kleinstlebewesen sind dort angesiedelt. Die Mischung dieser Mikroorganismen variiert von Mensch zu Mensch, da jedes Immunsystem unterschiedlich stark auf einige dieser kleinen Mitbewohner reagiert und sie an der Besiedelung hindert.

Die Bakterien auf der Hautoberfläche nehmen die meisten Fremdstoffe erst einmal in sich auf, verdauen sie und scheiden die Abfallprodukte wieder aus. Beim Parfüm-Duftstoff machen die Hautbakterien keine Ausnahme. Durch diesen Prozess entsteht beispielsweise der Geruch des Schweißes, der normalerweise geruchlos ist und erst in seiner Form als verdautes Abfallprodukt seine charakteristische Note entwickelt. Auch der Duft eines Parfüms kann durch die Bakterien nach dem gleichen Prinzip verändert werden.

Ein weiterer Faktor, der wahrscheinlich Auswirkungen auf die Entwicklung eines Duftstoffes hat, ist der Fett- und Wassergehalt der Haut. Ein Parfüm besteht mitunter aus mehr als 100 verschiedenen Einzeldüften. Manche von ihnen sind fettlöslich. Trifft die Mischung also auf fettige Haut, lösen sich diese Duftbausteine besser als die anderen und riechen dadurch intensiver. Da die Talgdrüsen bei Menschen unterschiedlich ausgeprägt sind, kann so der Duft variieren. Bei älteren Menschen zum Beispiel, die oft eine trockenere Haut haben, haftet Parfüm daher oft schlechter.

Diese Veränderungsprozesse des Duftes auf der Haut brauchen ihre Zeit. Daher ändert sich auch der erste Eindruck nach dem Aufsprühen eines Duftes noch in den folgenden Stunden. Erst nachdem man ein Parfüm einige Zeit auf der Haut getragen hat, kann man beurteilen, wie es wirklich riecht. Von allzu spontanen Kaufentscheidungen ist bei Duftwässerchen also abzuraten.
Und selbst wenn man seinen Lieblingsduft endlich auserkoren hat, ist die Suche mitunter nicht zu Ende: Der Cocktail der Mikroorganismen und die Beschaffenheit der Haut ändern sich im Laufe des Lebens immer wieder. Deshalb kann ein Parfüm über die Jahre sogar an ein und derselben Person verschiedene Gerüche entwickeln. Sich auf Lebzeiten einen einzigen Lieblingsduft zu bewahren ist also nicht nur aufgrund der Schnelllebigkeit der Modeparfüms eher unwahrscheinlich.[36]

Nr. 37

Warum haben Kamele Höcker?

Wer es zu wahrer Genügsamkeit bringen möchte, sollte sich ein Kamel zum Vorbild nehmen. Die sogenannten Wüstenschiffe akzeptieren selbst kärgste Pflänzchen als Mahlzeit. Zudem kommen sie auch in praller Sahara-Sonne mehrere Tage ohne Wasser aus, wenn sie vorher ausreichend getrunken haben.
Entgegen der landläufigen Meinung sind es allerdings nicht die imposanten Höcker, die bei den Tieren als Wasserspeicher fungieren. In den Höckern wird kein Wasser, sondern Fett gespeichert.. Bei einem anstrengenden Wüstenmarsch greifen die Tiere auf die Fett-Depots nach und nach zurück, bis die irgendwann leer sind. Das erkennt man daran, dass die Höcker dann in sich zusammenfallen.
Darüber hinaus dienen die Höcker zur Kühlung. Durch ihre exponierte Stellung fangen sie die Strahlen der Sonne auf, wenn sich diese im Zenit befindet. Der Kopf sowie der Rumpf der Tiere liegen tiefer und bekommen deshalb weniger Wärme ab – auch deshalb, weil das Fett in den Höckern vergleichsweise schlechte Leitqualitäten hat. Zusätzlich

haben Kamele sehr lange Beine: Das schützt den Rumpf vor der Wärme des aufgeheizten Wüstenbodens.
Auch was den Wasserhaushalt betrifft, sind Kamele Überlebenskünstler. Mehrere Tage kommen sie ohne Flüssigkeit aus, aber wenn sie eine Oase erreichen, können sie innerhalb weniger Minuten 250 Liter trinken. Das entspricht etwa einer vollgelaufenen Badewanne. Beim Menschen würden bei einer solchen Menge die Blutkörperchen platzen.
Diese sind bei den meisten Lebewesen rund und nur begrenzt dehnbar. Kamele hingegen haben ovale Blutkörperchen, das macht sie deutlich elastischer. Zudem verbessert sich durch die ovale Form die Fließeigenschaft des Blutes. Selbst feine Kapillarsysteme an entlegenen Körperstellen werden durchblutet und damit besser gekühlt.
Wissenschaftler unterscheiden zwischen Groß- und Kleinkamelen, allesamt sogenannte Schwielensohler mit zwei, einem oder gar keinem Höcker. Zu den Großkamelen gehören das zweihöckrige Trampeltier und das einhöckrige Dromedar. Zu den Kleinkamelen zählen das Guanako und das Vikunja. Beide haben keinen Höcker. Das bekannte Lama ist eine aus dem Guanako gezüchtete Haustierart.[37]

Nr. 38

Aus welchem Grund kauft man im Supermarkt immer zuerst Gemüse ein?

Schnell, pragmatisch und günstig einkaufen – das sind die Leitlinien moderner Discounter. Doch es gibt auch Menschen, die sich mehr Zeit beim Shoppen lassen und ihr Abendessen aus der Fülle der vielen Hundert Marken zusammenstellen wollen. Für sie stehen die sogenannten Vollsortimenter offen – edle, gut gefüllte Supermärkte, die mit dem ganz besonderen Konsumerlebnis werben und alle Wünsche erfüllen.
Eines aber eint beide Einkaufsstätten: Gleich ob Billig-Discounter oder Vollsortimenter – am Anfang jeder Einkaufstour steht in der Regel der Gang durch die Gemüse- und Obstabteilung. Denn der Kunde soll direkt mit Frische konfrontiert werden und dieses Frischegefühl nimmt

er dann möglichst mit bis zu den Regalen mit den Konservenbüchsen und Tütensuppen.

Gerade Deutsche halten besonders viel vom Frischeaspekt. Sie kaufen besonders häufig ein, nämlich im Durchschnitt zweimal pro Woche. Engländer etwa machen dagegen lieber einmal pro Woche einen Großeinkauf, Frische spielt da eine eher untergeordnete Rolle.

Nach dem Obst- und Gemüseregal folgt im Supermarkt meist eine Kühltheke mit weiteren Frischeprodukten: Milch, Käse, Wurst- und Fleischwaren gehören dazu und sind dort über mehrere Meter ausgebreitet. Abgelöst werden sie von den Tiefkühlprodukten: Es gilt das Transferprinzip. Der Frischeeindruck wird möglichst lange fortgesetzt. Zwischen diese Frische-Artikel können immer wieder mal Nischen mit Konserven und Tütensuppen gestreut werden. Dann folgen die Abteilungen mit Süßwaren und Getränken, bevor die Einkaufstour mit Waschmitteln und Hygieneprodukten endet.

Wichtig ist, dass der Kunde nicht in der Flut der Waren ertrinkt oder orientierungslos durch ein Labyrinth von Gängen irrt. Aber auch übersichtliche, spärlich eingerichtete Discounter stoßen nicht immer auf Begeisterung. Sie wirken mit ihrer reinen Pragmatik schnell lieblos und billig. Es kommt auf ein stimmiges Gesamtkonzept an.[38]

Nr. 39

In welchem Monat werden die meisten Babys geboren?

Die Deutschen planen die Zeugung von Nachwuchs offenbar ebenso akribisch wie einen Urlaub oder die Anschaffung eines neuen Autos. Anders ist es schwer zu erklären, dass in den Sommermonaten deutlich mehr Kinder das Licht der Welt erblicken als im Frühling, Herbst und Winter.

Wie aus Daten des Statistischen Bundesamtes in Wiesbaden hervorgeht, sind fast immer die Monate Juli, August und September am geburtenstärksten. Im Jahr 2006 etwa wurden nur in diesen Monaten jeweils mehr als 60 000 Kinder geboren. Zehn Jahre davor waren es sogar jeweils über 71 000 gegenüber maximal knapp 68 000 in den anderen neun Monaten des Jahres. Das sieht nach Systematik und bewusster Familienplanung aus.

Den Trend zu vermehrten Sommergeburten gibt es nach den Statistiken seit etwa Anfang der 1980er-Jahre. Davor waren die Geburten deutlich regelmäßiger auf das gesamte Jahr verteilt. In den 60er-Jahren etwa wurden häufig noch über 100 000 Kinder pro Monat geboren, die geburtenstärksten Monate waren fast durchgängig März und Mai.

Warum sich die Bevölkerung plötzlich entschied, ihre Kinder verstärkt im Sommer zu bekommen, kann nur vermutet werden. Ein möglicher Grund ist die Einführung der Anti-Baby-Pille in den 60er-Jahren, mit denen eine Schwangerschaft planbarer wurde. Offenbar hat es aber bis in die 80er-Jahre gedauert, bevor sich diese Planungsmöglichkeit auch signifikant in vermehrten Sommergeburten niederschlug.

Frauen wissen heute ganz genau, wann sie ihr Baby bekommen wollen. Viele entscheiden sich für eine Geburt im Sommer, weil die hochschwangeren Monate bei angenehmen Temperaturen leichter zu ertragen sind. Umstandskleider beispielsweise braucht man deutlich weniger als in den kalten Wintermonaten. Auch die Kindergeburtstage machen im Sommer mehr Spaß. Problematisch wird es allerdings bei einer Hitzewelle. Dann kann eine Schwangerschaft im Juli oder August auch zur Belastung werden.

Frauen, die die Geburt ihres Kindes zeitlich festlegen wollen, wird geraten, die Anti-Baby-Pille frühzeitig abzusetzen. Der weibliche Zyklus muss sich nämlich erst wieder einpendeln. Optimal ist ein Absetzen der Pille etwa einen Monat vor der gewünschten Empfängnis. Es ist aber auch vollkommen normal, wenn es ziwschen sechs oder gar zwölf Monaten dauern kann, bis die Frau schwanger wird. Das Paar muss schließlich genau den Tag treffen, an dem der weibliche Eisprung stattfindet. Offenbar treffen viele nicht auf Anhieb – und bekommen ihr Kind mitunter im Winter.[39]

Nr. 40

Warum haben die meisten Tiere einen Schwanz?

Wohl kein Tier kann sich so schnell seines Schwanzes entledigen wie die Eidechse. Das Reptil wirft ihn einfach ab, wenn es in Gefahr ist. Während sich der Gegner auf den zuckenden Stummel stürzt, flüchtet die Eidechse schwanzlos in die nächste Felsspalte.

Auch viele andere Tiere haben ihren Schwanz abgelegt wie einen Hut. Allerdings vollzog sich dieser Prozess über Jahrmillionen im Rahmen der Evolution. Alle Vögel beispielsweise gehören dazu, aber auch Frösche, Schimpansen und nicht zuletzt der Mensch. Sie alle reagierten nach dem Prinzip der Evolution: Was man nicht braucht, wird reduziert. Schimpansen oder Orang-Utans brauchen keinen Schwanz, weder zum Laufen noch beim Klettern auf Bäumen. Denn dafür benutzen sie ihre langen Arme. Andere Affen dagegen würden ohne Schwanz umkommen, sie brauchen ihn als eine Art Steuerknüppel, während sie sich durch die Baumkronen hangeln. Kühe verscheuchen mit ihrem Schwanz lästige Insekten. Hunde zeigen mit ihrem Anhängsel sogar Emotionen an. Fische brauchen ihn als Fortbewegungsmittel.

Dass die Vorfahren des Menschen ebenfalls über einen Schwanz verfügten, kann jeder an seiner eigenen Wirbelsäule ertasten. Am untersten Ende befindet sich das Steißbein, an dessen Wirbel einst der Schwanzknochen anschloss. Hin und wieder sorgt die Laune der Natur sogar dafür, dass Babys mit einem kleinen Schwanz geboren werden. Diese Anomalie wird dann aber sofort wegoperiert.[40]

Nr. 41

Wie kommt der Sand an den Strand?

Wenn es etwas wie Sand am Meer gibt, hat man es nicht mit einer Rarität zu tun. Die Unmengen an Sand an den Stränden dieser Welt sind Synonym für Fülle und Überfluss. Aber woher kommen all diese feinen und gröberen Körnchen an den Küsten? Strandsand, also all das, was einen Durchmesser von 0,063 bis 2 Millimeter hat, ist fein bis grob geschliffenes Sediment. Es stammt aus dem Meer, wird durch Küstenerosion zur Verfügung gestellt oder durch Flüsse herangetragen. Wichtigste Voraussetzung für die Entstehung von Sandstränden sind Wellen und die daraus resultierenden Strömungen. Sie tragen unentwegt Gestein vom Meeresgrund an die Küste, und das entgegen der Schwerkraft. Überwiegt dagegen die Tideströmung gegenüber der durch Wellen verursachten Strömung wie beispielsweise im Wattenmeer der Nordsee, kommt kein Sandstrand zustande. Dort kann man seinen Sonnenschirm allenfalls im Schlick aufstellen.

Die Länge der Wellen entscheidet, aus welcher Wassertiefe Sand bis an den Strand gebracht werden kann, wobei lange Wellen eine größere Tiefenwirkung haben als kurze Wellen. Die Neigung des Meeresbodens vor der Küste bestimmt, ob der Strand aus grobem oder feinem Sand aufgebaut wird, wobei eine Abnahme der Neigung mit einer Abnahme der Korngröße einhergeht.

Außerdem entsteht durch die andauernde Hin- und Herbewegung durch die Wellen eine permanente Reibung, wodurch die einzelnen Körner extrem fein geschliffen werden können. Ein Beispiel sind die Traumstrände der Malediven, wo die Wellen Längen von mehr als 100 Metern erreichen können. Allerdings hat man dort als Tourist keinen Sand unter den Füßen, sondern ausschließlich Kalk, also zu Sandkorngröße zermahlene Reste von Korallen und Muschelschalen. Deshalb sind die Strände dort auch weiß.

Gelblich sind sie indes auf den Nordseeinseln oder entlang der Ostsee, denn dort besteht der Sand aus zerkleinertem Quarzgestein. Schwarz sind Sandkörner auf einigen Inseln vulkanischen Ursprungs, zum Beispiel den Kanaren. Und auf Hawaii gibt es sogar einen grünen Strand: Der Green Sand Beach ist primär aus dem vulkanischen Ursprungs entstammenden Mineral Olivin aufgebaut.

Die feinen Sandkörner sind in der Regel Jahrmillionen alt und durch den Wellengang immer in Bewegung. Damit verändert der Sandstrand permanent sein Gesicht und spült Fußabdrücke und andere Spuren im Nu wieder weg. Dieser Reinigungseffekt ist insbesondere an stark bevölkerten Stränden auch erwünscht. Oder gibt es jemanden, der auf dem sonnenöldurchtränkten Strand vergangener Jahre liegen möchte?[41]

Nr. 42

Warum schmerzen beim Landeanflug die Ohren?

Wenn ein Flugzeug zur Landung ansetzt, steigt in der Passagierkabine nicht nur die Vorfreude auf festen Boden unter den Füßen. Auch der Luftdruck erhöht sich beim Sinkflug merklich. Die Fluggäste spüren das durch starken Druck auf den Ohren. Mitunter kommt es zu Taubheitsgefühlen oder gar Schmerzen. In Extremfällen kann sogar das Trommelfell reißen.

Auf der Erdoberfläche herrscht ein durchschnittlicher Luftdruck von einem Bar. Pro 1000 Meter Höhe sinkt der Druck um etwa 0,1 Bar. Bei einem Langstreckenflug in 10 000 Metern Höhe liegt der Druck also bei null – ein Wert, bei dem die Lungen eines Menschen normalerweise kollabieren würden. Die Druckkabine jedoch bläst die Atmosphäre im Flugzeug gewissermaßen auf und macht Atmen weiter möglich, wenn auch bei niedrigerem Druck als auf der Erde.

Im Laufe des Langstreckenfluges gewöhnt sich das Mittelohr an den niedrigen Druck. Steigt der Druck beim Landeanflug wieder, kommt es zu erheblichen Druckdifferenzen zwischen Mittelohr und Druckkabine. Dadurch wird das Trommelfell ein Stück von außen nach innen gedrückt und gedehnt. Je nach Empfindlichkeit nehmen manche Menschen dies als unangenehmes Druck- oder Taubheitsgefühl, andere als Schmerzen wahr. Mediziner sprechen von einem sogenannten Barotrauma, unter dem auch Taucher häufig leiden. In seltenen Fällen reißt das Trommelfell.

Abmildern lässt sich der unangenehme Ohrendruck beim Landeanflug mit einem Kaugummi. Durch das verstärkte Kauen und Schlucken findet über die sogenannte Eustachische Röhre, eine Verbindung zwischen dem Mittelohr und dem Nasenrachen, ein Luftdruckausgleich statt. Gähnen hat den gleichen Effekt. Darüber hinaus kann man den Druckausgleich herbeiführen, indem man sich die Nase zuhält und fest presst, als wolle man in ein Taschentuch schnäuzen. Ohrenstöpsel tragen entgegen der landläufig verbreiteten Meinung dagegen nicht zum Druckausgleich bei.[42]

Nr. 43

Weshalb schmecken Tränen salzig?

Wenn der Kummer besonders groß ist, kullert die eine oder andere Träne auch schon mal bis zum Mund. Die bitter geweinte Flüssigkeit hinterlässt dort aber eher einen salzigen Geschmack. Daran merkt man, dass wir ursprünglich aus dem Meer stammen.
Nicht nur die Tränen, sondern alle Flüssigkeiten des Körpers sind salzig, also auch das Blut oder die Gehirn- und Rückenmarksflüssigkeit Liquor. In einem Milieu ähnlich dem Meerwasser fühlen sich die Körperzellen am wohlsten. Dies zeigen auch Experimente mit destilliertem Wasser: In dieser salz- und spurenelementfreien Umgebung platzen die Zellen und gehen zugrunde.
Die sogenannte große Tränendrüse kommt nicht nur beim Weinen zum Einsatz. Auch wenn ein Fremdkörper ins Auge gerät, wird sie aktiv und spült den Dreck wieder heraus. Darüber hinaus wird stets ein bestimmtes Maß an Tränenflüssigkeit produziert, um klare Sicht zu gewährleisten. Die Augenoberfläche darf nicht austrocknen. Kleine Drüsen halten die Bindehaut mit einem dünnen Tränenfilm dauerhaft feucht. Durch den Lidschlag wird dieser immer wieder gleichmäßig verteilt, sodass sich auf der Hornhaut keine Schlieren bilden und sie schön klar und durchsichtig bleibt.[43]

Nr. 44

Muss Milch zum Aufschäumen warm sein?

Erst mit dem Milchschaum erhalten Cappuccino und Latte Macchiato ihre geschmackliche wie optische Krönung. Am einfachsten gelingt die luftige Haube, wenn man die Milch vor dem Aufschäumen erwärmt. Ideal sind 50 bis 70 Grad Celsius. Bei diesen Temperaturen konzentrieren sich lösliche Milchproteine, die wichtig sind für die Schaumbildung, an der Grenzfläche zwischen Luftblasen und Milch.

Vollmilch besteht zu etwa 87 Prozent aus Wasser, rund 3,5 Prozent sind Proteine. Bringt man die Flüssigkeit durch einen Quirl oder Rührstab in mechanische Bewegung, werden Luftblasen eingeschlagen. Zwischen Flüssigkeit und Luftblasen entstehen sogenannte Grenzflächen. An diesen lagern sich die Milchproteine an, entfalten und vernetzen sich und schließen die Luftblasen mit einer Membran ein – das Resultat ist eine Flüssigkeit mit vielen Luftbläschen, das Prinzip aller Proteinschäume.
Bei aufgewärmter Milch geschieht die Schaumbildung besonders rasch, denn durch die Erhitzung wird die Diffusionsgeschwindigkeit erhöht und die Anhaftung der Proteine an der Grenzfläche gefördert. Möglich ist Schaumbildung aber auch mit kalter Milch: Man muss dann nur mehr mechanische Energie aufbringen. Zu heiß sollte die Milch dagegen nicht sein. Andernfalls denaturieren die Proteine und können die Luftblasen nicht mehr so gut halten – der Schaum wird weniger stabil und cremig. Diese Gefahr besteht auch, wenn man den Schaum nicht mit mechanischem Schlagen, sondern über 110 Grad Celsius heißem Wasserdampf erzeugt.[44]

Nr. 45

Fördert Spucke die Wundheilung?

Kleine Schnitt- oder Schürfwunden benetzen viele Menschen gerne mit ein wenig Speichel, um die Blutung zu stoppen. Doch entgegen der landläufigen Meinung fördert Spucke nicht die Wundheilung. Im Gegenteil, Speichel enthält nicht nur Enzyme für die Verdauung, sondern auch eine Vielzahl von Keimen aus der Mundhöhle, welche die Wunde infizieren können. Insofern ist Spucke als Pflasterersatz eher kontraproduktiv.
Das Gleiche gilt für die Angewohnheit von Müttern, bei Verletzungen ihrer Kinder auf die frische Wunde zu pusten. Dies ist zwar eine nett gemeinte Geste. Doch auch der Atem enthält eine Menge Bakterien – nicht umsonst tragen Ärzte einen Mundschutz. Daher sollte auch die Mutter die Keime aus der Mundhöhle besser für sich behalten und nicht auf die Wunde ihres Kindes weitergeben.[45]

Nr. 46

Kann man sich hinter Fensterglas sonnen?

Wer in einem Auto mit getönten Scheiben unterwegs ist, mag vor neugierigen Blicken geschützt sein. Schädliches Sonnenlicht macht vor dunklem Glas aber nicht notwendig Halt. Fensterglas ist durchlässig für UV-Strahlen.

Allerdings dringt nur die vergleichsweise harmlose UVA-Strahlung durch. Die weitaus aggressivere UVB-Strahlung wird von den meisten Gläsern zu fast 100 Prozent absorbiert.

Dieses UVB-Licht ist es, was im Freien für einen knackig-braunen Teint und bei Übertreibung rasch für einen Sonnenbrand und erhöhte Hautkrebsgefahr sorgt. UVA-Strahlung ist für die Erzeugung eines Sonnenbrandes zwar etwa tausendmal weniger effektiv, regt aber gleichwohl bei hohen Dosen die Ausschüttung von Melanin an, das für die bräunliche Färbung der Haut sorgt. Bei entsprechend langer UVA-Licht-Bestrahlung können insbesondere Menschen mit hellem Hautbild empfindlich reagieren. Nach etwa 30 Minuten kommt es zu Rötungen und Hautirritationen.

Wer im Auto oder im Büro stundenlang hinter einer Glasscheibe Sonnenlicht ausgesetzt ist, sollte also wie beim Sonnenbaden am Strand an UV-Schutz denken. Die Haut kann man mit Sonnencreme schützen. Für die Augen empfiehlt sich eine Sonnenbrille. Wenn das im Büro Spott oder Unbehagen bei den Kollegen auslöst, kann man stattdessen auch die Jalousien herunterlassen.[46]

Nr. 47

Warum fallen wir nicht von der Erde?

Auch wenn sie *down under* leben und ihre Köpfe von Europa aus gesehen nach unten zeigen – Australier und Neuseeländer fallen nicht von der Erde. Denn im Universum gibt es kein Unten und Oben. Vor allem sorgt aber eine irdische physikalische Größe dafür, dass kein Mensch dauerhaft den Boden unter den Füßen verliert – die sogenannte Schwerkraft. Sie zieht praktisch jeden Gegenstand auf der Oberfläche des Planeten an wie ein Magnet.

Hintergrund ist das Newton'sche Gravitationsgesetz, wonach Masseteilchen sich gegenseitig anziehen. Die Erde, aber auch jeder andere Himmelskörper ist eine solche Masseteilchen-Ansammlung. Die Schwerkraft wirkt dabei umso stärker, je dichter die Teilchen beieinander sind und je größer der Körper selbst ist – je mehr Masse er also besitzt.

Deshalb ist die Schwerkraft beispielsweise auf dem Jupiter auch deutlich stärker als auf der Erde. Auf dem vergleichsweise kleinen Mond hingegen ist sie schwächer – das machte den US-Astronauten bei ihrem Besuch einst gewaltige Luftsprünge von mehreren Metern Höhe möglich. Aber auch umgekehrt ist die Gravitationskraft des Mondes tagtäglich auf der Erde zu spüren: Sie zieht die Ozeane an sich und steuert den Zyklus von Ebbe und Flut.

Auch auf der Erde selbst gibt es Schwankungen in der Gravitationskraft. So wird die Schwerkraft geringer, wenn man einen hohen Berg besteigt. Denn man entfernt sich immer weiter vom Erdmittelpunkt, an dem das Zentrum der Schwerkraft liegt. Im Mittel herrscht auf der Erde eine Gravitationsbeschleunigung von 9,8 Metern pro Sekunde zum Quadrat. Es ist also immer ungefähr die gleich hohe Beschleunigung, mit der Äpfel vom Baum und im Unglücksfall Flugzeuge vom Himmel fallen.

Forscher interessieren sich vor allem für die räumlichen und zeitlichen Veränderungen der Schwerkraft. Mithilfe von Satellitenmessungen bestimmt, geben diese wichtige Informationen über klimarelevante Prozesse wie den globalen Meeresspiegelanstieg oder die Veränderungen in den Eisschilden Grönlands oder der Antarktis. Denn überall dort verändert sich auch die Massenverteilung.[47]

Nr. 48

Haben alle Babys blaue Augen?

Praktisch jeder Mensch kann hierzulande von sich behaupten, zumindest vorübergehend einmal blaue Augen gehabt zu haben. Fast

alle Babys mit weißer Haut kommen mit blauen Augen auf die Welt. In Asien, Afrika und Lateinamerika werden die Babys mit braunen Augen geboren. Allerdings behält auch hierzulande nur ein Teil der Menschen die blauen Augen bis ans Lebensende: Bei vielen wechselt die Augenfarbe innerhalb des ersten Lebensjahres.
Das hat mit der Entwicklung und der Pigmentierung der Iris zu tun, die etwa nach sechs bis zwölf Monaten nach der Geburt abgeschlossen ist. Pigmentzellen in der Iris bestimmen die Augenfarbe. Bei Babys ist die Anzahl der Pigmentzellen noch gering und die Iris schimmert aufgrund einer bestimmten Lichtbrechung blau. Steigt die Dichte der Pigmentzellen, kann die Augenfarbe dunkler werden.
Die Ausstattung mit Pigmentzellen, also ob ein Mensch eine helle oder dunkle Haut- beziehungsweise Augenfarbe hat, ist genetisch vorgegeben. Doch die Gene entscheiden nicht nur über die Augenfarbe: Die Pigmentierung ist auch ein Licht- und UV-Schutz. Menschen mit blauen Augen sind deshalb lichtempfindlicher als solche mit braunen.[48]

Nr. 49

Warum wedeln Hunde mit dem Schwanz?

Menschen lächeln oder setzen eine böse Miene auf, Hunde zeigen ihre Emotionen dagegen vor allem mit dem Hinterteil: Sie wedeln mit dem Schwanz, mitunter minutenlang, etwa wenn ein Spaziergang ansteht oder der Fressnapf gefüllt wird. Speziell bei Wölfen, aber auch bei Hunden ist der Schwanz ein sehr wichtiger Körperteil zum Ausdruck von Gefühlen. Der Hund stammt vom Wolf ab, einem ausgesprochen sozialen Tier. Und wie in menschlichen Gemeinschaften auch gibt es in einem Wolfsrudel stets Hierarchien. Den jeweiligen Status eines Tieres kann man bei Wölfen gut an der Haltung des Schwanzes ablesen: Je höher der Rang, desto höher wird auch der Schwanz gehalten. Rangniedrige Tiere ziehen ihre Rute manchmal sogar ein, ein Phänomen, das sich auch bei ängstlichen Hunden im Stadtverkehr beobachten lässt. Aber beherztes Wedeln bedeutet nicht immer Freude. Es kann auch der Versuch sein, zu beschwichtigen.

Auch andere Tiere wedeln mit dem Schwanz, häufig aber aus anderen Gründen als zur sozialen Interaktion. Kühe oder Zebras etwa lassen ihren Schwanz kreisen, um lästige Fliegen zu vertreiben. Affen oder Eichhörnchen benutzen das Anhängsel, um beim Klettern und Springen nicht die Balance zu verlieren.[49]

Nr. 50

Weshalb sind Wolken weiß?

Der Himmel ist blau, weil die Lufthülle das Licht der Sonne streut und dabei besonders die blauen Anteile gegenüber den roten, gelben und grünen bevorzugt. Aber warum sind Wolken weiß, wenn Regen doch eigentlich farblos ist?

Die winzigen Wolkentröpfchen reflektieren sämtliche Farben des Sonnenlichts gleichmäßig, das erscheint uns dann als weißlich. Allerdings gibt es verschiedene Grauabstufungen, die davon abhängen, wie die Sonne steht und vor allem, wie dick die Wolken sind. Je mehr Wassertröpfchen die Wolken enthalten, desto kompakter und weniger transparent werden sie. Licht hat es schwerer, die Wolke zu durchdringen, deswegen erscheint sie mit zunehmender Dichte auch zunehmend dunkler.

Darüber hinaus spielt der Stand der Sonne eine Rolle. Steht sie vom Betrachter aus gesehen hinter einer Wolkenfront, wirkt diese oft – besonders bei einem aufziehenden Gewitter – dunkel und bedrohlich, weil die Sonnenstrahlen die Wolkenteile praktisch nicht mehr durchdringen. Scheint die Sonne dann von der Seite, erscheint häufig der obere Teil der Wolke weißlich und der untere Teil dunkel.

Früher oder später beginnt es dann aus einer solchen Wolke zu regnen, denn die Wassertröpfchen wachsen. Irgendwann sind sie so groß, dass die Schwerkraft die Aufwinde innerhalb der Wolke überwindet und die Tropfen als Regen oder Regenschauer nach unten fallen.[50]

Nr. 51

Wie alt kann ein Mensch maximal werden?

Die Menschen werden immer älter. Medizinische Fortschritte, bessere Ernährung und eine relativ lange Periode ohne Kriege führten in den vergangenen Jahrzehnten dazu, dass die Lebenserwartung zumindest in den westlichen Industriestaaten kontinuierlich anstieg. Deutsche Männer werden derzeit durchschnittlich etwa 76 Jahre alt, Frauen scheiden im Mittel erst nach 82 Jahren aus dem Leben. Aber auch biblische Alter von 100 oder mehr Jahren sind keineswegs eine Seltenheit. Ist es nur noch eine Frage der Zeit, bis es rüstige Senioren mit 150 Jahren gibt?

Nein, denn es existiert durchaus so etwas wie eine biologische Grenze des Alterns. Und die wurde sogar schon in der Antike oder im Mittelalter manchmal erreicht. 70-Jährige hatten auch früher schon recht gute Chancen, 80 Jahre oder älter zu werden. Hin und wieder kam und kommt es mit 100- oder 115-Jährigen auch zu demografischen Ausreißern. Dass heute mehr Menschen derart alt werden, hängt vor allem mit der deutlichen Senkung der Säuglingssterblichkeit zusammen. Viel mehr Spielraum nach oben gibt es beim Altern aber nicht mehr. Bestimmte Prozesse im Körper funktionieren zunehmend schlechter, bis sie irgendwann aussetzen und den Tod herbeiführen. Deshalb kann die biologische Grenze auch nicht durch weitere medizinische Fortschritte unbegrenzt verschoben oder außer Kraft gesetzt werden. Das ist allenfalls durch massive Eingriffe ins Erbgut denkbar.

Es ist ohnehin einzigartig in der Natur, dass Menschen – insbesondere Frauen – auch nach Ende ihrer Fortpflanzungsfähigkeit mitunter noch Jahrzehnte weiterleben. Grund ist die vergleichsweise lange Entwicklungs- und Erziehungsphase von Kindern, die oft den unterstützenden Einsatz von Großmüttern und -vätern verlangt. Im Tierreich sind normalerweise einzig die Eltern für die Aufzucht zuständig. Dort endet das Leben oft recht schnell nach Ende der Fortpflanzungsfähigkeit.

Aber selbst für Großeltern sind die Erziehungsaufgaben irgendwann erledigt, für das Wohlergehen der Nachkommen erfüllen sie dann keine Funktion mehr. Deshalb hat die Evolution auch kein Interesse daran, dass die Menschen 150 Jahre oder noch älter werden. Eine weitere Steigerung der durchschnittlichen Lebenserwartung ist somit unwahrscheinlich. Vielleicht haben wir das Maximum schon erreicht. So ist die Lebenserwartung in Dänemark insbesondere für Frauen trotz des sehr hohen Lebensstandards am unteren Ende der europäischen Skala. Die Ursache könnten neue Umweltgifte oder andere schädliche Faktoren sein.[51]

Nr. 52

Legen weiße Hühner nur weiße Eier?

Wegen unterschiedlicher Erwartungen an die Konsistenz des Frühstückseis sind schon Ehen gescheitert. Der eine mag den Dotter weich, die andere will ihn hart gekocht. Aber auch die Eierfarbe ist für viele von Belang. Die meisten Konsumenten bevorzugen braunschalige Eier.

Dies bedeutet aber nicht, dass in den Hühnerfarmen ausschließlich braune Hennen leben. Denn auch weiße Hühner können braune Eier legen: Die Farbe der Eierschale ist genetisch bedingt. Allerdings ist es im Großen und Ganzen tatsächlich so, dass braune Hühner braune Eier legen und Tiere mit weißem Gefieder weißschalige Eier.

Genau vorhersagen lässt sich die Farbe der Eier mit einem Blick auf die sogenannten Ohrscheiben von Hühnern. Ist dieser Bereich um den Gehöreingang weiß, legt die Henne weißschalige Eier. Ist er rötlich oder braun, darf man braune Eier erwarten. Über Qualität und Nährwerte eines Hühnereis sagt die Farbe der Schale indes nichts aus. Weiße und braune Eier sind gleichermaßen für die Ernährung empfehlenswert. Sie enthalten wertvolle Amino- und Fettsäuren.[52]

Nr. 53

Warum ist Gähnen ansteckend?

Stellen Sie sich einmal einen gähnenden Menschen vor. Er legt den Kopf in den Nacken und reißt den Mund weit auf, bis es im Kiefergelenk schon bedenklich knackt. Er kneift die Augen zusammen, atmet tief ein und lässt dabei ein lautes »Uuuuaaaaah« ertönen. Wenn Sie nun auch losgähnen, liegt das wahrscheinlich am natürlichen Imitationsreflex. Wir haben die natürliche Tendenz, Bewegungen, die wir selbst gut kennen, automatisch nachzuahmen, wenn wir sie bei anderen beobachten. Die Ursache dafür vermuten Wissenschaftler in den im Gehirn angesiedelten Spiegelneuronen.

Diese Nervenzellen, die in Versuchen mit Affen entdeckt wurden, haben zweierlei Funktionen: Sie können einerseits von sich aus eine Bewegung auslösen. Sie können andererseits aber auch die Bewegung einer anderen Person wahrnehmen und daraufhin die gleiche Bewegung in Gang setzen. Nicht jede Bewegung regt zur Imitation an. Es sind hauptsächlich solche, die man auch selbst oft durchführt, wie beispielsweise ein Lächeln oder das Kratzen am Kopf. Auch Emotionen wie Wut oder Trauer würden durch diese Nervenzellen gespiegelt. Die Wissenschaftler gehen davon aus, dass diese Spiegelneuronen auch im menschlichen Gehirn vorhanden sind.

Im Alltag werden die Spiegelneuronen also oft aktiviert, wenn man jemand anderen bei einer Tätigkeit beobachtet, davon liest oder darüber spricht. Doch nicht immer wird die entsprechende Bewegung auch ausgeführt. Der Verstand unterdrückt diesen Imitationsimpuls meistens. Ist man jedoch abgelenkt oder erschöpft, kann man die Spiegelneuronen weniger gut kontrollieren und die Hemmschwelle, die Imitation durchzuführen, sinkt: Das merkt man beispielsweise daran, dass man immer zurücklächelt, wenn man unvermittelt von jemandem angelächelt wird.

In Situationen, in denen andere gähnen, mangelt es oft an Konzentration. Befindet man sich in derselben Situation wie diese Menschen, ist man selbst meist ebenfalls müde oder gelangweilt. Man hat also nicht mehr die volle Kontrolle über seine Gesichtszüge und ist außerdem ohnehin schon zum Gähnen bereit. Ist man selbst ausgeruht und völlig fit, lässt man sich daher auch nicht so leicht mit der Gähnepidemie infizieren.[53]

Nr. 54

Macht Schwarz wirklich schlank?

In grellen Klamotten sieht man übergewichtige Menschen eher selten. Viele bevorzugen dunkle Töne oder kleiden sich gar ganz in Schwarz, weil das angeblich schlank macht. Diese Annahme ist gar nicht so falsch, zumindest nicht in optischer Hinsicht: Eine schwarze Fläche reflektiert kein Licht. Und wo es keine Reflexionen gibt, kann man auch keine Konturen erkennen. Dieses Phänomen kommt dem modischen Konzept gerade dann zugute, wenn die Konturen ungeliebte Speckröllchen abbilden, die man lieber kaschieren möchte.
Eigentlich ist Schwarz gar keine Farbe. Im Prinzip handelt es sich optisch um einen leeren Raum, weil keinerlei Licht reflektiert wird. Aber weil die Umgebung rund um ein schwarzes Kleid oder T-Shirt farbig ist, nimmt das Auge die Fläche als schwarz wahr.
Und diese schwarze Fläche wirkt kleiner als beispielsweise eine rote oder gelbe. Ein Aspekt, den sich nicht nur Modebewusste, sondern auch bildende Künstler zunutze machen. Beim Ankleiden sind die Möglichkeiten solch optischer Verschlankung gleichwohl begrenzt: Eine mollige Kundin wird natürlich auch mit schwarzer Kleidung nicht von Konfektionsgröße 48 auf 42 runterkommen.[54]

Nr. 55

Welches Pferd stand für die Einheit PS Pate?

Müder Gaul oder muskulöser Zuchthengst – natürlich sind nicht alle Pferde gleich stark. Je nach Alter und Trainingszustand schwankt die Leistungsfähigkeit – wie beim Menschen auch. Der Maschinenbauer

James Watt erfand im 18. Jahrhundert dennoch eine Art Normpferd. Dessen willkürlich festgelegte Durchschnittskraft ist die Grundlage für die noch heute geläufige Maßeinheit PS (Pferdestärke).
Bei der Entwicklung seiner hochmodernen Dampfmaschinen suchte der Schotte Watt einst nach einer Konstante, um die Leistungsfähigkeit der technischen Errungenschaften zu messen und darzustellen. Damals war der Einsatz von Pferden noch die gängige Methode, um Maschinen anzutreiben, zum Beispiel beim Antrieb von Mühlen.
So sah sich Watt Mühlpferde bei ihrer Arbeit an, die stundenlang in einem Kreis von 24 Fuß (7,30 Meter) Durchmesser liefen, um das Mühlrad anzutreiben. Dabei schafften sie im Durchschnitt 144 Umläufe pro Stunde und zogen mit einer Kraft von 180 britischen Pfund. Auf dieser Grundlage berechnete Watt die Formel, wonach ein Pferd es auf knapp 33 000 Fuß mal Pfund pro Minute bringt.
Diese Maßeinheit BHP (*Brake Horsepower*) basiert auf den englischen Einheiten Pfund und Fuß. Die deutsche Einheit PS ist zahlenmäßig nicht exakt das Gleiche. Ein BHP entspricht 1, 01 DIN-PS. BHP und PS eint, dass sie auf nicht mehr gebräuchlichen Einheiten wie Fuß und Pfund gründen. 1978 wurde das PS deshalb vom Watt beziehungsweise Kilowatt (kW) ersetzt, eine Größe aus dem Internationalen Einheitensystem (SI). Der große Vorteil der Einheit kW ist, dass man viel leichter damit rechnen kann. Anstatt auf »krummen« Größen wie Fuß und Pfund basiert ein kW auf international gebräuchlichen Maßeinheiten aus dem SI: Meter, Kilogramm und Sekunde. Profis wie Physiker und Ingenieure rechnen seitdem mit kW, um die Leistungsfähigkeit von Maschinen zu errechnen. Im Alltag hat sich das PS als Einheit dagegen gehalten: Beim Autokauf sagen 75 PS den meisten Laien immer noch weitaus mehr als ihr Äquivalent 55 kW.[55]

Nr. 56

Ist Feuer immer rot?

Feuerwehrautos sind meist feuerrot angestrichen. Dabei kann ein Feuerwehrmann im Prinzip durchaus zu einem blauen oder grünen

Brand gerufen werden. Denn Feuer sind nicht immer rot, sondern können je nach Art der verbrennenden Stoffe auch andersfarbig sein. Bei jedem Feuer liegt eine sogenannte Oxidation vor, das heißt, eine bestimmte Verbindung reagiert mit Sauerstoff, einem Bestandteil der Luft. Damit die Reaktion funktionieren kann, ist allerdings eine gewisse Aktivierungsenergie notwendig. Bei manchen Verbindungen muss es für eine Reaktion sehr heiß sein. Andere Moleküle wie zum Beispiel weißer Phosphor entzünden sich sofort, wenn sie an die Luft beziehungsweise mit Sauerstoff in Berührung kommen.

Das klassische Feuer mit gelber bis roter Farbe entsteht dann, wenn eine Kohlenstoffverbindung mit Sauerstoff reagiert: Holz, Kohle oder Papier etwa bestehen aus Cellulose, die wiederum viel Kohlenstoff enthält. Bariumsalze, die auch in der Pyrotechnik verwendet werden, weisen dagegen eine grüne Flammenfärbung auf. Sehr heißes Metall indes glüht weiß. Die Farbe eines Feuers sagt nämlich auch etwas über die Temperatur der chemischen Reaktion aus. Beobachten lässt sich das auch im Chemieunterricht: Je nach Sauerstoffzufuhr beziehungsweise Heftigkeit der Reaktion ist die Flamme des Bunsenbrenners orange, gelb oder blau.[56]

Nr. 57

Wird man im Flugzeug schneller betrunken?

Immer wieder hört man von volltrunkenen Flugpassagieren, die während des Flugs Mitreisende und das Kabinenpersonal schikanieren. Es scheint, als nutzten manche Gäste die Zeit über den Wolken für ein Gratis-Saufgelage mit Wein und Bier aus Plastikbechern. Doch auch Menschen mit gesitteten Trinkgewohnheiten können auf mehreren Tausend Metern Höhe schnell in vollrauschartige Zustände geraten.

In der Kabine eines Flugzeugs herrscht trotz Druckausgleich niedrigerer Luftdruck als am Boden. Die Druckverhältnisse an Bord sind ungefähr mit den Bedingungen auf 2400 Metern über dem Meeresspiegel vergleichbar. Durch die mangelnde Druckwirkung von außen erweitern sich die Gefäße im Körper, das Blut zirkuliert schneller. Hirn und Herz werden also besser durchblutet. Wenn man nun Alkohol zu sich nimmt,

gelangt dieser viel schneller in den Blutkreislauf und wirkt daher zügiger und stärker.
Zudem sind der Feuchtigkeits- und der Sauerstoffgehalt in der Flugzeugkabine niedriger, als es der menschliche Organismus gewöhnt ist. Dadurch erhöht sich die Atemfrequenz, man wird durstiger und trinkt mehr. Deshalb nimmt man auch schnell mal mehr Alkohol zu sich, als man gewohnt ist.
Die schnellere Blutzirkulation führt übrigens auch dazu, dass manche Medikamente während eines Fluges stärker wirken. Man sollte also vor dem Abheben den behandelnden Arzt befragen, ob die Medikamentendosis auch während der Reisezeit im Flugzeug angemessen ist.[57]

Nr. 58

Wie weit reicht unser Erinnerungsvermögen zurück?

Den ersten Kuss oder einen gebrochenen Arm vergisst man mit Sicherheit nicht so schnell. So manches Detail erscheint noch Jahrzehnte später klar und deutlich vor unserem inneren Auge. An seine eigene Geburt erinnert sich dagegen niemand.
Wie weit unsere Erinnerung zurückreicht, ist schwer zu sagen. Grundsätzlich ist es äußerst unwahrscheinlich, dass sich ein Erwachsener an Ereignisse vor seinem dritten Lebensjahr erinnert. Aber selbst Erinnerungen an Erlebnisse vor dem sechsten Lebensjahr sind meist unpräzise.
Noch ist Gedächtnisforschern weitgehend unbekannt, warum Eindrücke aus frühester Kindheit dem Erwachsenen gar nicht oder nur fragmentarisch im Gedächtnis bleiben. Abgesehen davon, dass das Gehirn eines Kindes noch nicht vollständig ausgereift ist, könnten sogenannte Kontextunterschiede eine Rolle spielen. Wenn wir etwas lernen, tun wir das immer in einer gewissen Umgebung, einem Kontext. Ändert sich nun diese Kontextumgebung, fällt es uns schwerer, das Gelernte zu erinnern. So kann ein Student unter Umständen mehr von dem Prüfungsstoff an seinem Schreibtisch wiedergeben als im Büro seines Prüfers.

Ein solcher Umgebungswechsel vollzieht sich in gewisser Weise auch, wenn wir größer werden. Als Kind nehmen wir unsere Umgebung aus einer tiefer gelegenen Perspektive wahr: Tisch und Stuhl erscheinen uns riesig. Erst wenn wir wachsen, schrumpft unsere Umgebung auf ihr vertrautes Maß. Ähnlich wie bei dem Studenten in Prüfungssituation könnte so ein Perspektivenwechsel nun dazu führen, dass wir uns als Erwachsene schlechter an Erlebnisse aus der Kindheit erinnern.

Doch auch ohne Perspektivenwechsel gilt: Wir erinnern uns umso besser an ein Erlebnis, je kürzer es zurückliegt. Schon 1885 publizierte Hermann Ebbinghaus, Pionier der Gedächtnisforschung, eine Vergessenskurve, die seither in ihrem Verlauf größtenteils bestätigt wurde. Ein Resultat: Vier Tage nach einem Erlebnis erinnern wir nur noch rund ein Viertel von dem, was sich tatsächlich zugetragen hat.

Häufig empfinden wir das allerdings anders. Denn der Mensch neigt dazu, auch nicht selbst Erlebtes in seine Erinnerung zu verweben. So kann beispielsweise ein junger Mensch mit großem Interesse für Zeitgeschichte der Meinung sein, sich an Fernsehbilder vom Mauerfall zu erinnern – selbst wenn er 1989 als Kleinkind nicht einen Blick auf den Fernseher geworfen hat. Deshalb gibt es Weniges, das so unzuverlässig ist wie unser Gedächtnis.[58]

Nr. 59

Haben Verliebte wirklich Schmetterlinge im Bauch?

Keine Angst – wer Schmetterlinge im Bauch hat, muss keinen Gastroenterologen aufsuchen. Dieses diffuse Kribbeln in der Magen-Darm-Gegend gilt nicht als Krankheit, sondern als eines der schönsten Gefühle überhaupt: als Zeichen für Verliebtheit. Warum aber kribbelt es im Bauch und nicht an den Füßen oder im Gesicht? Weil die Region rund um den Magen allgemein sehr empfindlich auf Emotionen reagiert. Zunächst aber werden diese im Gehirn verarbeitet.

Für Emotionen zuständig ist das sogenannte Limbische System, ein sehr alter Bereich des Gehirns, der sich im Laufe der Evolution sehr frühzeitig entwickelte. Dabei spielt das Gedächtnis eine wichtige Rolle: Empfinden wir etwas als positiv, erinnern wir uns an vergleichbar angenehme Situationen in der Vergangenheit und es entstehen automatisch Glücksgefühle. Ist ein Erlebnis negativ, entstehen Angst- und Stressgefühle.

Das bedeutet, dass auf jedes Ereignis eine bestimmte emotionale, aber auch körperliche Reaktion folgt: Bei Angst schlägt das Herz schneller und die Muskeln werden besser durchblutet, um rasch die Flucht ergreifen zu können. Im Zustand der Freude – oder des Verliebtseins – breitet sich dagegen häufig ein wohliges Gefühl in der Bauchgegend aus, Entspannung macht sich breit.

Der US-Neurowissenschaftler Antonio Damasio stellte die sogenannte *somatic markers hypothesis* auf. Diese Hypothese besagt, dass Emotionen im Gehirn auch Reaktionen auf somatischer beziehungsweise körperlicher Ebene auslösen. Die Signale des Körpers dafür können ganz unterschiedlich sein, als Schmetterlinge im Bauch empfundene Regungen im Bauchraum beispielsweise. Aber Empfindungen in der Magengegend können auch unangenehm sein, zum Beispiel wenn Stress oder Wut zu Bauchschmerzen führen.

Zu einem gewissen Grad lassen sich die somatischen Gefühle sogar beeinflussen. Wem beispielsweise Stress dauerhaft auf den Magen schlägt, dem können Entspannungstechniken wie Yoga, Meditation oder Autogenes Training helfen, indem negative Emotionen zurückgedrängt werden und damit auch ihre unangenehmen körperlichen Begleiterscheinungen. Umgekehrt werden Frischverliebte ihren Glückszustand vermutlich intensiver auskosten können, wenn sie entspannt sind. Dann fällt die Hingabe deutlich leichter.[59]

Nr. 60

Warum werden wir blass, wenn wir krank sind?

Eine kalkweiße Gesichtsfarbe ist kein gutes Zeichen. Zwar führt der Mangel an Sonnenstrahlen im Winter bei vielen Menschen zu einem eher hellen Teint, aber in erster Linie gilt die Blässe als Hinweis auf

einen schlechten Gesundheitszustand. Blässe entsteht häufig als Stressreaktion des Körpers.
Wenn Krankheitserreger über den Körper herfallen oder eine Verletzung zu einer blutenden Wunde führt, reagiert der Organismus mit einer Art Alarmprogramm. Auslöser des Stresszustands kann zum Beispiel eine Infektion oder ein Blutverlust sein.
Bei fallendem Blutdruck wird dann das Stresshormon Noradrenalin in die Blutbahn ausgeschüttet, das zu einer Verengung der Gefäße führt. Die Durchblutung konzentriert sich auf lebenswichtige Körperregionen wie das Herz; in weniger zentralen Bereichen des Herz-Kreislauf-Systems wie der Haut geht die durchfließende Blutmenge dagegen zurück. Im Gesicht führt dies dazu, dass eine sonst eher rosige Farbe einer käsigen Blässe weicht.
Eine ähnliche Schockreaktion läuft auch bei starken emotionalen Reizen ab, die Angst oder Zorn hervorrufen. Eine Sprachwendung wie »blass sein vor Schreck« deutet auf dieselben Prozesse hin.
Erst wenn neben der Blässe auch weitere Symptome auftreten, ist eine gezieltere Eingrenzung der Erkrankung möglich. Aufgrund eines blassen Gesichts allein kann man keine Diagnose stellen. So sind auch Menschen blass, die etwa an Blutarmut (Anämie) leiden. Hier muss aber zum Beispiel geklärt werden, ob dahinter chronischer Blutverlust oder eine mangelnde Blutbildung, zum Beispiel aufgrund von Eisenmangel, steckt.[60]

Nr. 61

Kann man sich totlachen?

Manche Dinge sind so witzig, dass man mit dem Lachen kaum noch aufhören kann. Bei einem guten Gag fangen wir an zu prusten und ringen nach Luft. Auch wenn wir gekitzelt werden, gibt es oft kein Halten mehr. Aber kann das eigentlich gefährlich sein? Ist es möglich, sich im wahrsten Sinne des Wortes totzulachen? Die Antwort lautet Nein. Man kann zwar beim Lachen genauso sterben wie beim Zähneputzen, die Ursache für den Tod ist das aber nicht.

Dennoch ist Lachen anstrengend. Im Körper werden dabei etwa 200 verschiedene Muskeln in Bewegung versetzt. Dazu steigt der Puls, die Atmung wird schneller und das Blut staut sich im Gehirn, weil im Brustkorb Druck aufgebaut wird. Als Folge bekommen wir einen roten Kopf.

Innere Verletzungen können aber infolge dieser starken Beanspruchung nicht auftreten. Beim Niesen wird der Körper viel heftiger erschüttert. Selbst für Herzpatienten ist der beschleunigte Puls kein Problem. Außerdem nehmen kranke Menschen häufig eine Schutzhaltung ein, um Schmerzen durch überflüssige Bewegungen zu vermeiden: Wenn Sie gerade eine Blinddarmoperation hinter sich haben, ist Ihre Bereitschaft, über Späße zu lachen, außerdem viel geringer.

Auch ersticken kann man nicht an einem Lachanfall. Wenn man keine Luft mehr bekommt, wird sofort ein Schutzmechanismus im Gehirn aktiviert, der dem Körper befiehlt, zu atmen. Die Gefahr, sich zu verschlucken, ist ebenso gering, denn beim Lachen atmet man eher aus als ein. Wenn man sich erschreckt, wird dagegen plötzlich Luft eingesogen, da ist diese Gefahr viel größer.

Da Lachen unter anderem den Stressabbau fördert, das Immunsystem stärkt und entspannend wirkt, leistet es vielmehr einen wichtigen Beitrag für eine bessere Gesundheit. Viel besorgniserregender ist, wenn man nicht mehr in der Lage ist, zu lachen. Dann leidet man wahrscheinlich unter einer Depression.[61]

Nr. 62

Warum kräuseln sich Haare bei feuchtem Wetter?

Haare können äußerst widerspenstig sein. Insbesondere Menschen mit Locken haben oft Probleme, ihren Kopfschmuck zu einer Frisur zu bändigen. Spätestens wenn ein Regengebiet aufzieht oder hohe Luftfeuchtigkeit herrscht, kräuseln und wellen sich ihre Haare meist wild. Die Ursache dieses Effekts liegt in der chemischen Struktur der Haare.

Grob vereinfacht kann man die Struktur der Haare mit der vieler Hochspannungsmasten vergleichen. Sie hat Stützpfeiler sowie größere

und kleinere Querverstrebungen. Die tragenden Säulen der Haarstruktur bestehen aus verschiedenen Eiweißen. Diese Eiweißstrukturen werden durch recht stabile Querstreben, die sogenannten Sulfidbindungen, zusammengehalten. Daneben gibt es aber auch flexiblere Verstrebungen, die aus Wasserstoffmolekülen bestehen. Diese Wasserstoffbrücken sind sehr instabil und brechen, wenn sie mit Wasser in Berührung kommen.
Wenn die Haare also Feuchtigkeit ausgesetzt sind, werden die Wasserstoffbrückenbindungen zerstört und das Haar kräuselt sich. Im Grunde fällt es dabei in seine genetisch bedingte Ursprungsform zurück, die bei manchen Menschen eher lockig und bei anderen eher glatt ist. Werden die Haare getrocknet, gehen die Wasserstoffmoleküle wieder neue Bindungen ein. Dieser Effekt ist die Grundlage für jedes Styling, denn ohne ihn wären die Haare nicht formbar.
Zu Leibe rücken kann man dem Phänomen nur mit dem Fön oder mit chemischen Haarglättern. Zu empfehlen sind diese Präparate allerdings nicht. Damit zwingen wir unsere Haare in eine Form, die ihren natürlichen Voraussetzungen nicht entspricht – und das Haar kann obendrein brüchiger werden.[62]

Nr. 63

Weshalb kratzen wir uns beim Nachdenken häufig am Kopf?

Wenn unsere grauen Zellen besonders hart arbeiten, greifen wir uns oft reflexartig an den Kopf. Als würde durch das heftige Grübeln ein Kribbeln auf der Kopfhaut verursacht, kratzen wir uns dann hinter dem Ohr oder an der Stirn. Die Bewegung ist allerdings eher eine unbewusste Verlegenheitsgeste als ein zielgerichtetes Verhalten. Es handelt sich um eine Übersprunghandlung.
Solche Übersprunghandlungen sind besonders im Tierreich weit verbreitet, sie kommen aber auch bei Menschen vor. Es sind Handlungen, die eigentlich nicht in die Situation passen. Wenn der Stresspegel im Körper von Menschen oder Tieren steigt, kommen diese Reflexbewegungen häufiger vor. Meistens handelt es sich um

automatisch ablaufende Gesten. Manche Tiere beginnen etwa während eines Kampfes, plötzlich ihr Fell oder Gefieder zu säubern. Auch das Kopfkratzen ist entwicklungsgeschichtlich eigentlich eine Putzbewegung. Zu den Gründen für dieses Verhalten gibt es unterschiedliche Erklärungsansätze. Meistens kommt es zu Übersprunghandlungen, wenn sehr viele Informationen gleichzeitig in kurzer Zeit verarbeitet werden müssen. Oder wenn es einen Konflikt zwischen zwei gegensätzlichen Verhaltensoptionen gibt, zum Beispiel zwischen Angriff oder Flucht. Eine mögliche Interpretation lautet, dass diese Handlungen unbewusst ablaufen, um Zeit zu gewinnen. Während man eine Bewegung vollführt, die kein größeres Nachdenken erfordert, kann man zum Beispiel überlegen: Wie komme ich aus dieser Situation bloß wieder raus?[63]

Nr. 64

Nehmen uns Pflanzen im Schlafzimmer nachts den Sauerstoff weg?

Der gut gemeinte Ratschlag hält sich hartnäckig: Stell dir nicht so viele Pflanzen ins Schlafzimmer, das ist schädlich, hört man immer wieder. Als vermeintlicher Beleg wird meist angeführt, dass auch in vielen Krankenhäusern nachts die Blumen aus den Zimmern entfernt werden. Atmen uns Pflanzen etwa im Schutz der Dunkelheit die Luft weg? Der Gedanke ist gar nicht so falsch, denn vor allem in der Nacht verbrauchen Pflanzen Sauerstoff.

Bei diesem Phänomen handelt es sich um eine der erstaunlichen Erkenntnisse der modernen Biologie. Schließlich sind Pflanzen eigentlich dafür bekannt, Sauerstoff zu produzieren. Die pflanzliche Photosynthese, wie wir sie aus der Schule kennen, läuft allerdings nur ab, wenn Licht vorhanden ist. Auch tagsüber wird Sauerstoff verbraucht, aber dieser Effekt wird durch die gleichzeitige Aufnahme von Kohlendioxid ausgeglichen. Am Ende bleibt in der Gesamtbilanz bei Tageslicht jedenfalls ein photosynthetisch erzeugter Sauerstoffüberschuss übrig.

Nachts hingegen kommt die Photosynthese zum Erliegen, der Sauerstoffverbrauch hält aber an. Pro Gramm ihres Gewichts nehmen frische Blätter in der Dunkelheit dieselbe Menge Sauerstoff auf wie Frösche. Wenn in einem kleinen Schlafzimmer viele Pflanzen stehen und das Fenster gleichzeitig geschlossen ist, sinkt die Sauerstoffkonzentration. Man kann daran zwar nicht ersticken, aber es gibt einen messbaren Effekt auf die Qualität der Luft. Manche Menschen reagieren darauf mit Unwohlsein.

Zurückzuführen ist das nächtliche Sauerstoffbedürfnis der Grünpflanzen auf die »Energiekraftwerke« der pflanzlichen Zellen, die Mitochondrien. Ohne Licht funktioniert die mitochondriale Zellatmung der Pflanzen fast genauso wie die der Tiere: Für beide Prozesse ist Sauerstoff nötig. Erklärbar ist dieser paradox erscheinende Befund nur mit der Evolution, denn vor Hunderten Millionen von Jahren haben sich die Mitochondrien der Pflanzen- und Tierzellen über Symbiosen aus denselben Ur-Bakterien entwickelt. Wenn das Licht ausgeht, werden Pflanzen gewissermaßen zum Tier.[64]

Nr. 65

Warum gelten lange Beine als attraktiv?

Wer lange Beine hat, erntet viele bewundernde Blicke. Vor allem bei Frauen gelten sie als Schönheitsideal. Aber auch für das weibliche Urteil über die Attraktivität eines Mannes spielt die Beinlänge eine Rolle. Frauen finden Männer mit kurzen Beinen meist weniger attraktiv. Aber warum ist das eigentlich so?

Verschiedene Forscher haben das Phänomen bereits in Experimenten bestätigt. Sie legten über 200 Testpersonen Fotos von Frauen und Männern mit längeren und kürzeren Beinen vor. Die Probanden sollten die Attraktivität der fotografierten Menschen bewerten. Die Körpergröße der gezeigten Personen war per Computersimulation auf dasselbe Maß gebracht worden, nur die Beinlängen unterschieden sich, die Gesichter waren verfremdet. Die Ergebnisse waren phänomenal: Unabhängig vom Geschlecht der Probanden wurden Personen mit langen Beinen durchweg als attraktiver bewertet.

Wissenschaftler fanden zudem Hinweise darauf, dass dieses Urteil offenbar in fast allen Kulturen geteilt wird. Bei Testpersonen aus Afrika oder Asien waren kaum Abweichungen zu erkennen. Derzeit untersuchen deshalb Forscherteams in Kirgisistan, China und Liberia, ob die Ergebnisse dort ähnlich ausfallen. Die bereits vorliegenden Daten aus Kirgisistan bestätigen die Ergebnisse aus Deutschland. Eine ähnliche Untersuchung in Polen kam vor einiger Zeit zu denselben Schlüssen.
Diese übereinstimmenden Befunde deuten darauf hin, dass lange Beine in der Entwicklung des Menschen einen Evolutionsvorteil darstellen. Zu den Gründen gibt es zwei Denkansätze. Einer zielt darauf ab, dass die ersten Menschen in den Savannen Afrikas große Strecken zurücklegen mussten. Frühmenschen mit langen Beinen waren da im Vorteil. Lange Beine signalisieren demnach eine hohe Leistungsfähigkeit, die als attraktiv empfunden und als Zeichen für gute Gene gewertet wird.
Ein weiterer Erklärungsansatz führt die besondere Bedeutung langer Beine darauf zurück, dass unsere Vorfahren vor Millionen von Jahren meist an Flüssen oder Gewässern lebten: Beim Fischen mussten die Menschen häufig im ufernahen Wasser waten, da waren lange Beine von Vorteil. Einem potenziellen Partner signalisierten sie, dass von ihrem Besitzer ein größerer Erfolg bei der Nahrungssuche zu erwarten ist.[65]

Nr. 66

Weshalb schlagen uns Sorgen oft auf den Magen?

Sorgen, Stress und trübe Gedanken schlagen häufig auf den Magen. Gerade wer Trauer oder Ärger förmlich in sich hineinfrisst, hat schnell ein flaues Gefühl oder Schmerzen in der Bauchgegend. Aber warum macht eigentlich ausgerechnet der Verdauungstrakt Probleme, wenn uns unangenehme Empfindungen plagen?
Weil Emotionen und Reaktionen des Körpers untrennbar miteinander verbunden sind. Körperliche Reaktionen sind Teil jedes Gefühls. Dabei ist es keineswegs immer nur der Magen, der uns unangenehme Gefühlsregungen spüren lässt. Wo und wie sich negative Emotionen

im Körper niederschlagen, ist sehr typabhängig. Den einen plagen Kopfschmerzen, der Nächste hat Darmprobleme und ein Dritter womöglich Herzrasen.

Die Ursache der Magenbeschwerden ist häufig ein Erregungszustand des vegetativen Nervensystems. Wenn der sogenannte Parasympathikusnerv gereizt wird, ist neben anderen körperlichen Reaktionen wie etwa einem verlangsamten Pulsschlag auch eine verstärkte Magensäureproduktion die Folge. Die erhöhte Säurekonzentration kann die Magenschleimhäute reizen und Unwohlsein erzeugen. Wenn dazu noch eine Infektion mit Helicobacter-Bakterien kommt, kann sich schnell auch ein Magengeschwür entwickeln.

Dass Gestresste und Besorgte besonders häufig über Bauchschmerzen klagen, hat aber noch andere Gründe. So kann es sich etwa auch um eine Folge der frühkindlichen Entwicklung handeln. Da die Gefühlswahrnehmung bei Kindern noch nicht so stark ausdifferenziert ist, dient der Bauch als zentrales Projektionsfeld negativer Empfindungen. Unabhängig davon, aus welchen Gründen es einem Kind schlecht geht, sagt es deshalb oft: »Ich habe Bauchschmerzen.« Auch bei Erwachsenen sind die Folgen dieser Prägung mitunter noch erkennbar.

Den vermeintlichen Bauchschmerzen liegen demnach nicht immer tatsächlich nachprüfbare Symptome im Magen zugrunde. Stattdessen sind die Beschwerden auf eine Reizung verschiedener Hirnareale zurückzuführen, die unter anderem für die Steuerung des Magens zuständig sind. Die gereizten Nervenzellen im Gehirn erzeugen gewissermaßen eine Phantomwahrnehmung, die sich nur als Bauchschmerzempfindung ausdrückt. Das bedeutet aber nicht, dass die Patienten simulieren: Für die Betroffenen sind die Beschwerden absolut real.[66]

Nr. 67

Können Hunde riechen, ob ein Mensch Angst hat?

Zwischen Hunden und Menschen stellt sich häufig die Machtfrage. Wenn ein zähnefletschendes Tier auftaucht, heißt es entweder Ruhe bewahren oder die Beine in die Hand nehmen. Doch selbst wenn wir tapfer dagegenhalten, scheint das Tier oft zu durchschauen, ob es in Wirklichkeit einen Angsthasen vor sich hat. Können Hunde etwa riechen, ob Menschen ängstlich sind? Dies ist tatsächlich der Fall: Hunde können den spezifischen Geruch erkennen, den ängstliche Menschen ausströmen. Ebenso wie fast alle Säugetiere setzt der Mensch in verschiedenen Gefühlslagen wie Freude oder Wut charakteristische Duftstoffe frei. In der Tierwelt haben diese Düfte sogar oft den Stellenwert einer eigenen chemischen Sprache und zeigen an, ob ein Tier zum Beispiel angriffslustig oder auf Partnersuche ist.

Dahinter stecken in den meisten Fällen bestimmte Duftmoleküle, sogenannte Pheromone, die der Körper über den Schweiß freisetzt. Ob diese Pheromone auch für den spezifischen Angstgeruch des Menschen verantwortlich sind, ist wissenschaftlich allerdings noch nicht einwandfrei nachgewiesen. Aber es ist sehr wahrscheinlich: Denn die Forscher wissen, dass auch der Mensch einen spezifischen Angstgeruch verströmt.

Während wir Menschen diese Duftsignale kaum mehr bemerken, kann die feine Nase des Hundes unseren Angstduft durchaus erschnuppern. Immerhin haben die Tiere fast 300 Millionen Riechzellen in der Nase. Menschen müssen mit nur 20 Millionen auskommen. In Experimenten ist bereits öfter nachgewiesen worden, dass Hunde Menschen mit und ohne Angst am Geruch unterscheiden können.

Allerdings bedeutet das nicht zwingend, dass die Tiere den gewitterten Duft automatisch auch als Zeichen für ein ängstliches und potenziell verletzliches Gegenüber deuten können. Diesen Zusammenhang können sie allerdings erlernen. Wenn Hunde häufig mit Menschen Kontakt haben, können sie wahrscheinlich nachvollziehen, in welchen Situationen welcher Geruch in der Luft liegt. Wenn der Hund dann den menschlichen Angstgeruch erneut schnuppert, rechnet er sich aus Erfahrung bessere Chancen aus.[67]

Nr. 68

Warum kommen rote Haare so selten vor?

Menschen mit feuerrotem Haarschopf stechen sofort ins Auge. Und das nicht nur, weil Rot eine Signalfarbe ist, sondern auch, weil dieser

Haarton so selten auftritt. Brünette und Schwarzhaarige trifft man allenthalben, Rothaarige sind dagegen fast eine Rarität. Nur etwa zwei Prozent der Menschen in Deutschland haben rote Haare. Aber warum ist das eigentlich so?

Verantwortlich für die Farbe des Haares ist der Farbstoff Melanin. Dieses sogenannte Pigment kommt beim Menschen in zwei Varianten vor. Eine davon heißt Eumelanin. Dieses Pigment sorgt dafür, dass die Haare eine nussbraune bis schwarze Farbe annehmen. Die zweite nennt sich Phäomelanin und gibt blondem und rotem Haar seine charakteristische Färbung. Auch wenn bei fast allen Menschen beide Farbstoffe vorkommen, setzt sich in den meisten Fällen das Eumelanin durch. Das ist ähnlich wie bei einem Tuschkasten: Wenn man helle und dunkle Farbe mischt, bleibt der gemischte Farbton trotzdem eher dunkel.

Die Bildung von Eumelanin wird durch ein spezielles Gen, das sogenannte MC1R-Gen, gesteuert. Bei den meisten Rothaarigen ist dieses Gen funktionslos. Als Folge überwiegt das Pigment Phäomelanin, das ihnen neben rotem Haar auch eine helle Haut und viele Sommersprossen beschert. Diese genetische Besonderheit tritt allerdings nicht sehr häufig auf.

Da die ersten Menschen vor mehr als 100 000 Jahren zudem auf dem afrikanischen Kontinent lebten und sich der starken Sonnenstrahlung anpassen mussten, ist der ursprüngliche Farbton menschlicher Haare überdies eher dunkel: Rote und blonde Haare sind Varianten, die sich erst im Laufe der Evolution in nördlicheren Regionen stärker durchgesetzt haben.

Eine dunkle Haarfarbe wird außerdem genetisch dominant vererbt, rote Haare dagegen rezessiv. Das bedeutet, dass zum Beispiel das Kind einer rothaarigen Mutter und eines schwarzhaarigen Vaters eher dunkle Haare haben wird, weil sich die dunkle Haarfarbe des Vaters genetisch durchsetzt. Damit das Kind rote Haare bekommt, müssen in der Regel auch beide Elternteile rot- oder zumindest hellhaarig sein. Da diese Konstellation eher selten ist, werden dunkle Haare häufiger weitervererbt als rote.[68]

Nr. 69

Wieso sind Hühnereier oval?

Es gibt Dinge, die erscheinen uns absolut selbstverständlich. Zum Beispiel, dass der Ball rund ist und das Ei oval. Aber wie kommt das eigentlich? Warum sind Eier nicht ebenfalls rund? Seine typische Form erhält ein Hühnerei im Uterus der Henne.

Der Weg des Eies von der Ovulation, die auch beim Huhn zu Deutsch Eisprung heißt, bis zur Ablage im Nest dauert gewöhnlich rund 24 Stunden. Wenn die Eizelle zu Beginn dieses Prozesses die Eierstöcke der Henne verlässt, ist sie noch eine weiche, unförmige Dotterkugel. Erst danach kommt das Eiklar hinzu, das zunächst mit einer flexiblen, durchlässigen Haut ummantelt wird.

Danach wandert das Ei weiter in den Uterus, der beim Huhn auch Eihalter genannt wird. Hier bildet sich eine immer fester werdende Hülle, die vorwiegend aus Kalziumkristallen besteht. Da das Ei im Eihalter zudem Wasser aufnimmt, gewinnt es an Größe. Schließlich füllt es den Uterus, der mit dem Ei anwächst, komplett aus. Ei und Eihalter passen sich dabei der Form der Bauchhöhle des Huhnes an, die in etwa einem Oval entspricht.

Die Form des Eis ist auf diese Weise auch von der Größe und Form des Huhns und seines Knochenskeletts abhängig. Zum Beispiel legen deshalb weiße Hühner, die in der Regel kleiner und länger sind als ihre braunen Artgenossen, Eier, deren ovale Form stärker ausgeprägt ist. Ein voll ausgebildetes Ei, das kugelrund ist, ist Forschern allerdings nicht bekannt. [69]

Nr. 70

Geraten Schwimmer ins Schwitzen?

Selbst wenn wir uns im Badesee bei flottem Tempo mit Kraulen oder Brustschwimmen verausgaben: Schweißtreibend ist diese sportliche

Anstrengung so gut wie nie. Können Schwimmer überhaupt ins Schwitzen geraten? Ja. Es macht zwar physikalisch keinen Sinn, aber auch im Wasser kann man schwitzen.

Schwimmer neigen allerdings nicht so schnell zur Transpiration wie Läufer oder Radfahrer. Denn Wasser leitet die überschüssige Körperhitze besser ab als Luft. Der Hang zum Schwitzen ist darüber hinaus stark abhängig von der Wassertemperatur: Das bloße Planschen im See treibt einem meist keine Schweißperlen auf die Stirn, denn das Wasser wird hier auch im Sommer selten wärmer als 20 Grad Celsius. Das ist in der Regel zu frisch, um ins Schwitzen zu kommen. Auf Dauer kühlt der Körper eher aus.

Anders sieht es bei Leistungsschwimmern aus. Denn die Profis trainieren meist in 26 bis 28 Grad Celsius warmem Wasser, damit sie nicht so schnell frieren. Vor allem in kräftezehrenden Disziplinen wie dem Delfinschwimmen ist nach dem Training bei solchen Temperaturen ein Flüssigkeitsverlust des Körpers nachweisbar. Tests ergaben, dass Leistungsschwimmer während einer Stunde Training in 24 Grad Celsius warmem Wasser rund 200 Milliliter Flüssigkeit ausschwitzen. Bei 28 Grad Celsius Wassertemperatur sind es sogar rund 500 Milliliter. Aus physikalischer Sicht ist das Schwitzen bei solchen Wassertemperaturen allerdings im wahrsten Sinne des Wortes überflüssig. An Land wird der Körper durch den verdunstenden Schweiß auf der Haut gekühlt, im Wasser macht dies hingegen keinen Sinn. Das ist ein Zeichen dafür, dass wir Menschen von unserer evolutiven Entwicklung her eher »Landratten« sind. Der Körper reagiert auf Belastung im Wasser schlicht auf dieselbe Weise wie an Land.

Übersteigt die Wassertemperatur derweil eine bestimmte Marke, gerät freilich jeder ins Schwitzen – auch ohne Sport. Die sogenannte thermoneutrale Wassertemperatur liegt beim Menschen im Ruhezustand in etwa auf Höhe der Körpertemperatur. Wenn wir bei circa 35,5 Grad Celsius ruhig in der Badewanne liegen, geraten wir deshalb weder ins Schwitzen noch ins Frieren.[70]

Nr. 71

Warum gelten blonde Haare als besonders attraktiv?

Blonde Haare besitzen eine besondere Anziehungskraft. Stars wie Marilyn Monroe, Claudia Schiffer oder Madonna gelten als Inbegriff der attraktiven und verführerischen Blondine – selbst wenn sowohl die Monroe als auch Madonna ein bisschen nachgeholfen haben. Frauen mit blonden Haaren ziehen die Blicke auf sich. Blonde Männer sind dagegen im Vergleich weniger gefragt.

Dass die meisten Männer eine Schwäche für blonde Frauen haben, belegen Umfragen. Demnach liegen blonde Haare bei den Männern in der Rangliste der beliebtesten Haarfarben klar auf Platz eins. Frauen geben dagegen mit deutlicher Mehrheit an, braunhaarige Männer zu bevorzugen. Interessanterweise ist allerdings bei beiden Geschlechtern auch eine weitverbreitete Abneigung gegen blondes Haar feststellbar. Blonde Haare polarisieren sehr stark.

Für die besondere Faszination der Haarfarbe gibt es unterschiedliche wissenschaftliche Erklärungsansätze. Eine wichtige Rolle spielt, dass naturblonde Haare nicht sehr weit verbreitet sind. Immerhin sind nach Schätzungen lediglich rund zwei Prozent der Weltbevölkerung von Natur aus blond. Vor allem hellblonde Haare, die als besonders attraktiv gelten, kommen sehr selten vor: Dadurch besitzt blondes Haar eine Signalwirkung, es sticht sofort ins Auge.

Darüber hinaus besitzen die Blonden offenbar einen grundlegenden Farbbonus. Denn hellen Farben werden eher gute Eigenschaften wie Reinheit oder Unschuld zugeschrieben. Bezeichnend ist etwa, dass Engel stets als blond beschrieben werden.

Eines der stärksten Argumente dürfte indes der Altersaspekt sein. Hellblondes Haar ist vor allem bei jungen Menschen zu finden. Mit zunehmendem Alter entwickeln jedoch nahezu alle Blonden einen eher dunkelblonden bis braunen Farbton. Ältere Menschen mit hellblonden Haaren sind eine absolute Rarität. Daher gelten blonde Haare als Symbol von Jugendlichkeit. Einem Mann signalisieren sie, dass er eine junge Frau vor sich hat.

Bei der Beurteilung der Attraktivität eines Menschen ist die Haarfarbe freilich nur ein Mosaikstein unter vielen. Figur, Haarlänge, Alter oder ein ebenmäßiges Gesicht sind mindestens ebenso bedeutsam. Immerhin ist nicht jede Frau, die blond ist, auch gleichzeitig eine Blondine.[71]

Nr. 72

Weshalb erscheinen Adern unter der Haut bläulich?

Das Blut des Menschen ist rot, so viel ist sicher. Selbst wenn Grafen oder Könige beharrlich als »Blaublütige« bezeichnet werden, fließt auch durch ihre Adern roter Lebenssaft. Zweifel könnten einem allerdings kommen, wenn man auf den eigenen Unterarm oder den Handrücken schaut: Sind die Adern, die dort zu sehen sind, nicht blau?

An der Farbe des Blutes liegt es nicht, dass uns diese Gefäße unter der Haut bläulich erscheinen. Zwar hat das sauerstoffarme Blut in diesen Venen eine dunklere Färbung als das sauerstoffreiche Blut in den tiefer liegenden Arterien, blau ist es aber ganz gewiss nicht. Während das arterielle Blut meistens kirschrot sei, hat das venöse eher einen dunkelroten Farbton.

Den vermeintlich blauen Venen liegt vielmehr ein optischer Effekt zugrunde. Denn die Augen nehmen Farben als reflektiertes Tageslicht wahr. Während uns kurzwelliges Licht zum Beispiel blau erscheint, nehmen wir langwelliges Licht als roten Farbton wahr.

Auch Venen, die in den oberen Hautschichten oder im Fettgewebe der Haut liegen, reflektieren das auftreffende Licht. Allerdings wird das langwellige rote Licht, das tief in die Haut eindringt, auf seinem Weg geschluckt. Der kurzwelligere blaue Anteil wird hingegen reflektiert. Venen, die ungefähr ein bis zwei Millimeter unter der Haut liegen, nehmen wir deshalb als blau wahr. Zu Adern, die tiefer im Körper liegen, dringt gar kein Licht mehr durch.

An sehr dünnen Blutgefäßen, die höchstens einen halben Millimeter unter der Hautoberfläche liegen, sieht man derweil öfter, dass es sich bei den vermeintlich blauen Venen um einen Trugschluss handelt.

Denn diese sogenannnten Besenreiser erscheinen häufig rot, vor allem, wenn sie im Gesicht auftreten.[72]

Nr. 73

Nach welchen Kriterien sind die Zeichen auf der Tastatur angeordnet?

QWERTZ – ZUIOP – ASDFG: Wer viel Zeit mit Schreiben verbringt, dem werden diese Buchstabenfolgen bekannt vorkommen. Denn in dieser Reihenfolge erscheinen die jeweiligen Zeichen auf den Tastaturen von Computern oder Schreibmaschinen – zumindest im deutschen Sprachraum. Nach der ersten Kombination QWERTZ – zu finden oben links auf dem Tastenfeld – ist das deutsche System sogar benannt. Aber warum sind die Zeichen eigentlich so angeordnet?

Das Grundgerüst des Tastatursystems ist schon über 100 Jahre alt. In den 1870er-Jahren entwickelte der US-Amerikaner Christopher Latham Sholes die ersten Schreibmaschinen für die Massenfertigung. Sholes entwarf für diese frühen Modelle der Firma Remington das QWERTY-Layout, auf dem noch heute die meisten Tastaturen in der westlichen Welt fußen. Schon 1888 wurde QWERTY zum weltweiten Standard.

Die Anordnung der Buchstaben, Ziffern und Sonderzeichen des QWERTY-Layouts wählte Sholes vor allem nach ergonomischen und mechanischen Gesichtspunkten. Zum einen sollten die häufigsten Buchstaben des englischen Alphabets wie E, T oder A mit den Fingern gut erreichbar sein. Sholes vermied deshalb, sie direkt nebeneinander zu platzieren. Seltener genutzte Buchstaben und Zahlen gruppierte er um die häufig genutzten herum. Da sich die Typenhebel der frühen Schreibmaschinen zudem noch sehr oft verhakten, wurden verbreitete Zeichenfolgen wie EH, TH oder ND nicht nebeneinander angeordnet.

Vorschläge für eine andere Verteilung der Tasten gab es im Laufe der Jahrzehnte durchaus. Durchsetzen konnte sich allerdings keiner. Neben der Macht der Gewohnheit war dafür auch ausschlaggebend, dass man mit QWERTY schneller tippen konnte als beispielsweise mit einer alphabetisch angeordneten Tastatur. Gleichwohl existieren in vielen Ländern nationale Varianten des QWERTY-Layouts: Weil im Deutschen zum Beispiel das Z häufiger vorkommt als das Y, wurde es zentraler neben dem T platziert. Umlaute wie Ä oder Ü finden sich zudem auf Tastaturen in anderen Ländern nicht.

In Deutschland ist die Tastenanordnung durch die DIN-Norm 2137 festgelegt. Auch der Abstand zwischen den Tasten und die Belegung von Funktionstasten wie »F1«, »Shift« oder »Alt« sind durch nationale und internationale Normen geregelt. Unantastbar ist dieser Kanon aber nicht: Hierzulande entscheidet etwa ein eigener Fachausschuss des Deutschen Instituts für Normung darüber, ob Neuerungen nötig sind. So wurden etwa im Laufe der Jahrzehnte das @-Zeichen oder das ¤-Symbol hinzugefügt. Einer der jüngsten Neuzugänge ist das »große ß«, für das seit 2008 eine internationale Norm existiert.[73]

Nr. 74

Kann die Harnblase platzen, wenn man lange nicht zur Toilette geht?

Jeder kennt das: Man ist gerade auf der Autobahn unterwegs und plötzlich meldet sich der Harndrang. Wie der Zufall will, ist die nächste Toilette in solchen Momenten meistens viele Kilometer entfernt. Jetzt heißt es, das dringende Bedürfnis so lange zu unterdrücken, bis das nächste stille Örtchen auftaucht. Fragt sich nur: Kann die Blase eigentlich platzen, wenn man den Urin zu lange zurückhält? Denn das soll angeblich im 17. Jahrhundert dem dänischen Astronomen Tycho Brahe widerfahren sein, der sich der Überlieferung zufolge wegen der strengen Hofetikette nicht von der Tafel des Kaisers erheben durfte, als er mal ganz dringend musste.

Menschen, die gerade einen starken Druck auf der Blase verspüren, müssen nun jedoch keineswegs in Panik verfallen. Die Blase eines gesunden Menschen platzt nicht einfach, nur weil man den Urin zurückhält.

Je nach Geschlecht und Körpergröße setzt bei den meisten Menschen starker Harndrang ein, wenn sich zwischen 250 und 500 Milliliter Urin

in der Blase befinden. Verkneift man sich den Gang zur Toilette, läuft das Hohlorgan immer weiter voll.
Spätestens wenn das maximale Füllvolumen überschritten ist, das normalerweise zwischen 400 und 1000 Millilitern liegt, kann jedoch auch die stärkste Blase dem Druck nicht mehr standhalten. Das funktioniert wie bei einem Überlaufventil. Oder direkter gesprochen: Dann pinkeln wir uns in die Hose.
Lediglich bei einer chronischen Überdehnung des Blasenmuskels, an der zum Beispiel viele Patienten mit einer vergrößerten Prostata leiden, kann dieser Schutzmechanismus unter Umständen versagen. Denn wenn sich ständig zu viel Urin ansammelt, wird der Blasenmuskel auf Dauer überdehnt und erschlafft. Dann ist nicht mehr genügend Kraft vorhanden, um die Flüssigkeit in die Harnröhre zu drücken. Aber selbst im Fall eines solchen »Harnverhalts« ist ein Blasenriss eher unwahrscheinlich: Lange bevor das passiert, kommen die Patienten in der Regel unter stärksten Schmerzen ins Krankenhaus, wo der Urin mithilfe eines Katheters abgelassen werden kann.
Auch im Fall des Astronomen Brahe ist der Tod infolge der geplatzten Harnblase im Übrigen höchstwahrscheinlich Legende: Neuere Forschungen legen jedenfalls den Schluss nahe, dass der berühmte Sternenkundler schlichtweg vergiftet wurde.[74]

Nr. 75

Wie lange kann der Mensch ohne Schlaf auskommen?

Schlafen ist die beste Medizin, sagt der Volksmund. Umgekehrt kann das auch bedeuten: Wer nicht schläft, wird krank. Doch wie lange kann es ein Mensch ohne Schlaf aushalten? Wissenschaftlich kann das nicht untersucht werden, denn das wäre unethisch. Denn auch wenn vieles darauf hindeutet, dass die meisten Schäden durch Schlafmangel reversibel sind, so sind bleibende Störungen bei einem solchen Test dennoch nicht auszuschließen.

Jenseits der exakten Wissenschaft hat die Jagd nach immer neuen und verrückten Rekorden natürlich auch vor dem Schlafen nicht haltgemacht: So stellte der Brite Tony Wright 2007 mit 266 Stunden ohne Schlaf einen Rekord im Wachbleiben auf und übertraf damit die Leistung des Amerikaners Randy Gardner, der 264 Stunden und damit exakt elf Tage ohne Schlaf blieb. Allerdings wurden beide Versuche nicht von Schlafmedizinern begleitet, sodass nicht auszuschließen ist, dass die Rekordhalter nicht hin und wieder in einen Sekundenschlaf gefallen sind.

Was geschieht nun aber mit dem Organismus nach Tagen ohne Schlaf? Der Körper entgleist völlig. Versuche an Ratten zeigten: Der Stoffwechsel und das Immunsystem der Tiere gerieten komplett durcheinander, wenn die Forscher sie dauerhaft am Schlafen hinderten. So haben die Nager zwar viel gefressen, magerten aber dennoch ab. Nach etwa vier Wochen kam es zum Tod. Eine häufige Todesursache war dabei Unterkühlung – auch eine Folge des entgleisten Stoffwechsels. Neben den körperlichen Symptomen hat Schlafmangel auch Auswirkungen auf Geist und Psyche: So führt extremer Schlafmangel zu Denk- und Konzentrationsstörungen. Die Betroffenen werden reizbar und neigen zu Halluzinationen und Depressionen.[75]

Nr. 76

Was hält das Erdinnere heiß?

Die geheimnisvollen Tiefen unseres Planeten fachen seit jeher die Fantasie und den Forschergeist des Menschen an: Für die Hawaiianer verkörperte die Vulkangöttin Pele die Glut im Inneren der Erde und in der griechischen Mythologie hatte der Gott Hephaistos hier seine feurige Schmiede. Eines macht die glühende Lava der Vulkane auf jeden Fall klar: Es ist heiß dort unten. Doch woher kommt diese Glut und wieso kühlt sich die Erde nicht ab wie ein Kuchen nach dem Backen?

Der Erdkern kühlt sich durchaus ab, allerdings sehr langsam, denn er ist gut isoliert. Der flüssige Teil des Erdinneren wird von dem 2900 Kilometer dicken Erdmantel bedeckt, der aus Silikatgestein besteht.

Diese Schicht hält den Erdkern heiß wie ein Deckel auf einem Becher Kaffee.
Die Hitze stammt noch aus der wilden Jugendzeit der Erde, als sie sich durch das Zusammenballen von Materie und auch durch Kollisionen mit anderen Himmelskörpern bildete. Das schwere Eisen setzte sich dabei in der Tiefe ab und bildete den Erdkern. Aus den leichteren Materialien entstand der Erdmantel. Auch radioaktive Zerfallsprozesse tragen bis heute teilweise zur Hitze der Erde bei, in welchem Maße ist aber noch unklar. Grundsätzlich ist es aber eine Resthitze.
Es scheint paradox, aber ab 5100 Kilometern Tiefe ist der innerste Teil des Erdkerns wiederum fest, obwohl er mit über 6000 Grad Celsius ähnlich heiß ist wie die Oberfläche der Sonne. Der hohe Druck lässt den innersten Kern trotz der hohen Temperatur aushärten. Forscher wissen durch die Ausbreitung seismischer Wellen, die bei Erdbeben entstehen, dass er fest ist. Das ist wie bei einer Dose, in die man nicht reinschauen kann – da klopft und rüttelt man, um Informationen zu bekommen.
Die Erde ist ein dynamischer Planet. Im äußeren Erdkern sinkt kühles Material ab und heißes steigt auf – diese Konvektionsströme verursachen eine Art Dynamo-Effekt, durch den sich die Erde elektrisch auflädt und ihr Magnetfeld erzeugt. Wie ein Schutzmantel legt sich dieses Feld um die Erde und bewahrt das Leben vor der gefährlichen Partikelstrahlung der Sonne. Außerdem sind Konvektionsströme im Erdmantel der Motor der Kontinentalverschiebung. Diese Kräfte bescheren uns nicht nur Erdbeben, sondern formen auch Berge, Täler und Ozeane.[76]

Nr. 77

Warum sind Pflanzen grün?

Es ist Sommer, die Pflanzen stehen in vollem Saft – die Welt zeigt sich in einem satten Grün. Diese Farbe ist geradezu ein Symbol für die Natur, sogar Parteien unterstreichen damit ihre ökologische Gesinnung. Aber warum sind Pflanzen überhaupt grün und nicht weiß oder lila?
Das hat mit einer Grundlage des Lebens zu tun: der Photosynthese, über die Pflanzen Licht in chemische Energie wie beispielsweise

Zucker umwandeln. Die Farbe eines Gegenstandes bestimmt immer die Lichtfarbe, die er reflektiert. Im Fall der Pflanzen handelt es sich um Licht der Wellenlänge Grün. Für die Photosynthese brauchen die Pflanzen nur das blaue und rote Licht, das grüne bringt ihnen nichts und sie spiegeln es einfach zurück. Das ist der Grund, warum Pflanzen eine grüne Farbe haben.
Konkret sind es sogenannten Chlorophylle, die den Pflanzen ihre grüne Farbe verleihen. Mithilfe dieser Pigmente können Pflanzen Lichtenergie aufnehmen. Sie nutzen die Blätter dabei wie Solarzellen, die sie zur Energiegewinnung ins Licht recken. Sie erzeugen allerdings nicht Strom, sondern chemische Energie: Pflanzen verwandeln die energiearmen Verbindungen Kohlendioxid und Wasser in energiereiche Substanzen – die Kohlenhydrate. Diese bilden letztendlich auch die Lebensgrundlage des Menschen, denn jede Kalorie, die wir über das Essen zu uns nehmen, hat einmal eine Pflanze zu Beginn der Nahrungskette aus Sonnenenergie erzeugt.
Aber wie kommt es, dass manche Pflanzen gar keine grünen Blätter haben, sondern rote, wie beispielsweise die Blutbuchen oder manche Zierpflanzen? Eigentlich sind auch diese Pflanzen grün, das Grün wird nur von anderen Farbstoffen überdeckt, den sogenannten Anthocyanen. Diese roten Pigmente bilden manche Pflanzen als Schutz gegen zu starkes UV-Licht, so ähnlich, wie der Mensch eine braune Haut bekommt. Unter diesem roten Kleid verstecken sich aber ebenfalls die grünen Chlorophylle und sammeln die Energie des Sonnenlichts.[77]

Nr. 78

Haben auch Hund und Katze Blutgruppen?

Blut ist nicht gleich Blut – die Blutgruppe ist beim Menschen entscheidend, wenn eine Bluttransfusion einen lebensbedrohlichen Blutverlust ausgleichen muss. Es gibt eine Vielzahl verschiedener Blutgruppensysteme, die wichtigsten sind das sogenannte AB0- und das Rhesus-System. Eine Transfusion von einer anderen als der körpereigenen Blutgruppe kann zu Abwehrreaktionen des Körpers führen. Das Immunsystem erkennt die fremden Blutzellen und bekämpft sie mit Antikörpern, sodass ein lebensbedrohlicher Zustand entstehen kann. Die Blutgruppe eines Menschen ist dadurch ein entscheidender Faktor in der Humanmedizin. Doch wie ist das bei unseren beliebtesten Haustieren Hund und Katze – haben auch sie Blutgruppen?

Ja, das haben sie: Es ist allerdings etwas anders als beim Menschen und auch Hund und Katze unterscheiden sich dabei sehr. Hunde haben mehr als zehn verschiedene Blutgruppen, die aber untereinander kompatibel sind – sie lassen sich also mischen, ohne dass Abwehrreaktionen auftreten. Tierärzte setzen Bluttransfusionen bei ihren tierischen Patienten ganz ähnlich wie beim Menschen ein. Bei starkem Blutverlust, der manchmal auch bei Operationen auftritt, kann hier Spenderblut ebenfalls Leben retten. Das Blut fließt dabei aus einer Vene in einen Beutel – ganz ähnlich wie das auch beim Menschen abläuft.

Bei der Katze ist die Sache mit der Verträglichkeit komplizierter. Hier sind nur drei Blutgruppen bekannt, die allerdings nicht kompatibel sind, was sogar noch weiterreichende Folgen haben kann: Wenn sich Katzen mit unterschiedlicher Blutgruppe paaren, kann es sein, dass die Katzenkinder nach der Geburt sterben. Wenn sie eine andere Blutgruppe als ihre Mutter besitzen, nehmen sie über die Muttermilch Antikörper gegen ihre eigenen roten Blutzellen auf. Das hat meist tödliche Folgen für den Katzennachwuchs. Die Blutgruppe einer Katze ist deshalb nicht nur für den Tierarzt bei einer Transfusion wichtig, sondern auch für den Züchter bei der Auswahl der Elterntiere.[78]

Nr. 79

Wann schlägt ein Herz zum ersten Mal?

Das Herz ist ein Symbol für das Leben – in seinem Rhythmus pulsiert das Blut in unseren Adern und versorgt den Körper mit Nährstoffen und Sauerstoff. Doch wie ist das zu Beginn des Lebens – wann schlägt das Herz eines Menschen zum ersten Mal? Das Herz beginnt bereits

am 22. Tag der Embryonalentwicklung, also zu Beginn der vierten Schwangerschaftswoche, zu schlagen. Die zarten Kontraktionen können Ärzte mit Ultraschall-Untersuchungen schon sehr früh nachweisen. Oft weiß die Mutter noch nicht einmal, dass sie überhaupt schwanger ist.
Man darf sich dieses frühe Herz allerdings nicht so vorstellen, wie wir es vom Erwachsenen kennen, es ist eher eine Art Schlauch, der sich rhythmisch zusammenzieht und damit das Blut hin und her bewegt – so ähnlich wie bei Ebbe und Flut. Erst im Laufe der fünften Woche bildet sich dann auch ein richtiger Kreislauf mit einem gerichteten Blutfluss.
Das Herz ist von Anfang an ein Organ mit einer gewissen Unabhängigkeit, denn die Bewegungen der Herzmuskelzellen unterstehen nicht der Kontrolle des Gehirns. Der sogenannte Sinusknoten hat stattdessen das Kommando über das Herz. Seine Zellen bauen elektrische Impulse auf, die sich über das ganze Organ entladen und es damit zum Schlagen bringen. Das geschieht auch beim ersten Herzschlag: Zellen, die später den Sinusknoten bilden, erzeugen den ersten Impuls für den Rhythmus, der uns durch unser Leben begleitet.
In den ersten drei Monaten entwickelt sich das junge Herz dann zu der Form, die wir kennen. Während der Schwangerschaft wird das Blut des Kindes über die Nabelschnur an der Plazenta der Mutter mit Sauerstoff und Nährstoffen angereichert und von den Herzschlägen in dem winzigen Körper verteilt. Wegen der Atmung muss das Herz nach der Geburt komplexere Aufgabe erfüllen, denn es arbeitet dann über zwei getrennte Kreisläufe. Die rechte Herzhälfte pumpt das Blut durch die Lunge, wo es den Sauerstoff aufnimmt, danach fließt es gleich wieder zurück zum Herzen. Jetzt drückt es die linke Herzseite in den gesamten Körper, um jeden Winkel zu versorgen.[79]

Nr. 80

Tarnkappen – Fantasie oder irgendwann Realität?

Es ist seit jeher eine verlockende Vorstellung, völlig unsichtbar durch die Welt zu gehen, getarnt durch einen Mantel oder eine Kappe. Schon in der griechischen Mythologie und in der Nibelungensage verleihen magische

Gegenstände den Helden Unsichtbarkeit und auch in den Märchen unserer Tage verschwindet Harry Potter mithilfe eines Zaubermantels. Doch das Prinzip einer Tarnkappe gehört durchaus nicht nur ins Reich der Fantasie: Wissenschaftler forschen tatsächlich an Verfahren, Gegenstände unsichtbar zu machen. Wird es also eines Tages auch Tarnkappen geben, mit denen Menschen verschwinden können?
Man soll niemals nie sagen und den Einfallsreichtum der Physiker nicht unterschätzen. Forscher arbeiten an Verfahren, die Tarnkappen eines Tages ermöglichen könnten. Bei Experimenten im Infrarotbereich des Lichts haben amerikanische Forscher bereits gezeigt, dass das grundlegende Prinzip bei sehr kleinen Objekten funktioniert. Unsichtbar durchs Labor wandeln können die Wissenschaftler deshalb aber noch lange nicht. Von Tarnkappen, die groß genug wären, einen Menschen verschwinden zu lassen, ist man noch weit entfernt.
Eine Tarnkappe müsste das sichtbare Licht perfekt um ein Objekt herumführen. Gelingt das, würde ein Beobachter nur das sehen, was hinter dem Gegenstand ist, und nicht das Objekt selbst. Bereits bei einem Glas Wasser lässt sich beobachten, dass Lichtstrahlen nicht gerade verlaufen. Was dahinter steht, wird verzerrt, weil das wassergefüllte Glas die Lichtstrahlen ablenkt. Um die Effekte der Lichtablenkung gezielt nutzbar zu machen, arbeiten Forscher mit sogenannten Metamaterialien. Die speziellen Oberflächenstrukturen dieser Materialien können das Licht in einer ganz besonderen Weise brechen und dadurch lenken. Gelingt es so eines Tages, alle Frequenzen des sichtbaren Lichts ohne Verluste und aus jedem Blickwinkel um ein Objekt herumzuführen, ist das Ziel einer Tarnkappe erreicht.[80]

Nr. 81

Sind Fische wirklich stumm?

Vögel zwitschern, Insekten zirpen, Hunde bellen – die Welt ist voll von Tierlauten. Die Unterwasserwelt erscheint dagegen still, denn kein Laut dringt durch die Oberfläche nach oben. Fische gelten sogar geradezu sprichwörtlich als stumm und Ohren scheinen sie auch keine zu haben. Aber ist das denn wirklich so? Sind Fische taub und stumm und machen höchstens mal »Blubb«?

Ganz und gar nicht. Forscher arbeiten an der Lautkommunikation von Fischen. Tatsächlich wird unter Wasser gequietscht, gegrunzt und geknurrt. Die Ohren der Fische sind den unseren sogar prinzipiell ähnlich, nur Ohrmuscheln haben sie eben keine. Die brauchen sie aber auch nicht, denn im Wasser überträgt sich der Schall direkt auf das Hörorgan.

Im Prinzip muss man sich die Lautkulisse unter Wasser ganz ähnlich vorstellen wie über Wasser. Auch Fische nutzen Laute, um ihr Revier zu verteidigen, Partner anzulocken oder Feinde einzuschüchtern. Allerdings sind es meist gepulste Laute, die wenig mit Vogelgesang gemeinsam haben. Sogar außerhalb des Wassers ist das hörbar: Wenn man Welse aus dem Wasser holt, fangen sie gleich an, sich aufzuregen.

Für die Lauterzeugung unter Wasser haben Fische eine ganze Reihe unterschiedlicher Techniken entwickelt. Viele trommeln beispielsweise mit kleinen Muskeln auf ihrer Schwimmblase, andere lassen ihre Flossengelenke knarzen. Das Grunzen und Knurren hat einer kuriosen Fischfamilie sogar ihren Namen eingebracht: Die Vertreter der Knurrhähne sind ausgesprochen laute Fische. Das hat sogar schon der Philosoph und Naturbeobachter Aristoteles vor rund 2400 Jahren in seinen Aufzeichnungen erwähnt.

Forscher untersuchen die Lautkommunikation bei Fischen vor allem unter dem Einfluss von Lärm. Schall breitet sich im Wasser viel weiter und intensiver aus als in der Luft. Das ist einerseits ein Vorteil bei der Kommunikation, andererseits aber auch ein Nachteil. Vor allem der Mensch sorgt durch die Schifffahrt zunehmend für »fischohrenbetäubenden« Lärm unter Wasser. Wie die Fische darauf reagieren, sollen die Untersuchungen der Forscher zeigen.[81]

Nr. 82

Seit wann gibt es die Ehe?

Hollywood-Romanzen haben bis heute meist den gleichen Höhepunkt: Es wird geheiratet. Trotz hoher Scheidungsraten und alternativer

Formen der Partnerschaft ist eine erfolgreiche Ehe immer noch ein wichtiges Lebensziel vieler Menschen. Doch woher kommt dieser offizielle Bund von Mann und Frau? Ist er etwas typisch Menschliches oder nur eine Kulturerscheinung?

Beim Thema Ehe und Partnerschaft liegt vieles im Dunkel der Geschichte, weil es nur wenig genaue Fakten gibt. In fast allen Kulturen hat sich irgendeine Form der Ehe durchgesetzt. Man geht davon aus, dass die Ehe vor etwa 5000 Jahren entstanden ist. Vorher lebten Menschen in Sippen, die miteinander in Verbindung standen. Vermutlich besuchten sich Männer und Frauen dieser Gruppen untereinander und Kinder wuchsen dann in der mütterlichen Gemeinschaft auf. Bei einzelnen Naturvölkern gibt es dieses Prinzip heute immer noch.

Die Ehe kam mit dem Patriarchat auf, denn anfangs nützte sie vor allem den Männern. In den wachsenden Gesellschaften bildeten sich Hierarchien aus, bei denen die Männer zunehmend die Macht übernahmen. Die Ehe brachte Frauen unter Kontrolle – die Männer hatten sie für sich alleine und wussten, dass sie ihre Kinder aufzogen.

In der langen Geschichte der Ehe hat sich der Umgang mit dieser Institution oft geändert und ist bis heute in den verschiedenen Kulturen unterschiedlich. Oft wurden die Frauen regelrecht gehandelt und bis heute werden Ehen in vielen Ländern noch immer arrangiert. Die Liebesheirat ist eine sehr junge Erfindung. Sie hat auch eine wachsende Gleichberechtigung zwischen den Geschlechtern mit sich gebracht, sodass heute die Ehe in der westlichen Welt beiden Partnern gleichermaßen nützlich sein kann.

Die Forschung sieht kaum einen Unterschied zwischen der offiziellen Ehe und einer Ehe ohne Trauschein, die heutzutage häufig Mann und Frau aneinander bindet. Das persönliche Selbstverständnis ist oft sehr ähnlich. Die Partnerschaft zwischen Mann und Frau hat sich bewährt – in irgendeiner Form wird das auch in der Zukunft so weitergehen, sind sich die meisten sicher.[82]

Nr. 83

Sind eineiige Zwillinge wirklich gleich?

Schmale Nase, blonde Haare, die gleichen Segelohren – bei eineiigen Zwillingen scheint auf den ersten Blick alles gleich zu sein. Die Erbanlagen eines Menschen bestimmen, wie wir aussehen. Doch wie ist das bei Begabungen, Intelligenz oder Temperament? Wie sehr ist der Charakter das Produkt unserer Gene? Genau dieser Frage gehen Zwilllingsforscher nach, denn die gleichen Erbanlagen der Zwillinge ermöglichen ihnen einen freieren Blick auf den Einfluss anderer Faktoren. Wer eineiige Zwillinge kennt, weiß: Ihre Persönlichkeit unterscheidet sich oft deutlich. Was ist also Veranlagung und was Umwelteinfluss?

Man geht heute davon aus, dass an jeder persönlichen Eigenschaft sowohl die Umwelt als auch die Veranlagung beteiligt ist. Neueste Studien gehen von einem etwa gleichwertigen Einfluss aus. Das lässt sich an Zwillingen sehr schön feststellen: Je nachdem, welche persönlichen Erfahrungen auf die grundlegende Veranlagung treffen, bildet sich ein Charakterzug aus. Enttäuschte Liebe oder eine feste Beziehung von Jugend an – das führt auch bei eineiigen Zwillingen zu unterschiedlichem Bindungsverhalten und unterschiedlichen Grundeinstellungen.

Aber nicht nur persönliche Erfahrungen beeinflussen uns, die Umwelt wirkt sich auch noch auf einer anderen Ebene aus – Epigenetik heißt das Stichwort. Das ist eine ganz neue Forschungsrichtung, die gezeigt hat, dass bestimmte Erbanlagen im Körper an- oder abgeschaltet werden können. Nicht nur die Genabfolge, sondern individuelle Faktoren und der Lebensstil bestimmen die Umsetzung dieser Information. Die Art und Weise, wie die Gene im Körper abgelesen werden, kann sich dadurch während des Lebens verändern und damit auch die Eigenschaften eines Menschen. Das kann auch die Unterschiede zwischen eineiigen Zwillingen verstärken. Welchen Anteil dieses System bei der Charakterbildung hat, lässt sich allerdings schwer von anderen Einflüssen trennen. Unter dem Strich steht aber auf jeden Fall fest: Wir sind kein simples Produkt einer Gensequenz – es gibt keine zwei gleichen Menschen auf dieser Welt.[83]

Nr. 84

Schließt sich mit dem Geburtsschrei tatsächlich ein Loch im Herzen?

Der Geburtsschrei ist in der Regel der erste Laut eines Menschen – zum ersten Mal atmet der neue Erdenbürger Luft und nutzt sie, um sich Gehör zu verschaffen. Mit diesem Schrei soll es aber noch eine weitere, geheimnisvolle Bewandtnis haben: Es heißt, dass Babys mit einem Loch im Herzen auf die Welt kommen, das sich mit dem Geburtsschrei schließt. Ein wenig hört sich diese Geschichte nach Aberglauben an – ist denn da wirklich etwas dran?

Im Prinzip stimmt das tatsächlich: Das sogenannte *Foramen ovale* in der Scheidewand zwischen dem linken und rechten Vorhof ist für das Baby im Mutterleib sehr wichtig. Diese Öffnung erhöht die Sauerstoffversorgung des Ungeborenen. Nach der Embryonalperiode ist das Herz prinzipiell schon so aufgebaut wie beim Erwachsenen, es fehlt aber noch die Atmung über die Lunge. Der erste Atemzug stellt eine neue Anforderung an das Herz dar, denn die Sauerstoffversorgung nimmt jetzt einen anderen Weg.

Das vorgeburtliche Herz pumpt das Blut noch über die Nabelschnur zur Plazenta der Mutter. Dort wird es mit Sauerstoff angereichert und im Körper des Kindes verteilt. Das nachgeburtliche Herz muss dagegen zwei Kreisläufe antreiben: Die rechte Herzseite ist für den Lungenkreislauf zuständig, die linke für den Körperkreislauf. Von rechts wird das Blut in die Lunge gepumpt, von hier fließt es dann zur linken Herzseite zurück, die das sauerstoffreiche Blut wiederum in den großen Körperkreislauf drückt. Für das Kind im Mutterleib hat der Lungenkreislauf kaum Bedeutung. Das *Foramen ovale* stellt deshalb noch eine Verbindung zwischen den beiden Kreisläufen her. Das Blut umgeht dadurch den Lungenkreislauf und gelangt vom rechten direkt in den linken Vorhof und damit in den Körperkreislauf.

Das Loch in der Scheidewand ist aufgebaut wie ein Ventil. Die Wände, die das Loch begrenzen, überlappen und öffnen sich nur zu einer Seite. Drückt das Blut dagegen, öffnet sich das Ventil zum linken Vorhof und ermöglicht den Kurzschluss vom rechten zum linken Kreislauf. Das ändert sich mit den ersten Atemzügen: Das Blut im rechten Vorhof strömt jetzt über die rechte Herzkammer in die Lunge. Dadurch überwiegt der Blutdruck in der linken Kammer und drückt die Wände der Öffnung automatisch zu. Im Normalfall beginnen sie anschließend miteinander zu verwachsen und verschließen das Loch dauerhaft. Bei manchen Menschen sind allerdings die Wände des *Foramen ovale* dafür zu kurz. Dadurch bleibt eine Öffnung erhalten. Sie kann die Funktion des Herzens beeinträchtigen – einer der häufigsten angeborenen Herzfehler beim Menschen.[84]

Nr. 85

Hat der Mythos vom »Fluch der Pharaonen« einen wahren Kern?

»Der Tod soll den mit seinen Schwingen erschlagen, der die Ruhe des Pharao stört«: Eine Tontafel mit dieser Inschrift soll im Grab des ägyptischen Königs Tutanchamun gelegen haben, das der englische Archäologe Howard Carter im Jahre 1922 entdeckte. Sagenhafte Schätze, eine Mumie und ein Fluch – das war die schaurig-schöne Kombination, nach der sich die ägyptenbegeisterte Öffentlichkeit damals sehnte. Und tatsächlich schien der Fluch schnell zu wirken: Lord Carnarvon, der Finanzier der Ausgrabungsexpedition, und einige andere Personen, die bei der Graböffnung anwesend waren, starben binnen kurzer Zeit auf angeblich mysteriöse Weise. Alles nur ein Gruselmärchen. Oder steckt ein wahrer Kern in der Legende um die todbringende Grabkammer?

Man muss das ganz nüchtern und wissenschaftlich betrachten. Eines ist klar: Wer eine Grabkammer öffnet, atmet den Hauch der Jahrtausende. Hier herrscht ein ganz spezielles Milieu, in dem sich gesundheitsschädliche Schimmelpilze entwickeln können. Vor allem die Pilze *Aspergillus flavus* und *Aspergillus niger* stehen im Verdacht, für die Lungenerkrankungen verantwortlich zu sein, die einigen der frühen Ägyptologen den Tod brachten. In den 1920er-Jahren grassierte ohnehin die Tuberkulose in Europa. Einige Zeugen der Graböffnung

Tutanchamuns hatten bereits eine geschwächte Lunge durch latente Tuberkulose. Der Grufthauch mit den Pilzpartikeln löste bei ihnen vermutlich eine Lungenentzündung aus. So starben sie ungewöhnlich schnell nach ihrem spektakulären Erlebnis in der Grabkammer. Wenn Forscher heute Mumien untersuchen, halten sie sich deshalb auch an Hygienemaßnahmen. Ein Mundschutz ist dabei Standard.

Der Fluch der Pharaonen im Sinne einer Verwünschung ist dagegen ein Märchen. Von der Tontafel mit dem Fluch, die angeblich das Grab Pharao Tutanchamuns vor Grabräubern schützen sollte, gibt es in Wahrheit nicht die geringste Spur. Die Sensationspresse der 1920er-Jahre hat sie wahrscheinlich frei erfunden. Aus anderen ägyptischen Texten sind zwar Warnungen gegenüber Grabfrevlern bekannt, für Verfluchungsrituale gibt es aber keine Hinweise.

Vielleicht steckt hinter der Angst vor dem Fluch des Pharao aber auch ein Quäntchen schlechtes Gewissen: In gewisser Weise ist die Graböffnung eine Störung der Totenruhe. Nur weil der Verstorbene schon vor Jahrtausenden bestattet wurde, sehen wir das heute nicht so eng. Dennoch befürworten Mumienforscher natürlich die Untersuchung der historischen Leichname, plädieren aber für einen respektvollen Umgang mit den Mumien. Ihrer Meinung nach dürfen sie niemals zur Belustigung dienen. Vielleicht ist dann auch die Verwünschung nicht so drastisch.[85]

Nr. 86

Warum sind Planeten rund?

Fällt man am Ende der Welt irgendwo runter? Das fragten sich Menschen jahrhundertelang, denn sie hielten die Erde für eine Scheibe. Doch schon im 4. Jahrhundert vor Christus hinterfragten die griechischen Gelehrten dieses Weltbild und kamen zu der Ansicht: Die Erde muss ein Kugel sein. Heute erscheint es uns völlig selbstverständlich, dass Planeten kugelförmig sind – aber warum sind sie eigentlich keine Scheiben oder ungleichmäßig geformte Gebilde, die durchs All schweben?

Der Grund ist die Schwerkraft: Ab einer bestimmten Größe werden alle Massen intensiv zum Mittelpunkt des Körpers gezogen – dadurch bildet sich eine Kugelform. Wie bei einem kosmischen Billard sind die Planeten unseres Sonnensystems durch die Kollision vieler kleiner Einzelstücke entstanden. Mit jeder Vereinigung wuchs die Schwerkraft der jungen Planeten. Sie zieht nicht nur weitere Stücke an, sondern ist auch auf das eigene Zentrum gerichtet. Irgendwann konnten sich Ausbuchtungen nicht mehr halten – die Planeten nahmen eine runde Gestalt an.

Je größer die Himmelskörper sind, desto glatter wird die Kugelform. Kleine Himmelskörper können dagegen recht buckelig sein. Ein schönes Beispiel ist der Asteroid Kleopatra: Dieser Himmelskörper umkreist unsere Sonne wie ein Planet, hat aber nur einen Durchmesser von etwa 124 Kilometern. Seine Schwerkraft reicht deshalb nicht aus, um ihn zu einer Kugel zu formen – Kleopatra hat stattdessen die kuriose Form eines Hundeknochens. Auch einige Monde der Planeten unseres Sonnensystems haben sich wegen ihrer geringen Schwerkraft nur schwach kugelförmig entwickelt. Beispielsweise sieht der Mars-Mond Phobos eher aus wie eine Kartoffel.

Aber: Auch die Erde und die anderen Planeten sind keine perfekten Kugeln. Es sind sogenannte Rotationsellipsoide. Durch die Zentrifugalkraft, die bei der Drehbewegung der Planeten entsteht, bildet sich eine Ausbuchtung am Äquator. Die Planeten sind also nicht wie Billardkugeln geformt, sondern leicht plattgedrückt. Der Erdradius ist so beispielsweise am Äquator um etwa 21 Kilometer größer als an den Polen. Im Fall der Erde kommt noch ein zweiter Effekt dazu, der ihre Form bucklig macht: die Plattentektonik. Die Bewegungen der Kontinentalplatten drücken Gebirge empor, wie beispielsweise den Himalaya. Die Erde würde also beim Billardspielen nicht weit rollen, denn sie ist eben nicht perfekt rund, sondern leicht abgeflacht, mit vielen Dellen und Nasen.[86]

Nr. 87

Weshalb läuft bei Kälte die Nase?

Schnell das Taschentuch zücken – die Nase läuft. Im Winterhalbjahr gehört das zu einem Spaziergang wie Mütze, Handschuhe und Schal: Eisige Temperaturen, ein schneidender Wind und schon beginnt die Nase zu kribbeln und schließlich zu tropfen. Sie läuft wie sonst nur bei einer Erkältung. Doch woher kommt diese Schnupfattacke in kalter Luft, bei ansonsten einwandfreier Gesundheit?

Kälte löst einen ähnlichen Reiz aus wie Staub. Die Nase reagiert deshalb ebenfalls mit Verschnupftheit. Denn auch Kältereaktionen fallen in den Zuständigkeitsbereich der Nase, die insgesamt drei Aufgaben zu erfüllen hat: Luft filtern, befeuchten und bei Kälte auch anwärmen. Dieses System ähnelt einer Thermostat-Heizung. Bei kalter Luft melden Temperaturfühler in der Nase dem Gehirn eine Untertemperatur. Die Schaltzentrale sendet dann einen Heizbefehl und warmes Blut strömt in die sogenannten Nasenmuscheln, die das Innere der Nase durchziehen. Sie schwellen an und erwärmen die Luft, damit sie nicht so eisig in den unteren Atemwegen ankommt. Das muss man sich vorstellen wie Heizungsrippen, die in die Nase hineinragen.

Gleichzeitig mit dem Anschwellen der Nasenmuscheln erhöht sich die Sekretproduktion in der Nase. Die Flüssigkeit, die auch unter gewöhnlichen Bedingungen gebildet wird, um die Schleimhäute feucht zu halten, fließt normalerweise nach hinten ab. Bei starker Produktion und zugeschwollener Nase klappt das nicht mehr ausreichend und das Nasensekret strömt nach vorn – die Nase läuft.

Der Griff zum Taschentuch mag uns zwar lästig erscheinen, die erhöhte Schleimproduktion hat aber prinzipiell eine bedeutende Funktion: Sie ist ein wichtiges Schutz- und Reinigungsprogramm der Nase. Das Nasensekret verhindert, dass sich Fremdpartikel in der Nase festsetzen. Wie auf einem rollenden Teppich wird auf der Schleimschicht alles wegtransportiert, was nicht in die Nase gehört. Auch kalte, trockene Luft kann die empfindlichen Schleimhäute schädigen und anfälliger für Krankheitserreger machen. Die erhöhte Schleimproduktion hält alles feucht und zugedeckt, damit keine Risse entstehen, in denen sich üble Krankheitserreger festsetzen können.[87]

Nr. 88

Warum frieren Frauen schneller?

Fenster zu, es ist kalt! In vielen Büros ist es bei kühlem Wetter immer das Gleiche: Die Männer reißen die Fenster auf und die Frauen machen sie schnell wieder zu, weil sie frieren. Das ist kein Klischee, sondern eine Tatsache: Männern ist es oft noch wohlig warm, während Frauen schon frösteln. Doch woher kommt dieser geschlechtsspezifische Unterschied beim Temperaturempfinden?

Das liegt letztendlich an dem Punkt, der Männer und Frauen grundsätzlich unterscheidet: dem Hormonhaushalt. Das weibliche Geschlechtshormon Östrogen weitet die Blutgefäße. Das erhöht zwar eigentlich die Durchblutung und macht Hände und Füße warm, dadurch wird aber auch viel Wärme an die Umwelt abgegeben.

Ab etwa 15 Grad Celsius drosselt der weibliche Körper deshalb die Durchblutung der Außenbereiche des Körpers zugunsten der inneren Organe. Ohren, Nase, Füße und die gesamte Haut kühlen dadurch ab, melden dem Gehirn dann allerdings auch eine Untertemperatur: Kältegefühl macht sich breit. Prinzipiell reagiert der männliche Körper ebenfalls mit diesem System, bei Frauen wird es aber bereits bei weniger niedrigen Temperaturen ausgelöst.

Wenn man in der Natur nach dem Warum fragt, ist häufig die Antwort: die Fortpflanzung. Bei Kälte muss der weibliche Körper vor allem die inneren Organe mit Wärme versorgen, um damit auch ein ungeborenes Kind zu schützen. Die Körperkerntemperatur hat bei Frauen im Hinblick auf eine mögliche Schwangerschaft hohe Priorität. Ein Kältegefühl hat dabei eine eindeutige Botschaft: Mach was dagegen – zieh dir was an oder geh ins Warme!

Eine weitere Ursache für den unterschiedlichen Wärmehaushalt von Männern und Frauen hat ebenfalls letztendlich einen hormonellen Ursprung: Das männliche Hormon Testosteron beschert den Männern eine größere Muskelmasse. Bei ihnen macht sie im Schnitt 40 Prozent des Körpers aus, bei Frauen dagegen nur 25 Prozent. Muskeln erzeugen ständig Wärme, die sich im Körper verteilt, das gibt den Männern einen größeren Wärmevorrat. Zu guter Letzt besitzen Männer auch noch eine dickere Haut als Frauen – das verringert zusätzlich die Verluste durch Wärmeabstrahlung. Frauen sind also auch im Wortsinne »dünnhäutiger«.[88]

Nr. 89

Lebt der Weihnachtsbaum noch?

Goldene Lichter und bunter Schmuck auf dunkelgrünen Zweigen – der Weihnachtsbaum ist eines der stärksten Symbole für die Weihnachtszeit. Möglichst frisch gefällt, steht er meist mit abgesägtem Stumpf in einem Christbaumständer. Mit etwa acht bis zwölf Jahren endet damit das Leben eines jungen Baumes. Doch ist er in unseren Stuben schon leblose Dekoration oder steckt noch Leben in ihm?

Der Weihnachtsbaum lebt, solange er noch frisch ist: Wenn die Zellen des Baumes noch ausreichend mit Wasser gefüllt sind, betreiben sie Stoffwechsel – sie leben also. Allerdings fehlt dem Weihnachtsbaum nach dem Fällen ein lebenswichtiges Organ, nämlich die Wurzeln.

Wann eine Pflanze tot ist, lässt sich nicht so einfach feststellen wie bei Mensch und Tier – es gibt keinen Herzstillstand oder Hirntod. Die Vertrocknung setzt dem Leben des Weihnachtsbaums schließlich ein Ende. Wenn die Wurzeln kein Wasser mehr nachliefern können, dann sterben irgendwann auch in der letzten Nadel die Zellen ab und der Baum ist tatsächlich tot.

Jeder, der schon einmal Stecklinge herangezogen hat, weiß, dass abgeschnittene Pflanzenteile jedoch durchaus in der Lage sind, wieder Wurzeln zu schlagen, um zu überleben. Für eine abgesägte Tanne oder Fichte gilt das nicht: Sie können an der Schnittfläche keine neuen Wurzeln bilden, denn am Stamm ist das Pflanzengewebe zu stark verholzt. Bei einem frischen Tannenzweig, der in einer Vase steht, kann es dagegen sogar sein, dass sich Wurzeln bilden.

Der Weihnachtsbaum ist also auch ohne Wurzeln noch so lange lebendig, bis ihm schließlich die trockene Zimmerluft den Garaus macht. Dieser Gedanke wirkt ein wenig bedrückend, aber das Mitgefühl für den schönen Baum sollte man nicht übertreiben: Der Weihnachtsgans geht es ja auch nicht anders und dem Rotkraut dazu ebenso.[89]

Nr. 90

Wie sehen Karius und Baktus wirklich aus?

Zwei freche Übeltäter haben Generationen von Menschen die Zahnpflege nahegebracht: Karius und Baktus. Der norwegische Autor Thorbjørn Egner hat sie sich 1954 ausgedacht, um Kinder zum Zähneputzen zu bewegen. Karius und Baktus sind zwei kecke Karies-Bakterien, die in unseren Zähnen fröhlich Häuser bauen, bis es wehtut. Doch wie sehen die realen Vorbilder dieser Kobolde aus – was zeigt der nüchterne Blick auf die Kariesbakterien? Es sind winzige rundliche Stäbchen, die sich zu langen Ketten aufreihen und Knäuel bilden. Sie leben auf unseren Zähnen in den sogenannten Plaques – Zahnbelag, der aus Speichelbestandteilen, Nahrungsresten und eben Bakterien besteht. Man bezeichnet diese Beläge auch als Biofilm. Mit Schleim und Klebstoffen schützen sich die Bakterien hier vor Störungen und halten sich an den Zähnen fest. Im Zahnbelag leben sehr viele unterschiedliche Bakterienarten, aber als Hauptverursacher von Karies gilt das Bakterium mit dem Namen *Streptococcus mutans.*

Karius und Baktus sind zu zweit, in der Realität treiben dagegen Milliarden auf unseren Zähnen ihr Unwesen. Wie im Schlaraffenland regnet es hier ständig Nahrung; vor allem wenn wir zuckerhaltige Lebensmittel essen, vermehren sich die Bakterien munter. In der Geschichte von Karius und Baktus schwatzen die beiden Kobolde munter miteinander. Sogar in der Realität findet sich etwas Ähnliches: Die Bakterien kommunizieren über bestimmte Substanzen und können sich so auf Veränderungen oder Bedrohungen ihrer Umwelt einstellen. Was bei Karius und Baktus die Spitzhacken sind, entspricht in Wirklichkeit den Säuren, mit denen die Streptokokken unsere Zähne traktieren und porös machen. Vor allem bei zuckerhaltiger Nahrung produzieren sie Milchsäure, die dem Zahn Mineralien entzieht. Das Resultat: Karies-Löcher, in denen die Bakterien erst recht gut gedeihen. Kommen sie dem Zahn-Nerv schließlich zu nahe, tut es weh. In den Zahnbelägen leben die Bakterien gut geschützt. Deshalb ist es wichtig, diese Plaques durch Zähneputzen mechanisch aufzubrechen und wegzuspülen. Die Botschaft der Geschichte von Karius und Baktus hat also nichts an ihrer Aktualität verloren: Zähneputzen hält die Übeltäter in Schach.[90]

Nr. 91

Warum gibt es weder bunte Hunde noch lila Kühe?

Die Tierzucht macht Hunde zu winzigen Pinschern oder riesigen Doggen und verwandelt Kühe in Hochleistungs-Milchproduzenten. Doch bei der Fellfarbe kommen die Züchter über Schwarz, Braun-Rot oder Weiß nicht hinaus. Viele Vögel, Fische und Reptilien leuchten dagegen in allen Regenbogenfarben. Warum sind dann die Säugetiere im Umfeld des Menschen alle so eintönig gefärbt?

Man kann nur etwas herauszüchten, das schon irgendwie vorhanden ist. Bei Säugetieren sind bunte Farben einfach nicht angelegt. Biologisch gesehen ist der Mensch auch ein Säugetier – deshalb gibt es uns ebenfalls nicht in den Farben Grün, Knallrot oder Blau.

Die Haut- und Haarfarbe der Säugetiere wird durch den Pigmentfarbstoff Melanin bestimmt. Baupläne für andere Pigmente sind in ihrem Erbgut nicht vorhanden. Das Melanin kommt bei den Säugern in zwei Formen vor: eine schwarz-braune und eine gelb-rötliche Variante. Die gesamte Farbpalette der Haar- und Hautfarbe geht deshalb nur auf Variationen und Mischungen dieser Grundfarben zurück. Bunte Hunde und lila Kühe können also auch noch so findige Züchter nicht hervorbringen.

Bei einer schwarzen Katze überwiegt beispielsweise das dunkle Melanin, bei einem Golden Retriever dagegen die gelbliche Variante. Auch bestimmte Hautbereiche können mehr oder weniger Farbstoff hervorbringen – so entstehen die Zeichnungen im Fell und auf der Haut. Viele Wildformen unserer Säugetier-Haustiere sind schlicht graubraun. Erst der Mensch hat durch Zuchtauswahl attraktive Fellfarben oder Zeichnungen verstärkt. Deshalb haben wir heute bei den Kühen das Fleckvieh und bei den Hunden den gepunkteten Dalmatiner.

Die gedeckten Farben dienen vielen Tieren in der Natur als Tarnung, denn weder Jäger noch Gejagter wollen gerne auffallen. Es gibt natürlich Ausnahmen: Manche Fische, Reptilien oder auch Vögel leuchten in schillernden Farben. Diese Tiere besitzen im Gegensatz zu den Säugern eine ganze Reihe an Farbstoffen. Manchmal heißt dabei die Botschaft: »Achtung, ich bin giftig!« Oder aber: »Schau her, wie schön ich bin!« Vor allem die bunten Männchen zahlen allerdings einen hohen Preis, um ihre Weibchen zu beeindrucken: Sie werden häufiger gefressen.[91]

Nr. 92

Weshalb haben Frauen zwei Brüste?

Mal groß, mal klein, aber immer zwei – die weiblichen Brüste gibt es nur paarweise, das erscheint uns völlig selbstverständlich. Doch beim Blick ins Tierreich fällt auf: Bei der Anzahl der Milchdrüsen gibt es eine enorme Bandbreite. Sie reicht von zwei bis zu 24 bei der Nagetierfamilie mit dem bezeichnenden Namen Vielzitzenmäuse. Aber warum haben sich beim Menschen ausgerechnet zwei Milchdrüsen entwickelt und nicht vier oder drei? Was bestimmt die Anzahl der Milchdrüsen bei Mensch und Tier?

Der Mensch ist objektiv betrachtet ein Säugetier: Die Anzahl der Zitzen ist bei Säugetieren an die durchschnittliche Wurfgröße angepasst. Als grobe Faustregel gilt dabei: Die Zitzenzahl entspricht der durchschnittlichen Zahl der Jungtiere mal zwei. Das gilt beispielsweise auch für die Vielzitzenmaus, sie hat mit ihren 24 Zitzen meist 12 Jungtiere zu versorgen. Tiere wie Pferd oder Ziege, die durchschnittlich nur ein Junges bekommen, haben dementsprechend nur zwei Stationen an der Milchbar. In dieses Prinzip gliedert sich eben auch der Mensch ein. Nur in etwa 1,2 Prozent der Fälle kommt es beim Menschen zu einer Zwillingsgeburt.

Es gibt allerdings Ausnahmen von dieser Regel, wie beispielsweise bei der Kuh. Ein Kuheuter besitzt vier Zitzen, obwohl auch bei Rindern Zwillingsgeburten nur in rund fünf Prozent der Fälle vorkommen. Bei manchen Tieren hat sich die Natur quasi großzügig zugunsten eines zusätzlichen Zitzenpaars gezeigt. Grundsätzlich gilt aber ein minimalistisches Prinzip in der Evolution von Lebewesen: Die Natur verschwendet nicht gern. Wenn nur ein Junges versorgt werden muss, braucht der Körper auch keinen Aufwand für die Ausbildung von vielen Milchdrüsen zu betreiben.

Für die gerade Anzahl und paarweise Anordnung der Brustdrüsen ist ein Grundprinzip der Anatomie verantwortlich: Säugetiere haben einen bilateral symmetrischen Körperbau. Die Milchdrüsen entwickeln sich aus den paarig angelegten Milchleisten auf beiden Körperhälften. Je nach Tierart entstehen daraus die Zitzen. Bei vielen Tieren mit nur zwei Milchdrüsen befinden sie sich zwischen den Hinterbeinen. Beim Menschen und Affen haben sie sich dagegen zwischen den Vordergliedmaßen entwickelt. Eine Eigenart, die uns mit dem größten Landtier der Welt verbindet: Auch Elefantenkühe haben zwei Brüste zwischen den Vorderbeinen.[92]

Nr. 93

Was machen Bienen im Winter?

Ein kalter Wintertag mit Sturm und Schnee – wie schön ist es da zu Hause bei einer Tasse Tee, gesüßt mit einem Löffel Honig. Doch wie steht es mit den Produzenten dieser beliebten Süße – den Bienen? Was machen sie an einem frostigen Wintertag in ihrem Stock?

Bienen sind auch bei Frost aktiv: Sie fressen Honig und heizen ihren Stock durch Muskelbewegungen, damit sie es wohlig warm haben. Bei Kälte rücken Bienen ganz eng zusammen und wärmen sich gegenseitig. Sie bilden eine sogenannte Wintertraube – ein kugeliges Gebilde aus Tausenden Bienenkörpern. Mittendrin sitzt die wichtigste aller Bienen: die Königin.

Wärme erzeugen die Insekten, indem sie ihre Muskeln vibrieren lassen – sie zittern quasi. Wenn sie mit der Brut beginnen, erreichen die Werte im Inneren der Wintertraube 35 Grad Celsius, selbst wenn draußen minus zehn Grad herrschen.

Wie bei den Bienen üblich, ist auch im Winter Teamwork angesagt: Bienen aus den kühlen Außenbereichen der Wintertraube werden immer wieder von aufgewärmten Tieren aus dem Zentrum abgelöst und gefüttert. Die Energie für die Muskelbewegungen und damit für die Wärme liefern der Honig beziehungsweise das Winterfutter, das der Imker den Bienen als Ersatz gegeben hat. Der Honig ist quasi das Heizmaterial für den Winter: So wie wir Kohlen oder Öl für den Winter

bunkern, sammeln Bienen bis zu 20 Kilogramm Honig für ihren Stock. Dieses energiereiche Futter wird in den Tausenden von Bienenkörpern in Wärme umgesetzt.
Ganz ohne Ausflüge ins Freie kommen die Tiere allerdings nicht aus. Auch Bienen müssen mal: An Wintertagen mit Temperaturen über zwölf Grad plus verlassen die Tiere dazu ihren Stock. Sie machen ihren sogenannten Reinigungsflug. Dabei werden die Insekten ihren Kot los, mit dem sie sonst ihren Stock verschmutzen würden. Bereits im Verlauf des Februars endet die Winterruhe langsam und der sprichwörtliche Fleiß der Bienen ist wieder gefragt: Für die neue Brut sammeln die Arbeiterinnen dann an warmen Tagen den Pollen und Nektar der ersten Frühlingsblüher.[93]

Nr. 94

Warum kommt es beim Teekochen auf jede Minute an?

Schwarz, grün oder weiß – Tee aus der Teepflanze *Camellia sinensis* gibt es in vielen Formen und Zubereitungsarten. Viele Menschen trinken ihn nicht nur des guten Geschmacks, sondern auch seiner anregenden Wirkung wegen. Doch das ist eine Frage der Ziehdauer, heißt es: Kurz gebrüht macht Tee munter, zieht er dagegen länger als zwei Minuten, verliert er angeblich diese Wirkung. Warum ist beim Teekochen ein genauer Blick auf die Uhr gefragt?
Substanzen, die für die Wirkung des Tees verantwortlich sind, lösen sich unterschiedlich schnell aus den Teeblättern. Das anregende Koffein, auch als Tein bezeichnet, geht schon nach ein bis zwei Minuten in den Teeaufguss über. Erst nach und nach folgen dagegen die Flavanole, die das Koffein teilweise wieder an sich binden. Der Körper kann den Muntermacher so nicht mehr aufnehmen – der Tee verliert bei längerer Ziehdauer seinen anregenden Effekt. Zieht der Teebeutel länger als fünf Minuten, lösen sich noch weitere Flavanole, die uns dann das Geschmackserlebnis zunehmend vermiesen: Der Tee wird bitter.
Die Flavanole sind generell der Knackpunkt beim Tee. Diese Substanzgruppe ist für das typische Aroma des Tees verantwortlich

sowie für seine gesundheitsfördernden Eigenschaften. Einige Flavanole wirken als sogenannte Antioxidantien und schützen unsere Zellen vor schädlichen Sauerstoffradikalen, die bei der Entstehung verschiedener Erkrankungen eine Rolle spielen.

Viele Studien deuten darauf hin, dass der Konsum von Tee – insbesondere Grüntee – beispielsweise vor Herz-Kreislauf-Erkrankungen und Krebs schützt. Weißer und grüner Tee sind in Hinblick auf die gesundheitsfördernden Wirkungen von besonderem Interesse. Sie weisen einen höheren Gehalt an Flavanolen auf als schwarzer Tee. Weißer Tee wird vorwiegend aus Blattknospen und jungen Blättern hergestellt, grüner Tee dagegen ausschließlich aus den Blättern. Beide Teesorten bleiben im Gegensatz zum schwarzen Tee unfermentiert. Bei der Fermentation werden zwar die typischen Aromen des Schwarztees gebildet, es wird aber auch ein Teil der Flavanole abgebaut.[94]

Nr. 95

Wie viel Maus steckt im Menschen?

Ein pelziges Tierchen mit Schwanz und Knopfaugen, kaum größer als unser Daumen – die Maus scheint auf den ersten Blick wenig mit dem Menschen gemeinsam zu haben. Dennoch dient sie in vielen Forschungsbereichen als Modell für den Menschen: Sie ist das beliebteste Versuchstier der Wissenschaftler. Ihr verdanken wir zahllose Erkenntnisse über menschliche Krankheiten, vor allem wenn es darum geht, welche Erbinformationen an ihrer Entwicklung beteiligt sind. Genetisch gesehen sind sich Maus und Mensch nämlich erstaunlich ähnlich: Beide Lebewesen haben nach aktuellem Stand der Forschung etwa 20 000 Gene, rund 15 000 davon gehören sowohl zum Bauplan des Menschen als auch zu dem der Maus. Doch wie kann es sein, dass ein so ein winziges Nagetier so viel mit uns gemeinsam hat?

Säugetiere haben alle einen gemeinsamen Grundaufbau, der auf der Information vieler fundamentaler Gene beruht. Maus und Mensch gehören biologisch betrachtet zu den Säugetieren, das macht sie so ähnlich. Diese Gemeinsamkeiten gehen auf einen gemeinsamen

Urahn zurück: Viele Gene waren schon Teil des Erbguts, als sich die Nagetiere vor etwa 90 Millionen Jahren von den Vorfahren des Menschen trennten. Was uns von der Maus unterscheidet, sind bei genauerer Betrachtung meist nur Variationen eines gleichen Grundprinzips. Herz, Nieren, Leber und so weiter – alles eben nur im Miniformat: Die Funktion und der Aufbau sind vergleichbar und damit auch die Information zum Bau dieser Organe. Aber selbst die Erbinformationen, die beispielsweise den Bau unserer Hand bestimmen, unterscheiden sich kaum von den Genen, die zur Ausbildung einer winzigen Mäusepfote nötig sind. Die Natur verwendet Baupläne, die sich bewährt haben, immer wieder.

Auch wenn sich der Mensch als das höhere und komplexere Lebewesen betrachtet, allein am grundsätzlichen Aufbau des Erbgutes lässt sich der Unterschied zwischen Mensch und Maus nicht erkennen. Spezielle Gene und ihre Kombination machen beide Lebewesen erst einzigartig. Ein paar Funktionen braucht man eben nur als Maus oder nur als Mensch, deshalb gibt es durchaus Gene, die sich stark unterscheiden oder im anderen Lebewesen gar nicht vorkommen.[95]

Nr. 96

Wer ist schmerzempfindlicher – Mann oder Frau?

Von wegen starkes Geschlecht: Männer seien in Wirklichkeit viel wehleidiger als Frauen, wird immer wieder behauptet. Beispielsweise würden Männer den Schmerz einer Geburt gar nicht überstehen können, heißt es. Doch stimmt das wirklich? Wer ist schmerzempfindlicher: Männer oder Frauen? Es sind eindeutig die Frauen.

Natürlich gibt es bei der Schmerzempfindlichkeit eine enorme Bandbreite. Viele Studien haben aber gezeigt, dass Frauen Schmerzen im Durchschnitt intensiver wahrnehmen als Männer. Der Unterschied hat etwas mit den männlichen und weiblichen Geschlechtshormonen zu tun: Testosteron senkt das Schmerzempfinden, das weibliche Östrogen steigert es dagegen. Das Klischee vom harten, testosteronbetonten Macho hat einen wahren Kern: Er spürt einfach weniger Schmerz.

Deutlich wird dieser Zusammenhang bei Geschlechtsumwandlungen: Männer, die weibliche Hormone bekommen, entwickeln sehr häufig chronische Schmerzen. Frauen, die sich für eine Geschlechtsumwandlung entschieden haben, berichten über das Gegenteil: Während der dafür notwendigen Testosteronbehandlung bessern sich bestehende Schmerzen deutlich. Testosteron führt also beim Mann nicht nur zu einem robusteren Körperbau, es macht auch unempfindlicher gegen Schmerz. Bei der Geburt hilft ein zusätzlicher Mechanismus den Frauen, Schmerzen zu ertragen: Das läuft nicht über Hormone, sondern über Endorphine. Bei der enormen Belastung durch eine Geburt setzt der Körper diese schmerzstillenden Substanzen im Körper frei und senkt dadurch die Empfindsamkeit.
Über den Sinn der unterschiedlichen Schmerzschwellen von Mann und Frau lässt sich nur spekulieren. In der Entwicklungsgeschichte des Menschen brachten die verschiedenen Eigenschaften der Geschlechter einfach Vorteile im Kampf ums Überleben.[96]

Nr. 97

Sind Elstern wirklich diebisch?

Schwarz-weiß und statt bezauberndem Gesang krächzendes Gekeckere: Das ist die Elster. Neben ihrem schlechten Ruf als Krachmacher soll dieser Rabenvogel ein übler Nesträuber sein, immer auf der Lauer, den putzigen Meisen und Rotkehlchen Eier oder Küken zu stehlen. Selbst Schmuck soll vor der Raffgier der Elster nicht sicher sein: Sie verschleppt alles, was ihr gefällt, in ihr Nest, heißt es – ihre Diebeslust ist sprichwörtlich. Doch hat die Elster diesen schlechten Ruf tatsächlich verdient?
Nur was ihre Sangeskünste betrifft, alle anderen Vorwürfe sind unbegründet. Elstern sind Allesfresser, die tatsächlich auch die Gelege von Singvögeln plündern oder die hilflosen Küken fressen. Das darf der Mensch aber nicht verurteilen: Viele Singvogelfreunde mögen das als grausam empfinden, aber auch in diesem Fall gilt: Das sind die Gesetze der Natur. Auch die beliebten Singvögel sind ja nicht

nur harmlose Körnerpicker: Meise und Co. verschonen selbst den schönsten Schmetterling nicht. Die Elster bedroht durch ihr Verhalten die Bestände nicht, Singvögel legen neue Gelege an und sind dadurch in der Lage, die Verluste auszugleichen.
Die angebliche Diebeslust der Elster ist ebenfalls ein Märchen: Forscher haben schon Hunderte von Elsternestern untersucht und dort keine geraubten Schätze entdeckt. Was dem Vogel diesen Ruf eingebracht hat, hängt allerdings mit einer faszinierenden Tatsache zusammen: Die Elster ist eines der intelligentesten Wildtiere Deutschlands und diese Eigenschaft geht mit enormer Neugier einher. Elstern untersuchen gerne Gegenstände, die sie nicht kennen und schleppen sie dann auch manchmal weg.
Viele Menschen haben den Eindruck, dass Elstern in den vergangenen Jahren immer häufiger geworden sind. Der Gesamtbestand hat sich allerdings kaum verändert, nur der Lebensraum hat sich verschoben: Elstern lernen mehr und mehr, die Nähe des Menschen zu schätzen. Hier finden sie Nahrung – Mülltonnen und Komposthaufen bieten den schlauen Vögeln ein reiches Angebot, das sie mit teils pfiffigen Methoden nutzen. Verhaltensforscher konnten bereits zeigen, dass Elstern sogar Werkzeuge einsetzen und raffinierte Pläne schmieden, um an ihr Futter zu kommen.
Sie sollen sich sogar selbst im Spiegel erkennen können. Dieser Spiegeltest gilt unter Forschern als ein Beweis für ein Ich-Bewusstsein, also eine Selbsterkenntnis ähnlich wie die des Menschen. Diese Fähigkeit haben Biologen bisher nur bei wenigen Tieren, wie beispielsweise Schimpansen, nachgewiesen. Es sitzt also ein scharfer Verstand in diesem schwarz-weißen Vogel.[97]

Nr. 98

Weshalb haben Chinesen ein Problem mit dem »R«?

Schmunzeln bei der Bestellung im Chinarestaurant: Die Bedienung notiert zwei Frühlingsrollen und wiederholt dabei »zwei Flühlingslollen«.

Das Klischee scheint bestätigt: Chinesen können kein »R« aussprechen und benutzen stattdessen einen »L«-Laut. Viele Wörter im Deutschen haben ein rollendes »R«, das macht die deutsche Sprache für Chinesen schwierig, ihr Akzent ist charakteristisch und erscheint kurios. Aber sind Chinesen tatsächlich nicht in der Lage, ein »R« zu sprechen?

Es gibt viele Chinesen, die sehr wohl ein »R« sprechen können. Sie müssen es allerdings lernen und üben, ähnlich wie wir Deutsche die Aussprache des englischen »Th«. Ein rollendes »R« gibt es in der chinesischen Sprache nicht, es gibt nur einen Laut, der für Europäer wie ein »L« oder »J« klingt. Im Deutschen ungeübte Chinesen benutzen diese Laute deshalb, um das deutsche »R« zu ersetzen.

Fremde Laute und Betonungen einer Sprache, die ein Mensch nicht schon in der Kindheit gelernt hat, muss er in der Regel lange üben, bis er sie beherrscht: Ob Franzose, Brite oder Chinese – eine akzentfreie Aussprache erreichen nur die wenigsten. Wer Chinesisch lernen will, dem ergeht es allerdings nicht anders. In der chinesischen Sprache gibt es beispielsweise vier verschiedene Möglichkeiten, dieselbe Silbe zu betonen – das bestimmt ihre Bedeutung. Das unterscheidet Chinesisch sehr stark vom Deutschen. Die Sprache ist deshalb für Deutsche schwierig zu erlernen. Mit einer falschen Betonung können so Aussagen entstehen, die wiederum Chinesen zum Schmunzeln bringen.[98]

Nr. 99

Legen Hühner täglich ein Ei?

»Ich wollt ich wär' ein Huhn, ich hätt' nicht viel zu tun, ich legte täglich nur ein Ei und sonntags auch mal zwei«, lautet ein Evergreen der Comedian Harmonists. Rund zehn Milliarden Eier produzieren die Legehennen Deutschlands jedes Jahr. Der Eier-Hunger der Menschen und der Lebensmittelindustrie ist gewaltig – hohe Legeleistung ist gefragt. Doch warum legen Hühner überhaupt so viele Eier und schaffen sie tatsächlich ein Ei pro Tag?

Das mit dem täglichen Ei kommt eigentlich ganz gut hin. Die Liedpassage müsste aber weiter heißen: » ... und feiertags hat das

Huhn frei«. Legehennen haben heutzutage nämlich eine Leistung von 300 bis 340 Eiern im Jahr. Diese Hühner sind extra für die hohe Eiproduktion gezüchtet, andere Hühnerrassen, die beispielsweise eher der Fleischerzeugung dienen, legen dagegen deutlich weniger. Es gibt in Deutschland etwa 200 verschiedene Hühnerrassen.
Legeleistung, Fleischansatz, Widerstandsfähigkeit oder sogar Schönheit – je nach Zuchtziel haben Hühner eine enorme Bandbreite unterschiedlicher Eigenschaften. Vor etwa 4000 Jahren machten Menschen in Indien die wilden Vorfahren des Huhnes zum Haustier. Die sogenannten Bankivahühner verschwendeten ihre Energie allerdings noch nicht für eine tägliche Eiproduktion: Sie legten unter normalen Umständen nur etwa 20 Eier im Jahr.
Vögel produzieren generell nach und nach so viele Eier, bis die für die jeweilige Art typische Gelegegröße erreicht ist, und beginnen dann zu brüten. Gehen die Eier verloren, sind viele Vögel in der Lage, das Nest durch neue Eier wieder aufzufüllen. Hühnervögel sind bei diesem Nachlegen besonders ausdauernd. Nimmt der Mensch ihnen die Eier weg, legen sie immer wieder neue – so lässt sich die Eierproduktion steigern.
Einen Hahn brauchen Legehennen für die Eierproduktion übrigens nicht – das Ei bleibt unbefruchtet. Solche tauben Eier kommen bei manchen Vogelarten gelegentlich auch in freier Wildbahn vor. Viele Vögel bekommen jedoch nur dann einen Eisprung, wenn auch ein Partner in der Nähe ist, damit sie keine Energie für taube Eier verschwenden.
Durch die jahrtausendelange Zucht hat der Mensch das Haushuhn für diesen Zweck immer weiter optimiert: Die Hochleistungs-Hennen haben sogar ganz ihren Bruttrieb verloren Selbst wenn der Mensch ihnen die Eier überlässt, legen sie immer weiter neue. Das funktioniert übrigens – wenn auch mit nicht ganz so großen Legeleistungen – ebenfalls bei Hausgänsen und Enten.[99]

Nr. 100

Entspricht ein Hunde- oder Katzenjahr wirklich sieben Menschenjahren?

»Mein Hund ist drei Jahre alt – als Mensch wäre er also 21«, sagen manche Hundebesitzer. Hund und Katze werden gerne vermenschlicht, auch was das Alter betrifft: Sieben Hunde- beziehungsweise Katzenjahre entsprechen etwa einem Menschenjahr, heißt es. Doch was ist dran an dieser Faustregel? Ist diese Umrechnung denn wirklich sinnvoll?
Die Sieben-Jahres-Regel ist nur eine sehr grobe Annäherung, denn die Lebenserwartung von Hund und Katze variiert sehr stark. Beim Hund hängt das vor allem von der Rasse ab – kleine werden alt, große Hunde erreichen dagegen in der Regel kein hohes Alter. Eine Dogge wird beispielsweise häufig nur acht Jahre alt, ein Dackel kann aber durchaus über 15 werden. Nach der Sieben-Jahres-Regel würde das heißen, dass die einen immer sehr jung und die anderen im Methusalemalter sterben. Im Gegensatz zu den Hunden hängt die Lebenserwartung von Katzen stark von ihrer Lebensweise ab: Reine Wohnungskatzen erreichen häufig 15 und mehr Jahre, wenn sie dagegen Freigänger sind, werden sie durchschnittlich nur fünf Jahre alt. Ob sie kastriert sind oder nicht, spielt ebenfalls eine Rolle bei der Lebenserwartung: Kastrierte Katzen sind nicht so wild und draufgängerisch. Das verlängert das Leben. Ein Schwachpunkt der Sieben-Jahres-Regel ist auch, dass Hund und Katze ganz anders altern als der Mensch, denn sie entwickeln sich deutlich schneller: Nach einem Jahr sind sie bereits im Teenager-Alter, also etwa wie ein 14-jähriger Jugendlicher. Am Anfang des Lebens passt die Sieben-Jahres-Regel deshalb nicht und auch nicht, was die Altersrekorde betrifft: Die älteste Katze der Welt soll 36 Jahre erreicht haben – nach der Sieben-Jahres-Regel würde das völlig absurden 252 Menschenjahren entsprechen.[100]

Nr. 101

Warum wird Zucker nicht schlecht?

Auf Zuckerpackungen gibt es kein Mindesthaltbarkeitsdatum. Zucker wird nicht schlecht – Mikroorganismen scheinen den süßen Stoff zu meiden. Und das, obwohl Zucker doch jede Menge Energie enthält: Er macht dick – und beispielsweise freuen sich auch die üblen Kariesbakterien über diese üppige Nahrungsquelle. Doch warum bleibt ausgerechnet Zucker immer frisch, während andere Lebensmittel doch oft so schnell verderben?

Das liegt daran, dass der Zucker jedem Schimmelpilz oder Bakterium sofort das Wasser entzieht. Zucker hat eine sehr starke Wasserbindungskraft und erzeugt damit einen hohen sogenannten osmotischen Druck. Kommen Pilze oder Bakterien mit Zucker in Berührung, verlieren sie all ihr Wasser und sterben. Das ist dasselbe Prinzip wie beim Salz.

Aus diesem Grund wird nicht nur Zucker selbst nie schlecht, er lässt sich auch ähnlich wie Salz als Konservierungsmittel einsetzen. Nahrungsmittel mit hohem Zuckergehalt, wie beispielsweise Marmelade, macht der Zucker dadurch nicht nur süß, sondern auch haltbar. In diesem Fall gilt allerdings: Die Dosis macht das Gift für die Mikroorganismen. Der Zuckergehalt darf ein bestimmtes Maß nicht unterschreiten, sonst mutiert das Konservierungsmittel zum idealen Nährstoff für Bakterien und Co. Bei Marmelade liegt der Zuckergehalt beispielsweise meist bei etwa 60 Prozent. Denn bei einer geringeren Konzentration schaffen es mehr und mehr Mikroorganismen, auf dem süßen Brotaufstrich Fuß zu fassen.[101]

Nr. 102

Sind Hühner tatsächlich dumm?

»Du dummes Huhn« – diese Beleidigung erzeugt eindeutige Assoziationen: Ein roter Kamm wackelt auf einem kleinen Kopf, dazu albernes Gegacker. Damit will kein Mensch verglichen werden. Hühner machen nicht gerade einen cleveren Eindruck, sie gelten quasi sprichwörtlich als dumm. Doch haben sie diesen Ruf denn verdient? Sind Hühner tatsächlich Vögel mit besonders schwach ausgeprägter Intelligenz?

Nein, das trifft definitiv nicht zu. Hühner sind durchaus zu vielen Intelligenzleistungen in der Lage. So haben Studien gezeigt, dass Hühner zu komplexem Verhalten und zu überraschenden Lernleistungen fähig sind. Sie kommunizieren sogar untereinander: Findet ein Huhn eine ergiebige Futterquelle, kann es die Mitglieder der Gruppe durch Gackern darüber informieren – je nach Futterart wählt es dafür verschiedene Töne. Ein Huhn kann sich sogar bis zu 100 Gesichter merken und sein Verhalten an Erfahrungen anpassen. Forscher sind oft verblüfft, welche kognitiven Leistungen Hühner erbringen können. Sie stehen Gänsen, Enten oder Tauben in puncto Intelligenz in nichts nach.

Generell wurde die Intelligenz von Vögeln lange Zeit unterschätzt, weil ihr Gehirn auf den ersten Blick einfacher aufgebaut zu sein scheint als das der Säugetiere. Neuere Studien konnten aber zeigen, dass die für kognitive Aufgaben zuständigen Bereiche nur anders aussehen, aber zu ähnlichen Leistungen fähig sind. Die Art, wie Hühner aussehen und sich verhalten, verleiht ihnen in unseren Augen offenbar eine dumme Ausstrahlung. Das hat das Vorurteil entstehen lassen. Intelligenz ist beim Nutzhuhn auch gar nicht gefragt – im Gegenteil: Forscher wollen gar nicht, dass diese Tiere zu intelligent sind, denn das würde nur ethische Probleme aufwerfen, was die umstrittenen Haltungsbedingungen in der modernen Massentierhaltung betrifft.[102]

Nr. 103

Reden Bauchredner wirklich mit dem Bauch?

Zwei Personen scheinen miteinander zu sprechen und es ist doch bloß eine: Ein Bauchredner verleiht seiner Puppe eine magische Lebendigkeit und verblüfft damit sein Publikum. Auf geheimnisvolle Weise lässt er

seinen Bühnenpartner freche Kommentare sprechen, ohne dass der Zuschauer erkennt, woher das Gesprochene kommt: Der Mund des Bauchredners steht still. Doch wie funktioniert dieser Trick – kommt die Stimme wirklich aus dem Bauch?
Mit dem Bauch kann niemand reden. Das tatsächliche Geheimnis ist die Kunst, zu sprechen, ohne dabei die Lippen zu bewegen. Durch spezielle Techniken und viel Training kann ein Bauchredner lernen, Wörter im Rachenraum zu formen. Die Bezeichnung Bauchredner stammt aus dem Volksmund. Beim Publikum entstand oft der Eindruck, die Stimmen kämen auf mysteriöse Weise aus dem Bauch – das hat den Namen geprägt.
Eine Lippenbewegung ist für viele Buchstaben unserer Sprache eigentlich gar nicht nötig: Laute wie beispielsweise A oder O entstehen nur im Rachenraum – der Bauchredner muss in diesem Fall nur den Kiefer stillhalten. Anders ist das bei sogenannten Verschlusslauten wie M oder P: Wörter mit vielen dieser Laute versucht ein Bauchredner zu meiden, wenn die Puppe spricht.
Alle diese Techniken sind kein Geheimnis: Wer Bauchreden lernen möchte, kann Seminare besuchen oder sich Rat in Büchern holen. Am Ende entwickeln aber viele Bauchredner auch ihre eigenen Methoden. Ein guter Bauchredner erzeugt beim Publikum eine sogenannte Doppelillusion: eine akustische und eine optische: Der Mund des Bauchredners steht still, das Publikum hört aber eine Stimme und sieht, wie sich der Mund der Puppe dazu bewegt. Die beiden Persönlichkeiten scheinen sich dabei mit unterschiedlichen Stimmen zu unterhalten – das macht die Illusion dann perfekt. Die Puppe muss ein Freund auf der Bühne sein, das kommt beim Publikum gut an.[103]

Nr. 104

Haben Zwillinge zwangsläufig denselben Vater?

»Sieht dir gar nicht ähnlich, ganz die Mama, oder?« Wenn Väter diesen Kommentar zum Sprössling bekommen, können Zweifel an der Vaterschaft begründet sein: Studien zeigen, dass etwa vier Prozent aller Kinder nicht vom angeblichen Vater stammen, es sind sogenannte Kuckuckskinder. Folglich sind auch viele Geschwister in Wirklichkeit nur Halbbruder oder Halbschwester. Aber wie ist das bei Zwillingen? Ist wenigstens in diesem Fall eindeutig klar, dass sie denselben Vater haben?

Das kommt darauf an, ob es sich um eineiige oder zweieiige Zwillinge handelt. Eineiige Zwillinge haben tatsächlich zwangsläufig denselben Vater. Sie entstehen aus einer einzigen befruchteten Eizelle, haben das gleiche Erbgut und identische Erbanlagen. Sie sind dadurch optisch kaum oder auch gar nicht zu unterscheiden, das klassische »doppelte Lottchen«. Eineiige Zwillinge sind durch ein Spermium entstanden und das kann auch nur von einem einzigen Vater stammen.

Nicht so bei zweieiigen Zwillingen: Normalerweise entwickelt sich bei der Frau im monatlichen Zyklus nur ein befruchtungsfähiges Ei, manchmal sind es aber auch zwei. Für deren Befruchtung sind zwei Spermien nötig, damit zweieiige Zwillinge entstehen. Das sind genetisch gesehen ganz normale Geschwister, sie werden eben nur zeitgleich geboren. Dadurch können beispielsweise auch ein Mädchen und ein Junge als Zwillingspaar zur Welt kommen. Das Zeitfenster für eine Befruchtung der Eizellen kann bis zu fünf Tage betragen. Spermien bleiben ebenfalls 48 Stunden befruchtungsfähig. Hat eine Frau also in der geeigneten Zeit Geschlechtsverkehr mit unterschiedlichen Männern, können demzufolge auch Zwillinge entstehen, die in Wirklichkeit nur Halbgeschwister sind.[104]

Nr. 105

Warum sind Hunde gehorsam und Katzen eigensinnig?

Katzen beeindrucken in der Regel weder Anweisungen im Befehlston noch sanftes Bitten. Hunde dagegen folgen oft aufs Wort, der Mensch kann sie dressieren und sogar zu Helfern ausbilden wie beispielsweise Schäfer- oder Blindenhunde. Eine Blindenkatze ist hingegen eine kuriose Vorstellung – die eigensinnigen Tiere eignen sich nicht für

die Zusammenarbeit mit dem Menschen. Woher kommt dieser große Charakterunterschied zwischen den beiden beliebtesten Haustieren des Menschen?
Die wilden Vorfahren von Hund und Katze haben ein grundlegend unterschiedliches Sozialverhalten. Und das prägt immer noch das Verhältnis dieser Haustiere gegenüber uns Menschen. Wölfe sind soziale Rudeltiere, die Vorfahren der Hauskatze waren dagegen eigenbrötlerische Einzelgänger. Die damit verbundenen Grundverhaltensweisen bestimmen immer noch den Charakter unserer tierischen Begleiter.
Hunde übertragen die Grundregeln ihres Rudelverhaltens prinzipiell einfach auf den Menschen. Der Mensch ist für den Hund quasi ein ranghohes Rudelmitglied, dem er gefallen will. Deshalb macht er in der Regel, was wir von ihm erwarten. Er befolgt Befehle und lässt sich dressieren.
Eigensinn und Widerspenstigkeit sind dagegen charakteristische Eigenschaften der Katze. Es liegt nicht in ihrer Natur, sich in einer Gruppe anderen Katzen unterzuordnen – dem Menschen gegenüber zeigt sie demzufolge ein ähnliches Verhalten. Ihre enorme Anpassungsfähigkeit versetzt sie allerdings trotzdem in die Lage, ihr Sozialverhalten an uns Menschen anzupassen. Die Unabhängigkeit und Eigensinnigkeit ist eine Eigenschaft, die viele Menschen gerade besonders an der Katze schätzen.[105]

Nr. 106

Wie verhindert ein Deodorant Schweißgeruch?

Ein schwüler Sommertag, schweißtreibende Hitze: Wer sich da nicht mit einem Deodorant gewappnet hat, fängt schnell an zu miefen, denn vor Schweißgeruch ist niemand sicher. Doch warum riecht ein verschwitzter Mensch überhaupt so unangenehm und wie schafft es ein Deodorant, diesen Effekt eine Zeitlang zu verhindern?
Frischer Schweiß hat gar nicht diesen typischen Schweißgeruch. Die eigentlichen Stinker sind nämlich Bakterien, die auf unserer Haut leben. Sie zersetzen organische Substanzen im Schweiß – erst die

Abbauprodukte müffeln. Es entsteht beispielsweise Buttersäure, die für den unangenehmen Schweißgeruch verantwortlich ist.
Deodorants setzen den Hebel schon bei den Verursachern an: Sie enthalten Wirkstoffe, die das Bakterienwachstum hemmen, sodass sie erst gar keinen Geruch produzieren können. Außerdem überdecken oft Parfüms in den vielen unterschiedlichen Produkten unerwünschte Körpergerüche. Das grundlegende Prinzip des Deodorants nutzen Menschen übrigens schon sehr lange: Gut riechen wollten beispielsweise auch schon die alten Ägypter – aus dem heißen Land am Nil stammen die ersten Deos.
Neben den eigentlichen Deodorants gibt es auch noch die sogenannten Antitranspirants. Im Gegensatz zu den klassischen Deodorants blockieren die Antitranspirants die Schweißbildung schon von Anfang an: Sie enthalten Substanzen, die Schweißdrüsen verengen, damit sie weniger Schweiß produzieren. Damit entziehen sie den Bakterien ihre Lebensgrundlage und sorgen nebenbei für Trockenheit. Oft findet sich auch eine Kombination aus beiden Wirkungsweisen in Produkten zur Unterdrückung von Körpergeruch.
Grundsätzlich gilt aber beim Thema Schweiß: Er ist etwas Gutes. Denn dahinter steckt eine wichtige Strategie unseres Körpers, um uns vor Überhitzung zu schützen. Die zwei bis vier Millionen Schweißdrüsen in unserer Haut sondern dazu täglich zwischen einem halben bis hin zu mehreren Litern Schweiß ab – je nach Kühlungsbedarf. Die Flüssigkeit verdunstet auf unserer Haut und senkt dadurch die Körpertemperatur. Wenn dieser Effekt sehr gefragt ist, kann ein Deo sehr hilfreich sein, um gerade im Sommer ein wenig länger frisch zu bleiben. Auf Dauer ersetzt aber auch das beste Deodorant der Welt nicht eine Dusche.[106]

Nr. 107

Warum gibt es keine Rieseninsekten?

Es summt und brummt, es kreucht und fleucht: Insekten haben sich fast jeden Winkel unserer Erde als Lebensraum erobert. Es gibt sie in den skurrilsten Formen und Farben und auch in ihrer Größe unterscheiden sie sich deutlich. Allerdings nur bis zu einem gewissen

Punkt: Rieseninsekten existieren nur in Hollywoodfilmen. Käfer in Elefantengröße gibt es nicht. Aber weshalb eigentlich nicht?

Das hat zwei Gründe: Das Außenskelett der Insekten und ihr Atmungssystem begrenzen das Größenwachstum. Insekten haben im Gegensatz zu Wirbeltieren kein Knochenskelett, das ihrem Körper von innen Halt gibt. Bei ihnen wird die Körpermasse von außen gestützt. Wenn ein Insekt wächst, muss es sich deshalb häuten, da die relativ starre Körperhülle nur sehr begrenzt dehnbar ist. Bei einer zu großen Körpermasse würde der Insektenkörper unter seinem eigenen Gewicht quasi wie Brei zerfließen. Gerade während des Häutens, wenn die neue Körperhülle noch weich ist und keine ausreichende Stützfunktion liefern kann, würde dieser Effekt eintreten.

Der andere Grund für die beschränkte Größe von Insekten ist ihr sogenanntes Tracheensystem. Das ist ein Netz aus feinen Luftröhrchen, das den Körper durchzieht und alle Teile direkt mit Luftsauerstoff beliefert. Je größer ein Insekt ist, desto mehr Platz brauchen diese Tracheen: Der Durchmesser der Luftröhren nimmt nicht linear zu, sondern muss überproportional stark wachsen, um den Körper ausreichend mit Sauerstoff zu versorgen. Besonders in den filigranen Beinen der Insekten können die Tracheen deshalb nicht unbegrenzt weiterwachsen.

Bei einer Größe von etwa 16 Zentimetern ist Schluss. So groß ist der größte Käfer der Welt, der südamerikanische Riesenbockkäfer. Das war aber nicht immer so: Vor etwa 300 Millionen Jahren gab es durchaus einmal Libellen, die eine Flügelspannweite von bis zu 70 Zentimetern besaßen – das zeigen Versteinerungen. Diese Größe war aber vermutlich nur möglich, weil damals der Sauerstoffgehalt der Atmosphäre viel höher war. Heutzutage würden solchen Rieseninsekten schlicht die Füße einschlafen.[107]

Nr. 108

Weshalb haben Menschen eine Körpertemperatur von 37 Grad Celsius?

Bei Hitze schwitzen wir, wenn uns kalt ist, ziehen wir uns einen Pullover an. All das soll eines sicherstellen: eine konstante Körpertemperatur

von 37 Grad Celsius. Aber warum hat der Mensch genau diese Körpertemperatur? Weshalb nicht mehr oder weniger?
Die Temperatur von 37 Grad Celsius scheint das beste Preis-Leistungs-Verhältnis für die Körperfunktionen der Warmblüter zu bieten. Alle sogenannten gleichwarmen Lebewesen besitzen eine Körpertemperatur im Bereich von etwa 37 bis 39 Grad Celsius: Die Evolution hat sowohl bei Säugetieren als auch bei Vögeln zu diesem Temperaturbereich geführt.
Die gleichbleibend hohe Temperatur hat dabei den Vorteil, dass warmblütige Lebewesen von der Umgebungstemperatur unabhängiger sind, sie also beispielsweise in der Nacht oder im Winter aktiv sein können. Nachteil ist, dass sie für ihre Körpertemperatur zusätzliche Energie und damit mehr Nahrung benötigen. Ein wechselwarmes Krokodil kann beispielsweise ein halbes Jahr ohne Nahrung auskommen. Säugetiere oder Vögel können das nicht. Die Warmblütigkeit hat den Säugetieren und Vögeln aber im Gegenzug Lebensweisen ermöglicht, die Reptilien und anderen wechselwarmen Tieren nicht offenstehen.
Mehr als 37 bis 39 Grad Celsius sind vermutlich deshalb nicht sinnvoll, weil mit zunehmender Temperatur die Bildung von Sauerstoffradikalen im Körper steigt, was zu Zellschäden führen kann. Die Körpertemperatur der Warmblüter scheint hier also genau im Optimalbereich zu liegen: Sie sichert hohe körperliche Leistungsfähigkeit und verhindert übermäßigen oxidativen Stress im Körpergewebe.
An unsere Körpertemperatur von 37 Grad Celsius hat sich auch das gesamte Regulationssystem des Körpers angepasst. Enzyme oder Hormone beispielsweise sind für diese Betriebstemperatur optimiert. Bei einer anderen Temperatur nimmt die Arbeitskraft ab und ihr Zusammenspiel im Körper ist gestört, deshalb versucht der Körper, immer 37 Grad Celsius zu halten. Eine Ausnahme besteht bei Fieber: Da bewirkt die höhere Temperatur eine Verstärkung der Immunabwehr. Aber auch dabei gibt es eine Grenze: Wenn die Temperatur über 41 Grad steigt, beginnen manche Regelsysteme im Körper, ihren Dienst zu versagen, und das hat lebensbedrohliche Folgen.[108]

Nr. 109

Bremsen Windkraftanlagen den Wind?

Der Herbst ist die Jahreszeit des Windes – er fegt nicht nur Blätter von den Bäumen, er leistet auch einen Extra-Beitrag für unsere Energieversorgung: Die Windkraftanlagen laufen auf Hochtouren und speisen ihren Ökostrom in die Netze. Doch wenn die Rotoren der strömenden Luft Energie entnehmen, bedeutet das dann auch, sie bremsen die Geschwindigkeit des Windes?

Direkt hinter einem optimalen Windrad zur Stromerzeugung ist die Windgeschwindigkeit etwa um zwei Drittel geringer als davor. Bei einem Sturm mit einer Windgeschwindigkeit von 90 Kilometern pro Stunde würde er unmittelbar hinter einem Windrad also nur noch mit etwa 30 wehen. Die Rotorblätter nehmen der Luft einen Teil ihrer Geschwindigkeit weg und wandeln sie in Drehbewegung um. Ähnlich wie bei einem Fahrraddynamo entsteht daraus dann die elektrische Energie. Im Prinzip ist das der umgekehrte Prozess wie bei einem Ventilator. Damit er die Luft beschleunigen kann, muss man ihn mit elektrischer Energie in Drehung versetzen.

Der bremsende Einfluss von Windkraftanlagen auf einen Sturm ist natürlich gering, denn der Effekt gilt immer nur für genau das Luftvolumen, das durch das Windrad strömt. Nach einer Distanz vom Neunfachen des Rotordurchmessers sind etwa 90 Prozent des bremsenden Einflusses bereits wieder ausgeglichen. Die Summe vieler Hindernisse hat aber durchaus eine Wirkung, denn auch Berge und Wälder bremsen den Wind. Über Land verliert ein Sturm deshalb immer mehr an Geschwindigkeit und einen winzigen Teil dazu tragen also auch unsere Windkraftanlagen bei.

Die Rechnung – je größer der Sturm, desto mehr Energie produzieren die Windkraftanlagen – geht allerdings nicht auf: Bei sehr starken Windgeschwindigkeiten werden Windkraftanlagen durch mechanische Bremsen zum Stillstand gebracht oder die Rotorblätter aus dem Wind gedreht, um Schäden zu vermeiden.[109]

Nr. 110

Warum löst Wasser auf brennendem Öl eine Stichflamme aus?

Eine Pfanne mit heißem Öl steht auf dem Herd und die Heizplatte ist noch eingeschaltet – ein Szenario, das übel ausgehen kann: Ab etwa 300 Grad Celsius entzündet sich das Öl selbst, die Pfanne brennt. Viele Menschen versuchen jetzt reflexartig, den Brand durch Wasser zu löschen – mit fatalen Folgen: Es kommt zu einer regelrechten Explosion – eine Stichflamme entsteht. Doch warum versagt die altbewährte Löschkraft des Wassers im Fall von brennendem Öl und verkehrt sich sogar ins Gegenteil?

In diesem Fall wirkt das Wasser tatsächlich wie ein Brandbeschleuniger: Das liegt an einer gewaltigen Vergrößerung der Oberfläche des Brennstoffes – dadurch kann er besser mit dem Luftsauerstoff reagieren. Die enorme Ausdehnung des Wassers bei der schlagartigen Verdampfung wirkt wie ein Faustschlag in das flüssige Öl. Dabei reißen die winzigen Wassertröpfchen den Brennstoff mit sich in die Luft. Die Fettteilchen sind dabei immer noch extrem heiß und entzündlich, jetzt werden sie von allen Seiten quasi mit Sauerstoff gefüttert. Dadurch kommt es zu einer schlagartigen Zunahme der Verbrennungsprozesse, sodass das Öl-Dampf-Gemisch in einer Stichflamme auflodert.

Das brennende Öl kann durch den heftigen Verdampfungseffekt bei der Zugabe von Wasser außerdem aus der Pfanne spritzen. Das kann zu üblen Verbrennungen führen und die ganze Küche in Brand setzen. Wenn eine Pfanne brennt, muss man unbedingt zu einer anderen Methode greifen, um das Feuer zu löschen, nämlich indem man es erstickt: Also den Herd ausschalten und einen Deckel auf die Pfanne legen. Darunter ist der Sauerstoff schnell verbraucht, das Fett kühlt unter seine Zündtemperatur ab, es qualmt nur noch ein bisschen, aber die Feuergefahr ist gebannt.[110]

Nr. 111

Wie kommt der Sand in die Wüste?

Bei einem Urlaub in Nordafrika oder Arabien steht häufig ein Kamelritt durch die Wüste auf dem Programm. Beim Anblick dieser spektakulären Landschaft fragen sich viele: Woher kommen die unzähligen feinen Körnchen und welche Kräfte haben diesen riesigen Sandkasten geschaffen?

Das waren Verwitterung, Abtragung und Ablagerung. Der Sand der Wüsten besteht in der Regel aus Quarzkörnern und ist ursprünglich das Verwitterungsprodukt bestimmter Gesteinsarten wie zum Beispiel Granit. Die Natur nagt mit vielerlei Kräften an dem harten Gestein, das dabei schließlich zu Sand zermahlen wird. Beispielsweise Sonne, Wind, Wasser und sogar die Wurzeln der Pflanzen lösen mit der Zeit immer mehr Körner heraus. Wind und Wasser tragen die Partikel dann mit sich fort und lagern sie andernorts wieder ab. Dabei schleifen sich Ecken und Kanten ab und es entstehen mit der Zeit immer kleinere und rundere Sandkörner.

Je runder ein Sandkorn ist, desto stärker wurde es bearbeitet und umgelagert. Der weitaus größte Teil des Sandes auf der Erde stammt aus Sandstein, der früher schon einmal Sand war und dann unter Druck, zum Beispiel bei Verschiebungen in der Erdkruste, wieder zu Stein geworden ist. Ein gut gerundetes Sandkorn kann also schon etliche Erosionszyklen hinter sich haben.

Die großen Sandwüsten sind dort entstanden, wo viel Ausgangsmaterial für die Bildung von Sand vorhanden war oder wo der Wind den Sand hingeweht hat. Doch auch wenn die meisten Menschen bei dem Wort Wüste an einen großen Sandkasten denken – nicht jede Wüste besteht aus Sand. Wüste ist lediglich die Bezeichnung für nicht bewachsenes Land. Auch ein großer Teil der Sahara ist nicht von Sand bedeckt, sondern eine Stein- und Felswüste. Außerdem gibt es Salz-, Lehm- und Eiswüsten, die Menschen, Tieren und Pflanzen das Leben schwer machen.[111]

Nr. 112

Weshalb hat das Zebra Streifen?

Das Zebra wirkt wie ein Pferd im Sträflingsanzug: Sein Streifenmuster macht es zu einem der auffälligsten Tiere Afrikas. Derartig exzentrische Mode ist im Tierreich nicht ungewöhnlich. Auch Giraffe, Leopard, Tiger und viele andere Tiere tragen eine markante Fellzeichnung. Doch ist das nur eine Laune der Natur – oder wozu haben diese Tierarten solche ausgeprägten Muster?

Auch wenn diese Zeichnungen auf den ersten Blick sehr auffällig wirken, handelt es sich dabei doch um ein Tarnverfahren. Viele Tiere, sowohl Räuber als auch Beute, machen sich möglichst unsichtbar, um sich Vorteile zu verschaffen. Am einfachsten geht das, indem sie sich dem Hintergrund so weit wie möglich anpassen, wie beispielsweise ein grüner Frosch dem grünen Laub. Doch Zebra oder Leopard nutzen ein anderes Tarnverfahren: die sogenannte Somatolyse. Aus der Ferne betrachtet lassen die Muster die Körperkonturen vor dem Hintergrund verschwimmen. In den Weiten der Savanne mit ihren Sträuchern und der flirrenden Hitze sind beispielsweise Zebras kaum zu erkennen.

Wer einen Leoparden in den Bäumen der Savanne ausfindig machen will, muss nach einer Akazie Ausschau halten, bei der ein Ast senkrecht nach unten hängt – das ist der Leopardenschwanz. Der Rest der getupften Raubkatze verschmilzt mit der Struktur des Baumes. Nicht nur Tiere machen sich dieses System zunutze. Auch das Militär schätzt die Tarnwirkung von Mustern: Viele Uniformen haben ein Fleckenmuster, damit die Soldaten im Gelände nicht auffallen.

Auch der Frage, warum beispielsweise der Löwe einfarbig ist, der Leopard aber Punkte hat, sind Forscher bereits nachgegangen. Ihren Ergebnissen zufolge gilt dabei die Faustregel: Je dichter bewachsen der Lebensraum der jeweiligen Katzenart ist, desto wahrscheinlicher ist es, dass die Spezies ein stark gemustertes Fell besitzt. Das zeigt sich auch bei Löwe und Leopard: Der einfarbige Löwe lebt bevorzugt im offenen Grasland, der gefleckte Leopard hält sich dagegen oft in den Kronen der Bäume auf.[112]

Nr. 113

Ist es am Süd- oder am Nordpol kälter?

Der Weihnachtsmann mag offenbar Extreme: In der eisigen Kälte des Nordpols soll er wohnen. Doch ist der Nordpol überhaupt der kälteste Ort der Welt? Sollte der Weihnachtsmann nicht besser zum Südpol umziehen?

Der Südpol ist tatsächlich viel kälter als der Nordpol. Am Nordpol herrschen minus 15 bis minus 20 Grad im Jahresmittel, am Südpol ist es dagegen noch einmal etwa 20 Grad kälter. Das liegt an der unterschiedlichen Höhenlage und dem Klimaumfeld am jeweiligen Ende der Welt.

Der Nordpol befindet sich auf Meereshöhe im eisbedeckten arktischen Ozean, der Südpol dagegen rund 3000 Meter hoch auf dem Eispanzer über dem antarktischen Kontinent. Diese Höhenlage treibt die Temperaturen in der Südpolregion in die extremsten Werte auf unserem Planeten: Der Kälterekord liegt bei minus 89,2 Grad Celsius. Er wurde 1983 bei der sowjetischen Forschungsstation Wostok gemessen, die sich 1287 Kilometer vom geografischen Südpol entfernt befindet.

Die Südpolregion macht noch ein weiterer Aspekt zum Rekordhalter in Sachen Frost: Die Gletscher liegen hier auf dem Festland der Antarktis, während das Eis am Nordpol auf dem Wasser schwimmt. Das vergleichsweise warme Wasser unter- und umspült also den äußersten Norden. Der Arktische Ozean wirkt dadurch wie eine gigantische Wärmflasche für den Nordpol. Hier setzen sich außerdem gelegentlich mildere Luftmassen aus südlicheren Regionen durch. Im Sommer steigen die Werte dadurch sogar zeitweise über den Gefrierpunkt. Zudem liefert auch der in den hohen nördlichen Breiten des Atlantiks auslaufende Nordatlantikstrom noch Wärme. Die Eisscholle am Nordpol misst deshalb gerade einmal rund drei Meter.

In der Südpolregion ist das alles nicht der Fall und der Eispanzer kilometerdick. Mildere Luftmassen aus niedrigeren Breiten schaffen es praktisch nie, bis zum Südpol vorzudringen – und er würde sich als frostiges Quartier für den Weihnachtsmann deutlich besser eignen.[113]

Nr. 114

Zeigt der Tacho im Auto tatsächlich zu viel an?

Mit Schwung am Geschwindigkeitsbegrenzungsschild vorbei und hinein in die Radarfalle: Es blitzt und schon ist das Verkehrssünderfoto im Kasten. Meist geht im gleichen Moment der Blick des Betroffenen zum Tachometer – mit dem Gedanken: Wie schnell war ich denn eigentlich? Droht mir Übles? Eine kleine Hoffnung gibt es angeblich: Etwa zehn Prozent könne man von der Geschwindigkeit auf dem Tacho abziehen, heißt es. Doch zeigt der Geschwindigkeitsmesser wirklich zu viel an? Und wenn ja, warum?

Es stimmt tatsächlich, dass die Tachonadel immer ein wenig vorauseilt: Das ist aber nicht messtechnisch bedingt, sondern entspricht Vorgaben. Was der Tacho anzeigen darf, ist nämlich in der Straßenverkehrszulassungsordnung festgelegt und die schreibt vor, dass der Tacho niemals zu wenig anzeigen darf. Ein bisschen mehr darf es aber sein. Das heißt konkret: Der Tacho darf zehn Prozent mehr als die tatsächliche Geschwindigkeit plus vier Stundenkilometer anzeigen – bei Tempo 50 bedeutet das also maximal 59, bei Tempo 100 höchstens 114.

Der Grund für diese Regelung sind Messungenauigkeiten, die beispielsweise durch unterschiedliche Radgrößen entstehen können. Bei modernen Autos erfassen Sensoren die Drehzahl des Rades und daraus ergibt sich die Geschwindigkeit, die der Tacho anzeigt. Die Drehzahl ist aber abhängig vom Durchmesser des Reifens, der je nach Produkt variieren kann. Je größer der Reifen, desto schneller fährt ein Auto bei gleicher Drehzahl. Dadurch entstehen Messungenauigkeiten bei der Geschwindigkeit.

Die »Zehn Prozent plus vier«-Regel ist allerdings nur eine gesetzliche Obergrenze, die Hersteller nicht unbedingt ausschöpfen müssen. Viele Tachos zeigen deshalb nur ein paar Stundenkilometer zu viel an. Prozentrechnen beim Autofahren macht deshalb keinen Sinn, denn vor den unbeliebten Fotos aus der Radarfalle schützt das nicht unbedingt.[114]

Nr. 115

Was weckt Tiere aus dem Winterschlaf?

Eis und Schnee und kaum etwas zu fressen – der Winter ist für Tiere nicht gerade ein Zuckerschlecken. Diesen widrigen Bedingungen stellen sich einige Arten gar nicht erst – sie halten Winterschlaf. Wenn es im Herbst ungemütlich wird, ziehen sie sich zurück und schlafen, bis die Tage länger werden und der milde Frühling den Tisch wieder deckt. Doch woher wissen Murmeltier, Igel und Co. in ihrem finsteren Unterschlupf, dass es Zeit wird, aus dem Winterschlaf aufzuwachen?

Die Temperatur alleine ist es nicht. Warme Tage gibt es auch manchmal im Winter – da wäre es schlecht, wenn die Winterschläfer schon erwachen. Die genauen Abläufe, die zum Aufwachen im Frühjahr führen, sind allerdings noch nicht abschließend geklärt. Zu der steigenden Umgebungstemperatur kommen weitere Faktoren hinzu. Eine Art innere Uhr tickt in den Tieren. So könnte beispielsweise die zunehmende Anreicherung von Stoffwechselendprodukten im Körperinneren als Wecksignal im Frühjahr dienen, vermuten Forscher. Hat der biologische Wecker dann geklingelt, schüttet der Körper Hormone aus, die eine Fettverbrennung zur Wärmeerzeugung auslösen. Sind 15 Grad Celsius erreicht, setzt zusätzlich Muskelzittern ein, bis der Körper wieder die optimale Betriebstemperatur erreicht hat.

Die Tiere wachen allerdings auch auf, wenn ihnen die Energiereserven ausgehen. Denn dann bleibt ihnen nur die Wahl zwischen dem Hungertod und dem Versuch, doch noch etwas Fressbares zu finden. Wer mitten im Winter einen Igel herumlaufen sieht, sollte ihn deshalb zu einer Auffangstation bringen: Möglicherweise ist er aufgewacht, weil seine Fettreserven für den Winter nicht ausreichten.

Auf Eichhörnchen trifft das allerdings nicht zu. Sie halten keinen Winterschlaf, sondern nur eine sogenannte Winterruhe: Die meiste Zeit verbringen sie zwar in ihrem Bau und schlafen, gehen aber ab und zu hinaus und bedienen sich an ihren vergrabenen Futtervorräten. Während ihrer Schlafphasen geht der Herzschlag zurück, die Körpertemperatur wird aber kaum gesenkt. Auch Dachs und Maulwurf halten beispielsweise solch eine Winterruhe. Echte Winterschläfer wie

Igel, Murmeltier oder Fledermaus verwandeln sich dagegen im Herbst quasi von einem Warm- in einen Kaltblüter: Die Körpertemperatur fällt auf annähernd die Umgebungstemperatur und der Herzschlag und die Atmung gehen drastisch zurück.
Die Dauer des Winterschlafs ist unterschiedlich: Beim Igel sind es beispielsweise drei bis vier Monate, der sprichwörtliche Siebenschläfer verbringt sechs bis sieben Monate im Winterschlaf. Auch bei diesen echten Winterschläfern treten allerdings kurze Wachphasen auf, in denen sie Kot und Urin abgeben und sich eventuell neu betten. Das Hochfahren des Körpers kostet die Tiere aber viel Kraft und darf deshalb nicht zu häufig und zum falschen Zeitpunkt geschehen.[115]

Nr. 116

Was hat es mit dem Sandmann-Sand im Auge auf sich?

Wenn wir morgens die Augen aufschlagen, findet sich in unseren Fenstern zur Welt oftmals ein wenig Sand – eine krümelige Substanz, die auf den Rändern der Augenlider sitzt. Eltern erzählen ihren Kindern dazu die Geschichte vom Sandmann, der ihnen nachts Sand in die Augen streut. Doch was hat es mit diesem seltsamen Zeug, das viele Menschen auch schlicht als »Schlaf« bezeichnen, denn wirklich auf sich?
Diese sandartige Substanz besteht aus Staubpartikeln, Zellresten und getrockneten Sekreten. Der Sandmann-Sand ist also ein Endprodukt des Reinigungs- und Versorgungsprogramms der Augen. Wenn wir im Schlaf die Augen geschlossen haben, sammelt sich Flüssigkeit an den Augenrändern, trocknet und hinterlässt ihre auskristallisierten Inhaltsstoffe.
Die Tränenflüssigkeit besteht neben Wasser aus verschiedenen Eiweißstoffen, Salzen sowie Kohlenhydraten. Sie erfüllt gleich mehrere Funktionen: Sie spült, ernährt und schützt das Auge vor Keimen. Die Tränenflüssigkeit spült Fremdstoffe und abgestorbene Bestandteile der Hornhaut ständig leicht in Richtung des Augeninnenwinkels, um das Auge sauber zu halten. Die Augäpfel müssen immer feucht gehalten

werden – dabei hilft eine ölige Flüssigkeit aus speziellen Drüsen des Lides, durch die sich die Verdunstung des Feuchtigkeitsfilms verringert. Die Tränenflüssigkeit enthält außerdem Nährstoffe, welche die oberflächlichen Zellen der Hornhaut versorgen, die nicht von Blutgefäßen erreicht werden.

Warm, feucht und nährstoffreich – das ist allerdings der ideale Nährboden für Bakterien. Um diese Erreger in Schach zu halten, ist auch unsere Körperpolizei – die weißen Blutkörperchen – in der Augenflüssigkeit sehr aktiv. Außerdem verhindert ein bestimmtes Enzym, das sogenannte Lysozym, das übermäßige Bakterienwachstum im Auge.

Nach dem Verdunsten des Wassers am Augenrand bilden all diese in der Tränenflüssigkeit gelösten Bestandteile dann letztendlich den Grieß, den wir uns morgendlich aus den Augen reiben. Wie viel Sand der Sandmann gestreut hat, hat also nichts damit zu tun, ob wir besonders gut oder tief geschlafen haben.[116]

Nr. 117

Ist Trinken beim Essen ungesund?

»Erst nach dem Essen sollst du trinken« – diese Weisheit haben Generationen von Kindern zu hören bekommen, denn Trinken während der Mahlzeit soll sich angeblich ungünstig auf die Verdauung auswirken. Doch macht es tatsächlich Sinn, den Durst zu unterdrücken, bis der letzte Bissen verdrückt ist?

Die generelle Aussage, dass es schlecht sei, vor oder während der Mahlzeiten zu trinken, stimmt nicht. Es ist sogar generell empfehlenswert, ein Getränk zu den Mahlzeiten zu sich zu nehmen. Ob vor, während oder nach der Mahlzeit getrunken wird, ist jedem selbst überlassen. Natürlich gilt allerdings auch in diesem Fall die Devise: alles in Maßen. Vor dem Essen können größere Mengen Flüssigkeit bereits den Magen füllen und ein gewisses Sättigungsgefühl erzeugen. Ein Glas Wasser zum Essen ist aber in jedem Fall unbedenklich.

Trinken während des Essens hat durchaus seinen positiven Effekt: Vieles rutscht besser, denn die Flüssigkeit hilft bei der Verdauung der

Speisen: Wasser ist Transport- und Lösungsmittel für die Nährstoffe und auch wichtig für das Quellen des Speisebreis im Darm. Es ist eher ein Problem, dass viele Menschen zu wenig trinken. Schon allein deshalb sind Empfehlungen, trotz Durst nicht zu trinken, in der Regel unsinnig.
Gerade Kinder sollten immer Zugang zu Getränken haben: Wenn ein Kind Durst hat, soll es trinken dürfen. Die Frage ist in diesem Zusammenhang nicht wann, sondern eher was getrunken wird. Bei Gewichtsproblemen sollten Getränke natürlich nicht noch zusätzlich Kalorien liefern. Oft ist Menschen nicht bewusst, wie viel Energie beispielsweise in Fruchtsäften steckt. Der hohe natürliche Fruchtzuckergehalt macht auch diese Produkte unter Umständen zu heimlichen Dickmachern. Man sollte sie mit Wasser verdünnen oder gleich auf Sprudel ausweichen. Dadurch vermeidet man beim Durstlöschen die Extraportion unnötiger Kalorien.[117]

Nr. 118

Warum wachsen Eisblumen nur noch selten?

Die Lebenskraft der Pflanzen lässt anmutige Zweige, Blätter und Blüten wachsen. Doch auch der Frost beherrscht den Zauber dieser Formenvielfalt: Er erschafft Eisblumen. Doch die kalte Pracht, die einst so häufig die Innenseite von Fenstern verzierte, ist selten geworden. Teilen die Eisblumen das Schicksal vieler lebendiger Pflanzenarten und sterben aus?
Unsere modernen Fenster entziehen den Eisblumen häufiger die Existenzgrundlage als die Fenster früherer Zeiten. Es fehlt meist der Frost. Ganz ähnlich wie ihre lebendigen Gegenstücke brauchen auch die Eisblumen bestimmte Wachstumsbedingungen und dazu gehören vor allem Temperaturen unter null Grad Celsius. Unsere heutigen Fenster sind durch ihre Mehrfachverglasung gut wärmegedämmt. Dadurch erreichen die Temperatur seltener Frosttemperaturen auf der Innenseite im Vergleich zu den einfach verglasten Fenstern vergangener Zeiten. Die Folge: Der »Lebensraum« der Eisblume schwindet.
Die Bildung von Eisblumen ist eine faszinierendes Phänomen, das sich aus den Eigenschaften ihrer Bausteine ergibt: den Wassermolekülen.

Schon der winzigste Eiskristall hat eine sechseckige Grundstruktur, weil die Bindungskräfte der Wassermoleküle untereinander diese Form vorgeben. Dadurch entstehen von Anfang an Ecken und Kanten. Die Wassermoleküle in der Luft lagern sich bei Frost direkt am bestehenden Eiskristall an. Da sie dies bevorzugt an den Ecken und Kanten des Kristalls tun, wächst das glitzernde Gebilde so immer weiter. Bei ungehinderter Entfaltung bildet sich dabei die Form eines sechseckigen Schneesterns. Auf einer Glasoberfläche sind diesem Wachstum allerdings winzige Kratzer, Unebenheiten und Schmutzpartikel im Weg. Sie verändern die Richtung der Kristallbildung – es entstehen Verästelungen, sogenannte Dendriten. Diese Strukturen wachsen dann ineinander und übereinander, sodass sich schließlich die Landschaften mit ihren Bäumchen, Farnen und Blüten aus schimmerndem Eis bilden. Ganz ähnlich wie ihre lebendigen Gegenstücke brauchen auch die Eisblumen einen Keim: Kaltes Wasser gefriert nämlich nicht einfach so. Erst an einem sogenannten Kristallisationskeim bildet sich Eis. Das kann ein Schmutzpartikel oder ein feiner Kratzer in einer Oberfläche sein. Wenn warme Raumluft an einer Fensterscheibe abkühlt, sinkt mit der Temperatur gleichzeitig auch ihre Fähigkeit, Feuchtigkeit zu speichern. Sobald dann der Taupunkt überschritten ist, setzt sich die Luftfeuchtigkeit auf der Scheibe ab. Bei Frost gefriert sie an den Kristallisationskeimen – Eisblumen entstehen.
Oft schlägt sich Luftfeuchtigkeit auch heute noch in kleinen Tröpfchen an Fensterscheiben nieder. Gut geheizte Wohnungen und die besser isolierten Fenster verhindern aber dann meist das Gefrieren. Rückzugsgebiete, in denen man Eisblumen noch immer bewundern kann, sind beispielsweise Gewächshausverglasungen oder Autoscheiben.[118]

Nr. 119

Befreit warmes Wasser die Hände besser von Keimen?

Triefnase, Husten und Abgeschlagenheit – eine Erkältung ist äußerst lästig. Um ihr aus dem Weg zu gehen, raten Experten zu konsequentem

Händewaschen. Denn das verringert die Wahrscheinlichkeit einer Infektion. Empfohlen wird, die Hände 30 Sekunden lang mit Seife und warmem Wasser zu reinigen. Doch spielt die Wassertemperatur tatsächlich eine Rolle? Alles, was hilft, Partikel von der Hautoberfläche wegzuspülen, macht Sinn, und warmes Wasser ist ein besseres Lösungsmittel als kaltes. Dieses Prinzip kennt jeder, der schon mal Geschirr abgespült hat. Auf unserer Haut befindet sich ähnlich wie bei Tellern und Besteck ein dünner Film aus Fett und Schmutzpartikeln. Daran kleben auch die Krankheitskeime, die wir beispielsweise an der Haltestange in der U-Bahn aufgesammelt haben, die zuvor ein schniefender anderer Fahrgast berührt hat. Wer sich zu Hause die Hände mit Seife und warmem Wasser wäscht, löst den Fettfilm von den Händen besonders effektiv und spült damit auch einen großen Teil Keime davon. Das gilt nicht nur für Erkältungsviren, sondern auch für Erreger anderer Erkrankungen wie beispielsweise Grippeviren und Bakterien.
Jeden einzelnen Keim schwemmt das Händewaschen zwar nicht weg, aber die Wahrscheinlichkeit, sich zu infizieren, ist von der Anzahl der Erreger abhängig, die der Körper aufnimmt. Effektives Händewaschen reduziert sie deutlich. Vor dem Händewaschen sollte man deshalb nicht mit den Händen ins Gesicht oder gar an den Mund fassen. Eine typische Eingangspforte für Erreger sind auch die Augen. Da sollten möglichst keine ungewaschenen Hände rumwischen.
In Erkältungszeiten oder während einer Grippewelle ist es generell sinnvoll, unterwegs so wenig wie möglich anzufassen. Viele Türen lassen sich beispielsweise mit dem Ellenbogen aufschieben. Ein guter Schutz sind im Winter auch Handschuhe: Sie wärmen nicht nur, sondern sorgen zugleich dafür, dass kein direkter Hautkontakt mit den Infektionsherden der Umwelt entsteht.[119]

Nr. 120

Warum fallen Wolken nicht vom Himmel?

»Nur gelegentliche Auflockerungen«, so heißt es häufig in der Wettervorhersage. An grauen Wintertagen wünscht sich so mancher,

die schweren Wolken könnten einfach vom Himmel fallen und dadurch endlich der Sonne Platz machen. Die grauen Gebilde bestehen doch aus Wassertropfen oder Eiskristallen, die eigentlich schwerer sind als Luft. Warum bleiben sie aber dennoch hoch am Himmel und fallen nicht auf die Erde?
Im übertragenen Sinne können Wolken durchaus vom Himmel fallen – das nennt man dann Regen oder Schnee: Die Wassertröpfchen oder Eiskristalle bleiben so lange als Wolke am Himmel, wie die Auftriebskraft steigender Luft stärker ist als die Schwerkraft, die auf sie einwirkt. Es ist also der Luftstrom, der die Wolken vom Herabsinken abhält. Wenn die Schwerkraft dagegen überwiegt, fallen die Tropfen oder Eiskristalle zur Erde – es regnet oder schneit.
Steigende Luft ist auch die treibende Kraft hinter der Entstehung von Wolken: Die Aufwinde transportieren warme, feuchte Luft von der Erdoberfläche in die Höhe. Bei ihrem Aufstieg kühlt sie zunehmend ab und verliert dabei auch ihre Haltefähigkeit gegenüber der Luftfeuchtigkeit. Ist der Taupunkt unterschritten, bilden sich an winzigen Staubpartikeln, den sogenannten Kondensationskeimen, Wassertröpfchen oder Eiskristalle. Milliarden dieser winzigen schwebenden Teilchen brechen dann das Licht – wir sehen eine Wolke am Himmel.
Ist die Wolke so dicht und dick, dass kaum mehr Licht durch sie hindurchkommt, erscheint sie uns grau. Damit steigt auch die Wahrscheinlichkeit, dass sie uns auf den Kopf fällt, denn die düstere Farbe ist das Markenzeichen von Regen- beziehungsweise Schneewolken. In ihnen vereinigen sich die Tröpfchen oder Eiskristalle mehr und mehr zu größeren Gebilden. Irgendwann kann sie der Aufwind gegen die Schwerkraft nicht mehr in der Luft halten und sie fallen zu Boden.[120]

Nr. 121

Weshalb haben Tiere Schwänze?

Lang, kurz, buschig oder geringelt – bei den meisten Tieren hängt hinten ein Schwanz dran. Allerdings kann nicht jedes Tier mit einem Prachtexemplar aufwarten. Einige besitzen nur einen sehr kleinen, manche überhaupt keinen Schwanz. So verzichten beispielsweise die Menschenaffen und der Mensch ganz auf den Fortsatz der Wirbelsäule. Ein Schwanz scheint demnach nicht grundsätzlich zum Bauplan von Tieren zu gehören. Doch was entscheidet über seine Existenz und Ausprägung?

Der Schwanz ist eines der variabelsten Körperteile in der Tierwelt. Er erfüllt bei verschiedenen Tierarten unterschiedliche Funktionen. Für manche Arten ist der Schwanz für das Überleben sehr wichtig: Bei bestimmten Affenarten ist er besonders lang und kräftig und dient als eine zusätzliche Hand beim Hangeln in den Bäumen. Beim Biber hat der platte Schwanz die Funktion eines Ruders. Viele andere Tiere benötigen die flexible Körperverlängerung für die Balance bei ihren Bewegungen: Katzen beispielsweise benutzen ihren Schwanz als Gewichtsausgleich bei ihren schnellen Manövern. Das Känguru braucht den langen Fortsatz zur Stabilisierung seiner Sprünge. Ein Schwanz kann auch eine gemütliche Decke sein: Der Fuchs oder das Eichhörnchen decken sich mit ihrem buschigen Anhängsel beim Schlafen zu. Kuh und Pferd verwenden ihren Schwanz dagegen zum Verscheuchen von Fliegen.

Zur Kommunikation kann er ebenfalls dienen. Ein freudiger Hund wedelt mit seinem Schwanz. Hat er dagegen Angst, klemmt er selbigen zwischen die Hinterbeine. Auch die besonders kleinen Anhängsel sind häufig nicht funktionslos: Das Flusspferd benutzt beispielsweise sein Schwänzchen als Kotschleuder, um sein Revier möglichst weitreichend zu markieren. Babyelefanten greifen nach dem Schwanz der Mutter, um den Kontakt nicht zu verlieren.

Bleibt die Frage, weshalb der Mensch, die Menschenaffen und einige weitere Tierarten den Fortsatz der Wirbelsäule im Laufe ihrer Entwicklungsgeschichte verloren haben. Alles, was sich nicht lohnt, bildet sich in der Evolution zurück, um keine unnötigen Ressourcen zu verschwenden. Menschen sind auf den Schwanz weder für die Kommunikation noch für Bewegungen oder für irgendeine weitere Funktion angewiesen. In der Lebensweise der Vorfahren von Menschenaffen und Menschen hat der Schwanz zunehmend seine Bedeutung verloren und sich deshalb mit der Zeit zurückgebildet.

Doch es gibt auch heute noch Menschen, die mit einem Schwanz am Steißbein zur Welt kommen. Phänomene dieser Art nennt man

Atavismus. Dabei nimmt man an, dass einige »eingemottete« Anlagen, die bei unseren stammesgeschichtlichen Vorfahren noch aktiv waren, sozusagen versehentlich wieder reaktiviert wurden. Diesen Effekt gibt es auch im Zusammenhang mit einem anderen typisch tierischen Merkmal: Manche Menschen tragen eine seltene genetische Veranlagung, die ihnen am ganzen Körper ein dichtes Fell wachsen lässt.[121]

Nr. 122

Warum ist das Meer salzig?

Meeresrauschen, brechende Wellen, reichlich Sonne und ganz viel Sand: So stellt man sich einen erholsamen Strandurlaub vor. Doch eine Sache stört viele Urlauber: Das salzige Ozeanwasser hinterlässt beim Trocknen unschöne weißliche Spuren auf der Haut. Unangenehm ist es auch, beim Schwimmen oder Schnorcheln versehentlich Wasser zu schlucken. Doch warum ist das Meer eigentlich salzig?

Die meisten Meeressalze entstanden aus allmählichen Prozessen. Viele Salze stammen ursprünglich aus dem Gestein der Erdkruste. Der Einfluss von Wind, Sonne und Wasser verändert und verwittert das Gestein und gibt die Salze frei. Regen spült diese dann in die Flüsse und von dort ins Meer. Da dabei immer nur wenig Salz auf einmal transportiert wird, schmeckt das Flusswasser nicht salzig. Im Meer aber sammelt sich das Salz seit Millionen von Jahren an.

Einige der Meeressalze stammen darüber hinaus aus Gestein und Sediment des Ozeanbodens. Auch vulkanische Schlote am Meeresgrund können Gase und Teilchen ausstoßen, die Salze enthalten.

All diese Prozesse haben dazu geführt, dass der Salzgehalt in den Ozeanen heute bei durchschnittlich 3,5 Prozent liegt. Das entspricht 35 Gramm oder drei Esslöffeln Salz pro Liter Ozeanwasser. Doch diese sogenannte Salinität ist nicht überall gleich hoch. Wo viel Wasser verdunstet, ist der Salzgehalt höher, wie im Persischen Golf mit vier Prozent. Geringe Konzentrationen werden dort gemessen, wo viel Süßwasser ins Meer fließt.

Vergleichsweise salzarm ist beispielsweise das Ostseewasser mit lediglich 0,4 bis zwei Prozent. Die Ostsee hat nur eine schmale Verbindung zur Nordsee, aber starken Zustrom von Süßwasser aus Flüssen wie der Oder, Weichsel und Newa. Das Ostseewasser ist deshalb stark verdünntes Nordseewasser.

Sehr salzig ist dagegen mit rund 28 Prozent das Tote Meer im Nahen Osten, das dem Namen nach ein Meer, tatsächlich aber ein Binnengewässer ist. Der extreme Salzgehalt dort erhöht den Auftrieb und sorgt dafür, dass man beim Baden sogar problemlos Zeitung lesen kann.

Insgesamt befinden sich unvorstellbare 50 000 Billionen Tonnen Salz in den Weltmeeren. Würde man all dieses Salz über das Festland verteilen, würde es dieses 150 Meter hoch bedecken.

Aber nicht nur Ozeanwasser kann größere Mengen an Salz enthalten. Dies zeigt ein Tümpel in der Antarktis. Der Salzgehalt des Wassers im sogenannten Don Juan Pond im Wright Valley der Südpolregion beträgt sogar 40,2 Prozent. Er ist damit über elf Mal salziger als die Weltmeere und das salzigste Gewässer der Erde. Gespeist wird der Don Juan Pond von extrem salzhaltigem Grundwasser.

Meerwasser kann einem den Badespaß schon mal regelrecht »versalzen«. Aber ist es gefährlich, davon zu trinken? Ja und nein, sagen Forscher. Die im Meerwasser gelösten Salze führen gewöhnlich zu Erbrechen, wenn man zu viel davon trinkt. Ähnlich wie bei Durchfall entzieht Salzwasser im Darm dem Körper Wasser, sodass zusätzlicher Durst entsteht.

Wer beim Baden im Meer geringe Mengen Wasser verschluckt, ist dagegen in der Regel nicht gefährdet – zumindest wenn sich keine Keime oder Gifte darin befinden. Kochsalz und Bittersalz sind schließlich Teil der menschlichen Nahrung.[122]

Nr. 123

Ist das Rabenweibchen tatsächlich eine Rabenmutter?

Raben haben einen üblen Ruf: Die schwarzen Gesellen seien Leichenfledderer, krächzende Unglücksboten und außerdem auch noch schlechte Eltern. Die Rabenmutter ist in unserem Sprachgebrauch fest verankert als Bezeichnung für eine Frau, die ihre Kinder vernachlässigt. Doch woher kommt dieser Ausdruck – sind Raben tatsächlich schlecht zu ihren Jungen?

Das Gegenteil ist der Fall – eigentlich sollte der Ausdruck Rabenmutter eine Auszeichnung sein. Raben betreiben eine ausgesprochen intensive Brutpflege und sind vorbildliche Vogeleltern. Das gilt für die ganze Familie der Rabenvögel mit ihren rund 100 verschiedenen Arten auf der Welt. Dazu zählen hierzulande neben den Kolkraben die verschiedenen Krähenarten und Dohlen. Außerdem gehören Elstern, Tannenhäher und Eichelhäher zu den Rabenvögeln.

Ohne die aufwendige Fürsorge der Eltern wären Rabenküken nicht überlebensfähig. Sie schlüpfen als sogenannte Nesthocker: nackte, hilflose Wesen, die darauf angewiesen sind, dass die Eltern sie wärmen und fortwährend mit Futter versorgen. Dagegen kommen Hühnerküken beispielsweise schon recht fit zur Welt – in ihrem warmen Flaumkleid rennen sie gleich los und picken selber Futter. Die Henne hat es also vergleichsweise leicht mit dem Nachwuchs.

Die Rabeneltern können dem Menschen in verschiedener Hinsicht als positives Rollenbild dienen: Hat sich ein Kolkraben-Pärchen einmal gefunden, bildet es einen Bund fürs Leben – sie bleiben sich treu und ziehen in gleichberechtigter Partnerschaft gemeinsam die Brut groß. Dabei zeigen die hochintelligenten Vögel ihre stark ausgeprägte Fürsorge. Wären Raben tatsächlich schlechte Eltern, wären sie außerdem schon längst ausgestorben.

Bleibt die Frage, woher der üble Ruf der Raben stammt. Hierfür hat offenbar schon die Bibel den Grundstein gelegt: Im Buch Hiob heißt es: »Wer bereitet den Raben die Speise, wenn seine Jungen zu Gott rufen und fliegen irre, weil sie nicht zu essen haben?« Vermutlich geht diese Bibelstelle auf die Beobachtung von jungen Raben zurück, die aus dem Nest gefallen sind. Die betroffenen Jungtiere machen einen verlassenen und hilflosen Eindruck. Den Beobachtern kann dabei leicht entgehen, dass die Rabeneltern immer in der Nähe sind und das Jungtier weiter versorgen.

Im Übrigen dichtet der Mensch vielen Tieren Eigenschaften an, die gar nicht zutreffen. Beispielsweise ist weder der Esel dumm noch der Wolf böse oder der Fuchs besonders schlau. Einige Eigenschaften der

Raben machen sie für viele Menschen nicht sehr sympathisch: Sie sind schwarz, geben hässliche Laute von sich und machen sich als Aasfresser über Tote her – das Gerücht ihrer angeblich nachlässigen Brutfürsorge rundet dieses düstere Image eben noch zusätzlich ab.[123]

Nr. 124

Warum funkeln Sterne?

Wie Diamanten auf schwarzem Samt: Sterne leuchten nicht einfach nur, sie funkeln und glitzern: Das Licht, das uns die weit entfernten Fixsterne senden, scheint zu flackern und nicht gleichmäßig hell zu leuchten. Doch woher kommt dieser Effekt?

Das Funkeln entsteht, weil das Sternenlicht die turbulente Erdatmosphäre passieren muss. Der Effekt entsteht also erst im letzten Reiseabschnitt des Sternenlichts auf seinem Weg ins Auge des Betrachters. Die gewaltigen Entfernungen durch den Weltraum passiert das Licht praktisch ungehindert, doch in unserer Erdatmosphäre trifft es dann auf die wabernden Luftschichten. Wer schon einmal schräg über eine heiße Asphaltstraße geblickt hat, kennt den verzerrenden Effekt von Luft unterschiedlicher Temperatur: Es bilden sich Schlieren – die Bildpunkte scheinen sich leicht zu bewegen. Eine ähnliche Wirkung hat die Bewegung unterschiedlich warmer Luftmassen in der Atmosphäre auf das Licht der Sterne. So entstehen Lichtablenkungen im Bruchteil einer Sekunde, dadurch beginnen die Sterne leicht zu tanzen und ihre Leuchtkraft scheint zu schwanken.

Die Astronauten auf der internationalen Weltraumstation ISS sehen dagegen keinen romantischen Glitzereffekt beim Blick in den Sternenhimmel. Diesen Umstand nutzt auch die moderne Astronomie: Weltraumteleskope wie Hubble oder Kepler befinden sich ebenfalls in einer Umlaufbahn außerhalb der Erdatmosphäre und haben dadurch einen ungehinderten Blick ins All. Von der Erde ist es dagegen nur mit aufwendigen Korrekturverfahren möglich, der Luftunruhe Herr zu werden.

Einige Lichtpunkte am Nachthimmel stammen allerdings gar nicht von fernen Fixsternen, sondern von Planeten unseres eigenen

Sonnensystems. Sie lassen sich mit bloßem Auge kaum von Sternen unterscheiden, haben aber dennoch eine Besonderheit: Sie funkeln nur sehr wenig. Sie sind der Erde so nahe, dass sie im Gegensatz zu den Sternen nicht als Punkte, sondern bei genauer Betrachtung als winzige Scheiben zu erkennen sind. Bei einer hellen Fläche sind die Helligkeitsschwankungen weniger sichtbar als bei einem winzigen Lichtpunkt. Dadurch funkelt beispielsweise das Licht von Venus, Mars oder Jupiter geringer.

Wie hell uns ein Himmelskörper erscheint, ist immer an drei Hauptfaktoren gebunden: Entfernung, Leuchtkraft und Größe. Das wird an dem Stern deutlich, der unseren Himmel dominiert: die Sonne. Sie ist auch der einzige Stern, den wir als Scheibe erkennen können.[124]

Nr. 125

Wie schlau sind Insekten?

Es summt und brummt, es kreucht und fleucht: Insekten haben fast jeden Winkel der Erde als Lebensraum erobert. Sie stellen rund 80 Prozent aller Tierarten – so betrachtet sind sie die erfolgreichste Lebensform unseres Planeten. Dennoch beurteilt sie der Mensch in der Regel als primitiv, als einfache Wesen ohne die hoch entwickelten Hirnleistungen der Wirbeltiere. Doch sind Insekten tatsächlich so simpel?

Auch Insekten sind zu erstaunlichen Hirnleistungen fähig, die sich durchaus mit denen vieler Wirbeltiere messen lassen. Beispielsweise haben Studien an Bienen oder Ameisen sehr hoch entwickelte Verhaltensweisen gezeigt.

Forscher untersuchten die erstaunlichen Orientierungsleistungen einer Wüstenameisenart: Auf der Suche nach Nahrung entfernen sich die Tiere auf verschlungenen Pfaden um mehrere Hunderttausend Körperlängen von ihrem Nest. Wenn sie Nahrung finden, haben sie die erstaunliche Fähigkeit, auf geradem Weg nach Hause zu laufen. Um diese Abkürzung zu berechnen, müssen die winzigen Ameisenhirne Informationen über Laufrichtung und die zurückgelegte Entfernung kombinieren können. Offenbar nutzen sie dazu Lichtinformationen des Himmels und eine Art Schrittzähler. Auch aus der Bienenforschung ist bekannt, dass Insekten lernen und ihr Verhalten an Erfahrungen anpassen: Bienen können beispielsweise Farben und Düfte sehr genau mit Belohnungen verknüpfen und sich merken.

Der Begriff Intelligenz ist in diesem Zusammenhang allerdings heikel, denn man muss erst einmal definieren, wovon man spricht. Intelligenz als komplexes Problemlösungsverhalten, wie wir Menschen es besitzen, ist im Tierreich selten. Nur wenige Tierarten können Zusammenhänge ihrer Umwelt begreifen, um neue Strategien zu entwickeln. Planvolles Handeln oder den Gebrauch von Werkzeug zeigen nur besonders hoch entwickelte Tiere wie Menschenaffen, Rabenvögel oder Delfine.

Die Insekten können keinen entsprechenden Vertreter vorweisen. Ihre Hirnleistungen sind immer konkret mit bestimmten Lebensanforderungen verknüpft. Abgesehen von den schlauen Ausnahmen gilt das aber auch für die große Mehrheit der Wirbeltiere. Im Gesamtvergleich schneiden die Insekten also gar nicht so schlecht ab.[125]

Nr. 126

Warum ist Glas transparent?

Glas ist aus unserem Alltag nicht wegzudenken: Ob als Fensterscheibe, Trinkgefäß, Flasche oder Spiegel – überall begegnen wir dem harten, glatten und lichtdurchlässigen Material. Aber warum ist das Glas transparent, obwohl seine Ausgangsmaterialien, Quarzsand mit Beimischungen von Soda und Kalk, eher undurchsichtig-weißlich erscheinen?

Glas ist aus zwei Gründen transparent: Zum einen gibt es im Glas keine Korn- oder Materialgrenzen, die Licht streuen würden, Glas ist extrem homogen. Zum anderen kann das sichtbare Licht mit den Elektronen des Glases nicht gut wechselwirken. Die Teilchen des Lichts passieren daher das Glas nahezu unverändert.

Glas unterscheidet sich von anderen Feststoffen durch seine Struktur: Wissenschaftler sprechen von einer eingefrorenen unterkühlten

Flüssigkeit. Anstatt wie bei einem Kristall in einem regelmäßigen Gitter sind die Atome und Moleküle im Glas unregelmäßig angeordnet. Zwischen ihnen existieren deshalb immer wieder auch Lücken.

Doch die Annahme, dass diese Lücken in der Molekülstruktur einfach das Licht hindurchlassen und das Glas deshalb durchsichtig ist, stimmt nicht. Das Wichtige ist, wie die Atome in einem Festkörper angeordnet sind. Und ihre Anordnung wiederum diktiert – und das ist das Entscheidende – wie die Elektronen verteilt sind.

Normalerweise bewegen sich die negativ geladenen Elektronen im sogenannten Grundzustand um den Atomkern. Sie sind damit in einem Zustand minimaler Energie. Dies lässt sich mit einem Ball vergleichen, der ruhig am Boden eines Raumes liegt. Trifft nun Licht auf dieses Material, treten die Photonen des Lichts und die Elektronen des Materials in Wechselwirkung. Das Licht überträgt seine Energie auf die Elektronen und hebt sie dadurch in eine höhere, energiereichere Bahn – statt auf dem Boden liegt unser Ball nun auf dem Tisch. Das Lichtteilchen wird dabei jedoch absorbiert. Geschieht dies, ist ein Material daher undurchsichtig.

Beim Glas ist dies jedoch anders: In den meisten Gläsern sind die Bindungsstärken so hoch, dass zu ihrer Überwindung nur hochenergetische Strahlung ausreicht, also zum Beispiel UV-Strahlung oder Röntgenstrahlung. Die Moleküle des Siliziumdioxids im Glas halten ihre Elektronen so stark fest, dass die Energie des sichtbaren Lichtes diese nicht anregen kann. Das Photon wird daher nicht absorbiert und passiert das Glas nahezu unverändert – das Glas erscheint uns transparent. Enthält das Glas – als Verunreinigung oder gewünscht – bestimmte Zusätze mit schwach gebundenen Elektronen, so kann durch diese Licht absorbiert werden. Dadurch entstehen dann verschiedene Glasfarben. Meist werden Metalloxide als färbende Zusätze genutzt, die dann Flaschen, Kirchenfenster oder Glasvasen in leuchtendem Blau, Gelb oder Grün erscheinen lassen.[126]

Nr. 127

Was träumen Tiere?

Träumt die Katze wirklich von der Mäusejagd, wenn sie im Schlaf mit den Pfoten zuckt und die Augen schnell hin und her bewegt? Ist das leise Winseln und Knurren, das der schlafende Hund ausstößt, tatsächlich ein schwacher Spiegel seiner Traumerlebnisse? Verschiedene Belege deuten darauf hin, dass Säugetiere und vielleicht auch Vögel träumen. Was Hund oder Katze allerdings im Traum erleben, ist für Forscher schwer zu erfassen. Denn mangels Sprache können die Tiere uns ihre Schlaferlebnisse nicht mitteilen.

Bekannt ist, dass fast alle Säugetiere einen Teil ihrer Schlafenszeit im sogenannten REM-Schlaf verbringen – der Schlafphase, in der der Mensch am lebhaftesten träumt. In dieser Zeit sind die meisten willkürlich bewegbaren Muskeln gelähmt, nur die Augen zucken schnell unter den Lidern hin und her. Aktiv ist auch das Gehirn, die Gehirnwellen zeigen ein deutlich schnelleres, abwechslungsreicheres Muster als beim Tiefschlaf.

Zwischen 10 und 25 Prozent ihres Schlafs – und damit nahezu genauso lange wie der Mensch – verbringen Hund, Katze oder Gorilla in dieser Schlafphase. Aber bedeutet der REM-Schlaf auch automatisch, dass sie träumen, wie wir es tun? Schon aus einer evolutionären Perspektive ist es wahrscheinlich, dass die Fähigkeit zu träumen in der Evolution schon vor dem Menschen entwickelt wurde. Die Schwierigkeit besteht darin, dies zu beweisen.

Ein aufsehenerregendes Experiment führte der französische Schlafforscher Michel Jouvet schon in den 1960er-Jahren durch. Ihm gelang es, die normalerweise im REM-Schlaf vorhandene Muskellähmung bei Katzen aufzuheben. Diese schliefen zunächst ganz normal ein, im REM-Schlaf jedoch war es mit der Ruhe vorbei: Die Katzen buckelten, fauchten, liefen im Käfig umher, ihr Fell sträubte sich. Das Verhalten der schlafenden Tiere war so wild, dass selbst die Experimentatoren zurückzuckten.

Die Katzen verhielten sich offensichtlich so, als ob sie jagten oder gegen einen unsichtbaren Feind kämpften. Während der gesamten

Zeit schliefen die Tiere jedoch so fest, dass sie weder Lichtblitze noch verlockend duftendes Futter aufwecken konnten. Für Jouvet war dies ein Beleg für die Fähigkeit der Katzen, typische Erfahrungen im Traum nachzuerleben – ähnlich wie wir Menschen.
Ein anderer Ansatz, Träume in Tieren zu untersuchen, ist der Vergleich der Gehirnaktivität im REM-Schlaf mit einer davor im Wachen ausgeführten Tätigkeit. Einen solchen Test führten Forscher im Jahr 2001 mit Ratten durch. Sie trainierten die Tiere darauf, ein Labyrinth zu durchlaufen. Dabei und in der nachfolgenden Schlafphase wurden ihre Hirnströme mittels Elektroenzephalografie (EEG) aufgezeichnet. Beim Vergleich der EEGs entdeckten die Forscher in beiden zahlreiche Parallelen. Diese Muster deuten darauf hin, dass Spuren des episodischen Gedächtnisses im REM-Schlaf reaktiviert werden. Damit sprechen viele Indizien dafür, dass zumindest Säugetiere ähnlich wie wir Menschen im Traum Tageserlebnisse rekapitulieren. Ob sie sich aber auch ihrer Träume bewusst sind, bleibt fraglich: Solange es keinen verbalen Bericht über die bewusste Erfahrung des Träumens von einem Tier gibt, werden die Zweifel bleiben.[127]

Nr. 128

Wird Milch wirklich bei Gewitter sauer?

Schenkt man dem Volksmund Glauben, wird Milch bei Gewitter sauer. Stimmt das? Ja und nein. Milch »erschrickt« sich natürlich nicht, weil es blitzt und donnert. Der Grund für das Sauerwerden dürfte vielmehr in der feuchtwarmen Luft vor einem Gewitter liegen. Diese Luft fördert die Aktivität säureproduzierender Bakterien in der Milch, gleichzeitig aber auch die elektrische Spannung zwischen Erdboden und Atmosphäre, die dann schließlich zum Gewitter führt. Dabei handelt es sich um zwei Erscheinungen, die einfach zusammen auftreten, sich jedoch nicht voneinander ableiten lassen. Seit der Erfindung des Kühlschranks dürfte dieses Problem aber ohnehin keines mehr sein.
Andere Wissenschaftler haben eine weitere Theorie zur sauren Milch bei Gewitter: Sie sind überzeugt, die Ursache für die biologischen Effekte

von Gewitterfronten im Auftreten sogenannter Sferics gefunden zu haben. Sferics sind sehr langwellige, kurze elektromagnetische Impulse. Sie können über Entfernungen von 500 Kilometern gemessen werden – daher die prognostischen Fähigkeiten wetterfühliger Menschen. Wie die Sferics auf Organismen wirken, zum Beispiel auf Milchsäurebakterien, ist wissenschaftlich völlig ungeklärt.[128]

Nr. 129

Wie überleben Tiere in der Wüste?

Temperaturen bis 50 Grad Celsius, eine gnadenlose Sonne und absoluter Wassermangel: Wüsten wie Namib, Sahara oder Gobi gehören zu den trockensten und unwirtlichsten Regionen der Erde. Doch selbst an diesen extremen Standorten leben zahlreiche Tiere.

In Wüsten wie der Namib gibt es eine erstaunlich hohe Anzahl von sogenannten Endemiten, also Arten, die es nur dort und sonst nirgendwo auf der Welt gibt. Doch welche Anpassungen und »Tricks« für ein Überleben in der Wüste haben diese Tiere im Laufe der Evolution entwickelt?

Wasser selbst in der trockensten Wüste zu entdecken ist eine wichtige Strategie. Elefanten zum Beispiel sind Meister im Aufspüren verborgener Wasseradern. Die Dickhäuter graben ihrem Instinkt folgend vor allem in ausgetrockneten Flussbetten erfolgreich danach. Eine ebenso effektive Methode der Wassergewinnung verwenden Stenocara-Käfer. Die Insekten versammeln sich im Schutz der Dunkelheit regelmäßig an den Dünenkämmen der Namib. Mithilfe ihres nach oben gereckten Hinterleibs und ihren Flügeln mit wasseranziehenden Oberflächen entziehen sie dort den dichten Morgennebeln Feuchtigkeit. Diese sammelt sich nach und nach in feinen Tropfen auf den Panzern der Tiere und fließt schließlich zum Mund ab.

Viele Wüstentiere nutzen einen weiteren Überlebenstrick: Sie schränken ihre Flüssigkeitsverluste drastisch ein. So kann der Mehlkäfer *Tenebrio molitor* seine Harnproduktion fast auf null herunterfahren. Abgegeben wird lediglich ein trockenes, pulverartiges Sekret. Die Kängururatte

dagegen gewinnt Teile des Wassers, das sie normalerweise bei der Atmung verlieren würde, in der Nase wieder zurück. Beim Ausatmen streicht die 38 bis 39 Grad Celsius warme, feuchte Luft an der Nasenschleimhaut vorbei. Diese ist jedoch nicht so stark durchblutet und daher deutlich kühler. Sie entzieht der Luft erhebliche Mengen an Wärme. Da kältere Luft weniger Wasserdampf speichern kann, kondensiert ein Teil der Feuchtigkeit und setzt sich in Form kleiner Wassertröpfchen ab.
Sehr praktisch für das Leben in der Wüste sind auch die körpereigenen »Wassertanks« der Kamele. Sie befinden sich allerdings nicht in den Höckern, wie man früher vermutete – diese dienen vor allem als Energiespeicher –, sondern in großen Zellen der Magenwand. Das dort gespeicherte Wasser wird bei Flüssigkeitsmangel nach und nach dem Stoffwechsel wieder zugeführt. Derartige Tiere können in der Tat vom Wasser körpereigener Reserven eine Zeit lang zehren.
Andere Anpassungen, die Tieren das Überleben in der Wüste erleichtern, sind eine effiziente Wärmeregulation und Nachtaktivität. Hinzu kommen verdunstungshemmende Wachsschichten auf der Körperoberfläche und zum Teil eine erstaunliche Toleranz gegenüber hohen Körpertemperaturen.
Zwar weiß man schon einiges darüber, wie Tiere in der Wüste zurechtkommen, viele Bewohner und ihre Strategien stellen die Forscher aber noch vor Rätsel. Das muss sich schnell ändern. Im Zuge der Klimaerwärmung und sich ausbreitender Wüsten wird es immer wichtiger, zu verstehen, wie Tiere in extrem trockenen und heißen Gebieten überleben können.[129]

Nr. 130

Warum gibt es Gold im Rhein?

Gold fasziniert die Menschen schon seit ewigen Zeiten – auch bei uns. Denn das wertvolle Metall findet man nicht nur in goldhaltigem Gestein im Untergrund, sondern auch frei in den Sanden und Schottern des Rheins. Schon die Kelten und Römer wussten von diesem Rheingold und stellten daraus vor über 2000 Jahren Gebrauchs-

und Kultgegenstände her. Es gab auch schon erste Goldmünzen. Doch warum gibt es eigentlich Gold im Rhein? Und wie ist es dahin gekommen? Das Gold stammt aus den Bergen, die vom Rhein und seinen Nebenflüssen entwässert werden.

Dort, wo Gold in Gebirgen wie den Alpen oder den Vogesen liegt, ist es in den vergangenen Jahrmillionen ausgewaschen und abgetragen worden. Weil Gold sehr beständig ist, blieb es erhalten und wurde vom Regen und durch Bergrutsche in die Flüsse gespült. Später setzte es sich dann aufgrund seines Gewichtes an vielen Stellen des Rheins ab.

Ein Fluss arbeitet sozusagen wie eine natürliche Goldwaschrinne. Je weiter weg das Gold von seiner ursprünglichen Lagerstätte ist, desto feiner und plattiger ist es. Dies erklärt, warum Gold in vielen Flussabschnitten nur mit komplizierten chemischen Analysemethoden nachgewiesen werden kann.

Vor allem in Baden oder weiter flussaufwärts sind die Partikel noch so groß, dass man sie mit bloßem Auge sehen kann. Meist handelt es sich um bis zu 0,3 Millimeter große und 0,003 bis 0,005 Milligramm schwere »Goldflitter«. Dennoch könnten nach Schätzungen von Forschern allein zwischen Basel und Mannheim deutlich über 500 Tonnen Gold in den Rheinablagerungen enthalten sein.

Mithilfe einer Waschpfanne, einer Schaufel, einem Sieb und viel Geduld ist es am Oberrhein selbst für Anfänger möglich, die kleinen Flitter auszuwaschen. Goldverdächtig sind dabei meist Schotterschichten, die 30 bis 60 Zentimeter unter der Oberfläche liegen. Reich werden kann man dabei allerdings nicht.

Größere Nuggets findet man meist nur direkt in der Nähe der Ursprungslagerstätte. Etwa im sogenannten Medell-Rhein, dem längsten Quellfluss im Schweizer Kanton Graubünden. Vor ein paar Jahren ist in der Region sogar ein Nugget mit einem Kilogramm Gewicht entdeckt worden. Funde von 50 oder 100 Gramm schweren Stücken kommen häufiger vor.

In Rheinzabern bei Karlsruhe wird das Rheingold zurzeit auch kommerziell abgebaut. Es ist dort allerdings lediglich ein Nebenprodukt der Sand- und Kiesgewinnung. Forscher gehen davon aus, dass dort nur wenige Kilogramm Gold jährlich aus den Rheinablagerungen abgetrennt werden können. Genaue Zahlen gibt der Betreiber der Kiesgrube nicht heraus.

Und wie sieht es mit dem »Goldnachschub« für den Rhein aus? Gelangen auch heute noch größere Mengen in den Fluss? Da die Verwitterung der Gebirge weitergeht und zum Beispiel in der Schweiz goldhaltige Gesteine an der Oberfläche anstehen, wird auch weiterhin Gold in den Rhein transportiert. Von dieser Stelle bei Disentis gelangt es aber maximal bis in den Bodensee.
Die Mittelgebirge liefern dagegen aufgrund der niedrigen Abtragungsrate nur wenig »frisches« Gold für den Rhein. In geologischen Zeiträumen kommt aber auch von dort noch Gold nach.[130]

Nr. 131

Woher kommt das Schillern der Schmetterlingsflügel?

Die Flügel von Schmetterlingen gehören zu den faszinierendsten Farbenspielen der Natur. Sie tragen grünlich, bläulich oder rot schimmernde Flecken und scheinen bei manchen Bewegungen sogar die Farbe zu wechseln. Das Blau des tropischen Schmetterlings *Morpho rhetenor* leuchtet beispielsweise so intensiv, dass es noch aus einem knappen Kilometer Entfernung zu sehen ist. Was aber ist das Geheimnis dieses starken Schimmerns?
Bei Blumen, Tierfellen und nahezu allen Alltagsgegenständen sorgen Pigmente für die Färbung. Diese Farbstoffe werfen bestimmte Farbanteile des Lichts wieder zurück und erscheinen deshalb farbig. Bei Schmetterlingen und anderen schimmernden Insekten wie zum Beispiel dem Käfer Skarabäus ist das anders. Sie haben meist gar keine Pigmente. Erste Vermutungen, warum sie trotzdem schillern, hatte schon 1672 der Physiker Isaac Newton. Er ging davon aus, dass winzige physikalische Strukturen den Insekten helfen, irgendwie das Licht zu manipulieren. Und er hatte recht, wie man heute weiß: Das Geheimnis der schimmernden Schmetterlingsfarben verbirgt sich in ihrer Flügelstruktur.
Die Flügel der Schmetterlinge sind mit Hunderttausenden winzigen, übereinanderlappenden Schuppen bedeckt. Diese Schuppen sind ein bis drei Mikrometer dick und wie die Ziegel auf einem Dach

angeordnet. Jede einzelne Schuppe besteht aus zahlreichen ultradünnen, übereinandergestapelten Keratinschichten. Keratin ist das Protein, aus dem auch unsere Fingernägel und Haare aufgebaut sind. Zwischen den Keratinschichten ist jeweils ein kleiner Luftraum.
Trifft das Licht auf die oberste dieser transparenten Schichten, wird ein kleiner Teil davon reflektiert. Der Rest durchdringt das Keratin. An dessen Unterseite, beim Übertritt in den Luftraum, wird ein weiterer Teil des Lichts zurückgestrahlt. Durch diese versetzte Reflexion verschieben sich die vom Flügel zurückgeworfenen Lichtwellen um ein Weniges untereinander. Die Wellentäler und Berge der beiden reflektierten Wellen laufen nicht mehr parallel.
Dieser Effekt ist mit Meereswellen zu vergleichen, die durch zwei enge Öffnungen in einen Hafen laufen: An einigen Stellen des Hafenbeckens treffen zwei Wellenberge zusammen und bilden eine besonders hohe »Superwelle«. An anderen heben sich ein Wellenberg und ein Tal gegenseitig auf. Beim Schmetterlingsflügel sorgt die Nanostruktur der Schuppen dafür, dass einige Wellenlängen des Lichts – und damit bestimmte Farben – besonders verstärkt werden.
Die Flügelschuppen können aber noch mehr: Jede Schicht strahlt das reflektierte Licht jeweils nur in eine bestimmte Richtung ab. Deshalb erscheint uns der Schmetterlingsflügel je nach Blickrichtung mal leuchtend blau, dann eher grünlich oder unauffällig braun.
Pigmentfarben leuchten meist nicht sehr hell, weil sie das einfallende Licht ungerichtet reflektieren. Strukturfarben wie die der Schmetterlinge können dagegen durch die gezielte Rückstrahlung sehr hohe und wechselnde Intensitäten erzeugen. Ihnen verdankt der männliche Morphofalter sein weithin leuchtendes Blau, mit dem er noch über Hunderte von Metern Weibchen anlocken kann.[131]

Nr. 132

Warum vertragen sich Äpfel und Birnen nicht?

Äpfel sollten besser nicht zusammen mit anderen frischen Obst- und Gemüsesorten gelagert werden. Es sei denn, man will deren

Reifung befördern. Grün geerntete Tomaten beispielsweise werden in Anwesenheit eines Apfels deutlich schneller rot und damit genießbar. Kartoffeln hingegen werden ziemlich schnell runzlig und fangen unter Umständen sogar an zu keimen.
Der Grund: In Obst und Gemüse – sofern nicht blanchiert oder sterilisiert – finden auch nach der Ernte noch Stoffwechselprozesse statt. Bei einer Reihe von Früchten setzt eine starke Produktion des natürlichen Pflanzenhormons Ethylen ein. Das Hormon befördert die Reifung anderer Früchte. Äpfel sondern besonders viel davon ab und sorgen so dafür, dass Tomaten, aber auch Birnen, Nektarinen, Blattgemüse, Blaubeeren, Porree und Kartoffeln schneller verderben oder welk werden.
Auf der anderen Seite »leidet« aber auch der Apfel, wenn er beispielsweise neben einem Pfirsich oder einer Aprikose liegt. Denn diese geben ebenfalls reichlich von dem Hormon ab, worauf der Apfel hoch empfindlich reagiert. Äpfel und Birnen wiederum »vertragen« sich untereinander nicht, da beide viel Ethylen ausscheiden, gleichzeitig aber auch beide hochsensibel darauf reagieren.
Kurzfristig werden Obst und Gemüse – ausgenommen kälteempfindliche Sorten – am besten in den entsprechenden Fächern im Kühlschrank gelagert. So wird der Stoffwechsel der Früchte, also auch die Produktion des Reifungshormons, auf ein Minimum reduziert. Auch das Verpacken in luftdurchlässigen oder gelochten Folienbeuteln hilft.[132]

Nr. 133

Warum fällt ein Gecko nicht von der Wand?

Der Gecko ist echter Kletterkünstler: Scheinbar völlig mühelos läuft er senkrechte Wände hinauf, selbst eine Glaswand ist dabei kein Hindernis für ihn. Oben angekommen, genügt der rund 100 Gramm schweren Echse ein Zeh, um sich damit an der Zimmerdecke zu verankern. Kopfüber hängend mustert sie seelenruhig ihre Umgebung. Was ist das Geheimnis dieser geradezu magischen Haftkraft? Hat der Gecko Saugnäpfe an den Füßen? Oder einen Superklebstoff?

Die Antwort auf diese Fragen lautet: weder – noch, wie Forscher inzwischen wissen. Geckos nutzen Milliarden von winzigen Haaren an ihren Füßen, um selbst an glattesten Oberflächen zu haften. Die hierarchische Struktur dieses Haftsystems ist das eigentliche Geheimnis der Kletterechsen. Ähnlich wie bei einem Baum, dessen Äste sich immer feiner und feiner verzweigen, verästelt sich auch das Haftsystem des Geckofußes.

Wie dieses haarige Haftsystem genau aussieht, enthüllt ein Blick in den Mikrokosmos: Schon mit bloßem Auge erkennt man, dass die Sohle eines Gecko-Fußes mit Reihen von feinen, etwa einen halben Millimeter langen Lamellen gepolstert ist. Sie gleichen dem Profil eines Reifens oder eines Turnschuhs. Ein Blick durchs Mikroskop zeigt den Aufbau dieser Lamellen. Sie bestehen aus winzigen, reihenförmig angeordneten Haaren, den sogenannte Setae. Jedes von ihnen ist rund 100 Mikrometer lang und 6 Mikrometer breit. Damit erreicht jede Borste gerade einmal ein Zehntel des Durchmessers eines menschlichen Haares.

Aber das ist noch längst nicht alles. Denn auch jede dieser Borsten teilt sich noch einmal auf: in 100 bis 1000 noch kleinere Haftläppchen. Diese sogenannten Spatulae sind nur noch 200 Nanometer lang und breit. Sie sind damit so klein, dass sie im sichtbaren Licht nicht mehr erkennbar sind. Nur Elektronenmikroskope machen die ultrafeinen Haftläppchen sichtbar. Insgesamt sitzen an jedem Geckofuß eine Milliarde solcher Spatulae.

Aber was haben nun diese Härchen mit der erstaunlichen Haftfähigkeit der Geckos zu tun? Die bemerkenswerten Hafteigenschaften der Geckohärchen sind das Resultat ihrer geringen Größe und der Form ihrer Spitzen. Die Winzigkeit der Strukturen ermöglicht es den Echsen, Kräfte auszunutzen, die normalerweise nur zwischen einzelnen Molekülen wirken.

Diese sogenannten Van-der-Waals-Kräfte treten zwischen zwei Molekülen auf, deren elektrische Ladung asymmetrisch verteilt ist: An einem Ende des Moleküls überwiegt die negative Ladung, am anderen die positive. Wie zwei Magneten ziehen sich dann die entgegensetzt geladenen Enden der Moleküle an. Diese Kraft nutzt auch der Gecko, um an der Wand zu kleben.

Zwar ist die Anziehung zwischen jedem einzelnen Haftläppchen und den Molekülen der Wand oder der Glasfläche winzig klein. Aber dank

der Milliarden Spatulae an jedem Fuß reicht diese Kraft aus, um die Echse an der Wand zu halten. Die Anziehungskraft eines ganzen Geckofußes beträgt geschätzt rund zehn Newton. Würde der Gecko die Hafthaare aller vier Füße zugleich an die Wand drücken, könnte er mit dieser Kraft nahezu das Zehnfache seines Körpergewichtes tragen.
Besonders gut haftet der Kletterkünstler bei hoher Luftfeuchtigkeit. Die Feuchtigkeit verstärkt offenbar die Haftwirkung.
Inzwischen arbeiten Forscherteams in aller Welt daran, das geniale Haftsystem der Geckos technisch nachzuahmen. Erste neuartige Nanokleber und Haftverschlüsse nach Gecko-Prinzip sind in ihren Laboren schon in Arbeit. Sollten diese Anwendungen eines Tages die enorme Haftkraft der Geckofüße erreichen, könnte man mit einem winzigen Stück Klebestreifen vielleicht sogar einen ganzen Hängeschrank einfach an die Wand kleben.[133]

Nr. 134

Wie kommen E-Mails nach Amerika?

Mehr als zwei Milliarden Menschen nutzen laut der UN-Organisation für Telekommunikation (ITU) regelmäßig das Internet. Weltweite Börsen- und Bankgeschäfte, Download von Filmen, elektronische Post: All dies gehört heute längst zum Alltag. Doch wie werden die gewaltigen Datenmengen übertragen? Wie kommen beispielsweise E-Mails schnell und reibungslos von Europa nach Amerika?
Das heutige Rückgrat des World Wide Web wird gebildet von einer Kombination aus Glasfaserkabeln und leistungsstarken Kommunikationssatelliten. Wegen ihrer hohen Datenübertragungsraten spielen dabei jedoch die Glasfaserkabel, die beispielsweise als Seekabel am Meeresgrund liegen, die Hauptrolle.
Ein riesiges Netzwerk aus solchen Seekabeln umgibt mittlerweile die Erde. Über 200 Datenhighways gibt es weltweit. Die wichtigste Verbindung zwischen Europa und Amerika ist seit 2001 das Seekabel »Tat-14«. Es lässt Übertragungsraten von bis zu einem Terabit Daten

pro Sekunde zu. Das entspricht Millionen E-Mails gleichzeitig oder dem Verschicken von 250 DVDs in einer Sekunde.
Derartige Tiefsee-Kommunikationskabel vereinen in ihren circa fünf Zentimetern Durchmesser vier Glasfaserpaare. Jedes dieser Glasfaserpaare ist von bis zu acht unterschiedlichen Schutzmänteln aus Kunststofffasern, verflochtenen Stahlseilen, Aluminiumhüllen und Elastomeren umgeben. Die einzelnen Glasfasern besitzen nur etwa ein Drittel des Durchmessers eines menschlichen Haares. Das Besondere an diesem Hightech-Material ist: Es leitet Licht außerordentlich effektiv. Und mit Licht lassen sich digitale Daten transportieren.
Wo die Glasfaserleitungen beginnen, wandeln spezielle Geräte die digitalen Informationen in optische Signale um. Nun rasen E-Mails, Bilder oder sonstige Daten als Lichtsignal durch das Quarzglas der Seekabel – und das hat einige Vorteile: So müssen die Lichtteilchen nicht wie Elektronen im Kupferkabel mit hohen Widerständen kämpfen. Deshalb verlieren sie auch in den Tausende Kilometer langen Glasfaserleitungen kaum an Geschwindigkeit. In die Glasfaser integrierte optische Verstärker sorgen in regelmäßigen Abständen dafür, dass auch die Intensität des Signals erhalten bleibt. Darüber hinaus können die verschiedenen Wellenlängen des Lichts mit unterschiedlichen Informationen versehen werden, die dann gleichzeitig auf die Reise gehen.
Das Transatlantik-Kabel TAT-14 besteht eigentlich sogar aus zwei Kabeln, die auf unterschiedlichen Wegen den Atlantik überqueren und zu einem Ringsystem verbunden sind. Dies macht den Datenverkehr weniger störungsanfällig. Denn trotz modernster Kabeltechnik kommt es immer wieder zu Defekten bei Seekabeln. Diese sorgen dafür, dass gelegentlich Millionen Menschen längere Zeit mit schleichend langsamen Internetverbindungen und verspäteten E-Mails leben müssen. Größtes Handicap aller Tiefseekabel ist ihre Anfälligkeit für Brüche. So ist bei einem schweren Erdbeben vor der Küste Taiwans am 26. Dezember 2006 ein Tiefseekabel so stark beschädigt worden, dass 97 Prozent der chinesischen Internetnutzer ausländische Webseiten nur noch eingeschränkt aufrufen konnten. Neben Erdbeben können auch Schiffsanker und Tiefseeschleppnetze die Schlagadern der internationalen Kommunikation beschädigen.
Die einzige wirkliche Alternative zu Glasfaserkabeln auf dem Grund der Meere sind Kommunikationssatelliten. Sie nutzen meist

geostationäre Umlaufbahnen in einer Höhe von 35 786 Kilometern über dem Äquator. Mit deren Hilfe können auch Regionen der Welt erreicht werden, die bisher nicht an Kabelverbindungen angeschlossen sind. Mit oft nur drei bis sechs Gigabit pro Sekunde weisen sie jedoch eine deutlich niedrigere maximale Übertragungsrate als die Seekabel auf. Hinzu kommen lange Laufzeiten für welche Signale, die die Distanz vom Erdboden zum Satelliten und zurück überwinden müssen.[134]

Nr. 135

Wie schnell ist das Schneckentempo?

Wenn Bundesbahnzüge bummeln, Sanddünen wandern oder sich langweilige Schulstunden wie Kaugummi ziehen, dann sagen wir: Das Ganze läuft im Schneckentempo ab. Schon seit ewigen Zeiten gelten Schnecken als Symbol für Ruhe und Langsamkeit. Aber kommen die Tiere wirklich nur so gemächlich vorwärts, wie man immer meint? Wie »schnell« sind Schnecken wirklich?

Das ist je nach Art sehr unterschiedlich. So schaffen Landschnecken wie die Bernsteinschnecke, die bei uns auf feuchten Wiesen oder in Mooren lebt, gerade mal zwei Zentimeter pro Minute. Die bekannte Weinbergschnecke dagegen legt im gleichen Zeitraum immerhin 7,2 Zentimeter zurück. Und bei manchen Nacktschneckenarten wurden schon bis zu elf Zentimeter pro Minute registriert.

Generell sind Landschnecken viel langsamer als Wasserschnecken. So bringen es beispielsweise die in der Nordsee lebenden Wellhornschnecken schon auf 16 Zentimeter pro Minute. Damit sind sie aber lange noch nicht führend im Schneckenreich. Es gibt auch mehrere Gruppen von frei schwimmenden Schnecken, die sehr viel schneller sind. So erreichen manche Arten aus den Gruppen *Heteropoda* und *Pteropoda* – Letztere werden auch Seeschmetterlinge genannt – die für Schnecken enorme Geschwindigkeit von zwölf Metern pro Minute. Ob es einen Weltrekordler gibt, wissen die Forscher selbst auch nicht. Einige Meeresschnecken wie die Mondschnecke *Neverita josephinia*

können aber auch kurze Strecken schwimmen, indem sie ihren Fuß als Paddel benutzen. Das wäre dann so etwas wie ein Sprint.
Aber auch damit sind Schnecken im Vergleich zu anderen Tieren eher langsam – zumindest wenn man die existierenden Größenunterschiede außer Betracht lässt. Denn Feuerquallen kommen beispielsweise in einer Minute über 33 Meter weit und Tintenfische schaffen bis zu 500 Meter. Geparden legen im gleichen Zeitraum rund 1,7 Kilometer zurück und Wanderfalken schießen bei ihren Sturzflügen angeblich sogar mit über 5,6 Kilometer pro Minute in die Tiefe.
Doch Schnelligkeit ist bei Schnecken nicht gleich Schnelligkeit. Die tropischen Kegelschnecken sind aufgrund ihrer schweren Schale besonders langsam, ihre Reaktion beim Jagen von Fischen, Schnecken und Würmern ist aber auffallend schnell. Hat eine Kegelschnecke ein Opfer entdeckt, streckt sie den Rüsselapparat langsam aus und sticht dann mit einem Giftpfeil blitzschnell zu. Dieser erreicht die Beute in 200 bis 300 Millisekunden. Ähnliches gilt für die Australische Mondschnecke *Conuber sordidus.* Sie fängt die vorbeilaufenden Soldatenkrebse mit ihrem großen Fuß geschwind ein und verspeist sie dann lebendig.
Weder reaktionsschnell noch »gut zu Fuß« sind dagegen die langsamsten Schnecken der Welt. Es gibt Tiere, die immer an einem Ort bleiben, wie zum Beispiel die sogenannten Wurmschnecken in den Korallenriffen. Deren Schale sieht aus wie ein Röhrenwurmgehäuse. Diese Schnecken filtrieren mit einem Schleimnetz Plankton, um zu überleben.
Doch wie kommen Schnecken überhaupt vorwärts, wenn sie nicht festsitzen oder schwimmen? Viele Schnecken kriechen auf einem Schleimbett, das beim Kriechen als charakteristische Schleimspur zu erkennen ist. Die eigentliche Fortbewegung erfolgt dann mittels ihres großen Fußes. Dessen Muskulatur zieht sich in Wellenform von hinten nach vorn zusammen. Dabei haben Teile des Fußes immer Kontakt zum Boden. Viele Meeres-Sandschnecken benutzen ebenfalls Schleim, um durch den Sand zu kriechen. Indem sie eine Schleimhülle um ihren Körper bilden, der von vorne nach hinten »fließt«, wird der Sand um sie herumgeführt, während das Tier vorwärtsläuft.[135]

Nr. 136

Warum brennen Brennnesseln?

Sie wachsen auf jeder Wiese, am Straßenrand, ja sogar auf Schuttplätzen. Ein falscher Schritt, eine unbedachte Handbewegung: »Autsch!« – man hat sich verbrannt. Oft sorgen Brennnesseln schon bei leichten Berührungen für einen anhaltenden, stechenden Schmerz und für unangenehme feuerrote Quaddeln auf der Haut. Doch warum brennen Brennnesseln eigentlich? Und was passiert genau, wenn man Brennnesseln zu nahe kommt?

Brennnesseln besitzen sogenannte Brennhaare unter den Blättern und am Stängel, die sie vor Fressfeinden schützen sollen. Diese »Verteidigungswaffen« der Pflanze bestehen je aus einer langgestreckten Zelle, die im oberen Bereich deutlich verstärkt ist. An ihrer Spitze trägt sie ein seitlich abgeknicktes Köpfchen.

Berührt man dieses Köpfchen, bricht es an einer bestimmten Stelle ab. Dort ist die Zellwand deutlich dünner. Der übrig gebliebene, harte kanülenartige Rest bohrt sich dabei in die Haut. Nach diesem Vorbild der Natur sind auch die in der Medizin verwendeten Injektionsnadeln gebaut worden. Durch die »biologische Spritze« der Brennnessel strömt ein Sekret in die winzigen Hautverletzungen, das für den Schmerz und die sich schnell bildenden Schwellungen verantwortlich ist. Ein Zehntausendstel Milligramm dieser Flüssigkeit reicht aus, um die unangenehmen Folgen auszulösen.

Die aus dem Brennhaar abgegebene Flüssigkeit besteht aus einem Cocktail von verschiedenen chemischen Substanzen. Ameisensäure gehört genauso dazu wie Acetylcholin und Histamin. Vor allem die Ameisensäure und das Acetylcholin sind für das Brennen der Brennnesseln verantwortlich.

Die zum Teil heftigen Schwellungen sowie der Juckreiz werden dagegen vor allem dem Histamin zugeschrieben – einer Substanz, die auch bei anderen allergieartigen Reaktionen, wie zum Beispiel der Nesselsucht, eine wesentliche Rolle spielt. Da Menschen unterschiedlich reagieren, fallen die Quaddeln bei dem einen heftiger und ausdauernder und bei dem anderen geringer aus.

Aber nicht jeder Kontakt mit einer Brennnessel muss gleich böse enden. Denn es gibt einen Trick für den Umgang mit den ungeliebten Pflanzen – etwa, wenn man sie pflücken will, um einen gesunden Tee daraus zuzubereiten: Man sollte immer mit dem Strich und demnach von unten nach oben über Stängel und Blätter streichen. Dann brechen die Köpfchen der Brennhaare nicht ab und die scharfe Brennflüssigkeit bleibt sicher verpackt. Dies muss man jedoch geübt haben und das klappt nicht immer bei jedem.

Was kann man tun, wenn einen doch einmal eine Brennnessel »erwischt« hat? Als alte Hausmittel gelten unter anderem der Breit- und Spitzwegerich. Genauer gesagt der Saft oder der Brei dieser Pflanzen, die bei uns auf vielen Wiesen oder an Straßen vorkommen. Sie wirken schmerz- und entzündungshemmend und fördern die Wundheilung.

Auch kühlen, kühlen, kühlen und abwarten hilft. Im Notfall kann man aber auch zu Cortison beziehungsweise zu antiallergischen Salben greifen.[136]

Nr. 137

Schläft man bei Vollmond schlechter?

Der Mond fasziniert die Menschen seit ewigen Zeiten. Ihm werden geheimnisvolle Kräfte zugeschrieben, die angeblich unser alltägliches Leben entscheidend beeinflussen. So sollen bei Vollmond beispielsweise mehr Kinder geboren werden als sonst und auch viel häufiger Unfälle passieren. Während diese und viele andere Mondmythen von Forschern längst als falsch entlarvt worden sind, hält sich bis heute hartnäckig das Gerücht, bei Vollmond schlafe man schlechter. Umfragen zufolge behaupten dies rund die Hälfte aller Deutschen. Doch das stimmt nicht. Wiederholte Untersuchungen haben ergeben, dass in Vollmondnächten Schlafstörungen nicht häufiger auftreten als in anderen Nächten. Dies wurde sowohl bei objektiven Schlafmessungen in Schlaflaboren als auch durch die Auswertung von Schlaftagebüchern bestätigt.

Ein Grund dafür ist, dass der Mond gar nicht so kräftig leuchtet, wie man meint. Gerade einmal 0,2 Lux hell ist er in einer sternenklaren

Vollmondnacht. Eine Straßenlaterne gibt 50- bis 100-mal mehr Licht ab. Im Vergleich zum Nachthimmel – 0,001 Lux – erscheint uns der Vollmond natürlich unglaublich hell.

Den Vollmond für seine Schlaflosigkeit verantwortlich zu machen ist demnach wissenschaftlich gesehen Unsinn. Aber warum glauben dann trotzdem so viele Menschen, »mondfühlig« zu sein? Das ist wie bei der Entstehung von Aberglauben: Diese Nächte bleiben uns einfach besser im Gedächtnis, weil wir die Schlafstörung an etwas Konkretem festmachen können.

Wenn wir erst ein paar Mal diese Erfahrung gemacht haben, dann setzt sie sich samt Erwartungshaltung unbewusst fest – selbst wenn das Zimmer ausreichend verdunkelt ist. Wissenschaftler sprechen in so einem Fall von einer sich selbst erfüllenden Prophezeiung.

Hinzu kommt eine selektive Wahrnehmung durch die Betroffenen: »Ich habe schlecht geschlafen – ach ja, es war Vollmond.« Dies wird von den Betroffenen registriert. Wenn sie bei Halbmond schlecht geschlafen haben, dagegen nicht.

Auch die Frage, ob man bei Vollmond häufiger schlafwandelt, verweisen Forscher ins Reich der Legenden: Dass Schlafwandeln etwas mit dem Vollmond zu tun haben könnte, ist ebenso ein Mythos wie der von der angeblichen schlafwandlerischen Sicherheit. Bisher gibt es keine Hinweise darauf, dass der Mond, ob voll oder nicht, einen messbaren Einfluss auf die Physiologie des Menschen hat.

Anders ist dies bei einigen Tieren wie beispielsweise dem Palolowurm der Südsee. Dieser in Korallenriffen lebende Wurm synchronisiert seine Eiablage nach dem Mond. Jedes Jahr in der siebten Nacht nach dem ersten Herbst-Vollmond stoßen Tausende Würmer ihre mit Eiern oder Spermien gefüllten Hinterenden ab, deren Hüllen an der Meeresoberfläche platzen. Eizellen und Spermien vermengen sich. Die Strategie hinter diesem Massenereignis: Tiere, welche die nahrhaften Wurmenden fressen, sind von diesem Überangebot überfordert und lassen noch genügend übrig, um den Fortbestand der Würmer zu gewährleisten.[137]

Nr. 138

Warum gibt es Vögel, die nicht fliegen können?

Vögel haben Flügel, Federn und ein Skelett Marke Leichtbau – eine perfekte Ausrüstung zum Fliegen. Dennoch existieren rund 40 »Verweigerer« unter ihnen, die viel lieber laufen oder schwimmen, als sich in die Luft zu schwingen. Die Strauße gehören genauso dazu wie Kiwis oder die Pinguine der Südhalbkugel. Aber warum gibt es solche flugunfähigen Vögel? Haben sie das Fliegen verlernt oder besaßen sie diese Fähigkeit nie?

Die Anatomie und die Gehirnstruktur von flugunfähigen Vögeln deuten daraufhin, dass sie alle von Vorfahren abstammen, die fliegen konnten. Viele dieser Vögel haben sich im Laufe der Evolution an ein Leben auf dem Boden oder im Wasser angepasst und dabei ihre Fähigkeit zu fliegen komplett verloren. Dies ist in vielen Fällen auf Inseln wie Neuseeland geschehen. Dort existieren heute neben dem Wappentier des Landes, dem Kiwi, noch weitere flugunfähige Vögel – beispielsweise der Kakapo, eine Purpurhühner-Art sowie die Südinseltakahe und die Wekaralle.

Doch weshalb sind gerade Inseln ein Paradies für das Entstehen von Nichtfliegern? Flugunfähige Vögel konnten sich vor allem dort entwickeln, wo es wenige oder keine räuberischen Säugetiere gab und der Konkurrenzkampf mit bodenlebenden Säugern nicht so groß war. So existierten auf Neuseeland bis vor rund 1000 Jahren überhaupt keine größeren Säugetiere. Vogelfeinde wie Hund oder Katze kamen erst im Schlepptau des Menschen dorthin.

Für die Vögel war Fliegenkönnen auf diesen Inseln deshalb über Jahrmillionen kein wirklicher evolutionärer Vorteil, denn sie mussten sich nicht vor Räubern in Sicherheit bringen. Statt viel Energie und andere biologische Ressourcen in den Aufbau der Flugmuskulatur und den Flugvorgang zu stecken, war es für sie lohnender, diese in andere Anpassungen an ihren Lebensraum zu investieren.

Mit dem Verlust der Flugkunst gingen erhebliche Veränderungen im Körper- und Skelettbau der flugunfähigen Vögel einher. So besitzen die Kiwis heute nur noch kleine Flügel und ihnen fehlen sowohl der

Schwanz als auch der Brustbeinkamm. An diesem kleinen Knochen setzt bei flugfähigen Vögeln die umfangreiche Flügelmuskulatur an. Flugunfähige Vögel gibt es aber nicht nur auf Inseln, sondern vereinzelt auch auf dem Festland. Beispielsweise besetzen die zur Ordnung der Laufvögel gehörenden Strauße in Afrika, Nandus in Südamerika und Emus in Australien die gleiche ökologische Nische wie grasende Säugetiere – und das erfolgreich. Bei ihnen sind es vor allem die Größe und das Gewicht, die sie am Boden halten. Die mächtigen Laufvögel werden bis zu 2,50 Meter hoch und mehr als 150 Kilogramm schwer. Statt wegzufliegen, haben die Tiere im Laufe der Evolution andere Strategien entwickelt, um ihren Feinden zu entkommen. So gelten Strauße als ausgesprochene Sprinter. Messungen zufolge erreichen sie Spitzengeschwindigkeiten von bis zu 70 Kilometern pro Stunde. Da fällt es selbst Gegnern wie Löwen und Leoparden schwer, mitzuhalten. Die Helmkasuare in Neuguinea und Queensland sind dagegen mit gefährlichen Waffen ausgestattet. Die mittlere ihrer drei Krallen an jedem Bein ist etwa zwölf Zentimeter lang und messerscharf. Wenn sie treten, kann dies tödliche Folgen haben – auch für den Menschen. Pinguine dagegen sind mit ihrem stromlinienförmigen Körper und dem dichten Gefieder perfekt an ein Leben im Wasser angepasst. Sie besitzen auch eine dicke Fettschicht zur Wärmeisolation. Ihre Knochen sind von höherer Dichte, was ihnen als flugunfähigen Vögeln nichts ausmacht, sondern sogar ein Vorteil beim Tauchen ist. Pinguine schwimmen mit ihren zu paddelähnlichen Flossen umgewandelten Flügeln äußerst elegant und effektiv. Es sieht aus, als würden sie durch das Wasser fliegen.[138]

Nr. 139

Können wir im Schlaf lernen?

Es ist dunkel, alles schläft, doch es ertönt ein leises Gemurmel: Eine Tonbandstimme spricht mit beruhigender Stimme Vokabeln in das Ohr der Schlafenden. Glaubt man den Herstellern von CDs und Programmen zum Schlaf-Lernen, ist dies geradezu die Methode der Wahl: »Lernen im Schlaf ist eine Möglichkeit, die Kraft des Unbewussten zu nutzen, um fremde Sprachen zu lernen, sich auf Prüfungen vorzubereiten oder Fachwissen aufzunehmen«, heißt es auf der Website eines Unternehmens.

Hätten sie recht, wäre dies eine zeitsparende Erleichterung nicht nur für Schüler oder Studenten. Aber stimmen diese Versprechungen? Können wir im Schlaf wirklich neues Wissen aufnehmen und quasi ohne Mühe Neues lernen?

Eine Antwort auf diese Frage haben Neurowissenschaftler schon in den 1950er-Jahren mithilfe von Experimenten in Schlaflaboren gesucht. Dabei spielten sie ihren schlafenden Probanden Vokabeln, Musikstücke und andere akustische Informationen vor. Am nächsten Tag testeten sie, ob sich die Versuchspersonen an das im Schlaf Gehörte erinnern konnten. Andere Forscher prüften, inwieweit sich die Teilnehmer die aus dem Schlaf bekannten Wörter oder Stücke am nächsten Tag besser merken konnten.

Da es nahezu keine messbare Erinnerung an Material gab, das während des Schlafs präsentiert wurde, scheint ein Lernen während des Schlafs nicht möglich zu sein. Seither bestätigte sich immer wieder, dass unser Gehirn während des Schlafes relativ stark von der Außenwelt abgeschottet ist. Reize von außen – seien es Vokabeln oder Selbstbestätigungsparolen – dringen kaum noch zu ihm durch.

Unter bestimmten Umständen scheint sich unser Gehirn aber auch im Schlaf durch Geräusche beeinflussen zu lassen. Das zeigt ein Experiment US-amerikanischer Forscher. In ihrem Versuch sollten sich Probanden die Position von 50 verschiedenen Bildkarten auf einem Bildschirm merken. Ähnlich wie beim Memory-Spiel wurden diese Karten immer nur nacheinander kurz aufgedeckt. Jedes Bild wurde dabei von einem typischen Geräusch begleitet: Ein Miauen ertönte zum Bild einer Katze, ein Hupen zu einem Auto-Bild.

Anschließend gingen die Versuchspersonen schlafen. Während der Tiefschlafphase spielten die Wissenschaftler ihnen erneut 25 der zuvor gehörten Geräusche vor. Am nächsten Tag absolvierten die Probanden den Memory-Test erneut. Das Ergebnis: Sie konnten die Bilder besser zuordnen, deren Geräusche sie im Schlaf noch einmal gehört hatten.

Information, die während des Schlafs präsentiert wird, kann beeinflussen, wie gut man sich an das am Vortag Gelernte erinnert.

Das bedeute aber nicht, dass wir im Schlaf etwas Neues lernen können. Es ist vielmehr so, dass ungestörter Schlaf das Erlernte festigt. Kinder, die zu wenig schlafen, bringen schlechtere Leistungen in der Schule. Testpersonen, die nach einer Lernaufgabe nicht schlafen dürfen, schneiden schlechter ab als solche, die danach ein Nickerchen machen – diese Ergebnisse von Studien zeigen, dass unser Gehirn Schlaf benötigt, um zu lernen. Aber was genau tut es in dieser Ruhepause?

Das Gehirn verschiebt in dieser Zeit Informationen aus dem Kurzzeitgedächtnis in unser Langzeitgedächtnis. In unserer Hirnrinde, dem Sitz des Langzeitgedächtnisses, werden dabei neue Nervenverbindungen angelegt. Das ist im Grundsatz das, was wir für die Maschinerie des Gedächtnisses halten: die Bildung und Unterbrechung von Verbindungen zwischen Neuronen.

Forscher beobachteten an Versuchstieren, dass diese Umorganisation des Gehirns vor allem nachts stattzufinden scheint. Wenn das Tier einschläft, ist es, als wenn ein Schalter umgelegt wird: Plötzlich ist all das aktiv, das gebraucht wird, um diese Veränderungen zu bewirken.[139]

Nr. 140

Können Stiere »rotsehen«?

Die Farbe Rot lässt kaum jemanden kalt: Sie steht für Liebe und Leidenschaft ebenso wie für Aggressivität. »Der ist für mich wie ein rotes Tuch«, sagen wir, wenn uns ein Mensch aggressiv und wütend macht. Die Redensart geht zurück auf das rote Tuch des Stierkampf-Matadors, mit dem er den Stier zu reizen scheint. Doch der Eindruck täuscht: Auf ein hellblaues, grünes oder rosafarbenes Tuch würde das Tier genauso reagieren: Stiere können nach dem heutigen Stand der Forschung die Farbe Rot gar nicht wahrnehmen.

Der Mensch verfügt über drei Farbrezeptoren: für rotes, grünes und blaues Licht. Aus ihrem Zusammenspiel ergibt sich das gesamte Farbspektrum. Das Farbsehvermögen von Rindern kann man in etwa mit einer Rot-Grün-Farbenblindheit beim Menschen vergleichen.

Rindern fehlt – wie den allermeisten Säugetieren – der Farbrezeptor für rotes Licht: Sie erkennen ein blau-grünes Farbspektrum.
Wie intensiv Tiere die Farben sehen und welche Nuancen des Farbspektrums sie wahrnehmen – darüber weiß man noch nicht viel. Das Farbsehvermögen lässt sich biochemisch nur schwer untersuchen. Und auch mit Experimenten, bei denen man die Reaktionen auf bestimmte Farben beobachtet, kommt man bei Rindern nur schwer weiter.
Als gesichert gilt aber, dass es nicht das Tuch ist, das die Stiere in der Arena reizt: Die Tiere haben Angst, sie werden mit Lanzen gepiesackt, sie haben Schmerzen und werden deshalb aggressiv. Was der Matador vor ihrer Nase herumschwenkt, spielt da keine Rolle mehr.[140]

Nr. 141

Warum wird Kindern beim Schaukeln nicht schlecht?

Immer höher, immer schneller: Kinder lieben es, zu schaukeln oder Karussell zu fahren. Die meisten Erwachsenen können dabei nicht mithalten. Kaum sitzen sie auf der Schaukel, wird ihnen übel. Doch warum ist das so?
Endgültig erforscht ist das Phänomen noch nicht, aber vermutlich registrieren Kinder beim Schaukeln weniger Informationen über die Augen als Erwachsene. Für das Gleichgewichtsgefühl und die Balance sind mehrere Sinne wichtig: Die Informationen, die über das Gleichgewichtsorgan im Innenohr, die Augen sowie über Muskel-, Haut- und Gelenkrezeptoren gesammelt werden, müssen übereinstimmen. Und das ist bei starker Beschleunigung, Schaukel- und Drehbewegungen nicht immer der Fall. Die Folge: Es wird einem schwindelig und übel.
Bei Kindern dagegen spielen die visuellen Informationen beim Schaukeln vermutlich keine so große Rolle. Deshalb ist ihr Körper im Einklang und Übelkeit und Schwindel bleiben aus. Schaukeln ist pure Lust: Kinder lieben die Beschleunigung. Und das nicht ohne Grund. Schaukel- und Drehbewegungen sind wichtig für die kindliche

Entwicklung. Das Gleichgewichtsempfinden ist bei Kindern noch nicht ausgereift und wird durch das Schaukeln angeregt.
Vor Reisekrankheit sind Kinder allerdings nicht gefeit. Bis zur Pubertät leiden sie sogar deutlich häufiger als Erwachsene im Auto, Schiff oder Flugzeug unter Übelkeit. Ursache ist hier, dass das Auge andere Informationen ans Gehirn meldet als die übrigen Sinnesorgane. Wenn Kinder nicht nach draußen schauen, sondern spielen oder lesen, nimmt das Auge die Bewegung des Autos nicht wahr. Die anderen Rezeptoren spüren die Beschleunigung hingegen schon. Und darauf reagiert der Körper mit Unwohlsein.[141]

Nr. 142

Weshalb können wir uns nicht selbst kitzeln?

Mit dem Kitzeln ist das so eine Sache: Eigentlich mögen wir es nicht, doch wird es durch sanfte Berührungen ausgelöst, kann es uns zum Lachen bringen und aufheitern. Kitzeln können uns allerdings nur andere. Lediglich sehr empfindliche Menschen schaffen das bei sich selbst. Die Wirkung des Reizes ist aber auch dann geringer, als wenn jemand anders der Verursacher ist.
Das Phänomen erklärt sich mit unterschiedlichen Nervenbahnen, die jeder Mensch besitzt. Es gibt langsam leitende und schnell leitende und eben auch solche, die sich gegenseitig aufheben. Kitzelt man sich selbst an der Fußsole, die für ihre extreme Berührungsempfindlichkeit bekannt ist, senden nicht nur die dortigen Nerven das Gefühl ans Gehirn. Auch die Nerven in der Hand schicken eine Botschaft und die hebt die Meldung vom Fuß zumindest zum Teil wieder auf. Wir spüren die Berührung, doch es kitzelt nicht, zumindest nicht so stark.
Manche Ärzte nutzen die Eigenschaften unserer Berührungsempfindlichkeit auch in ihrer täglichen Arbeit aus. Wenn sie einem Patienten eine Spritze geben, drücken sie vorher mit einem Finger auf die Stelle am Körper. Der Patient merkt den Stich anschließend nicht mehr. Durch die stumpfe Berührung mit dem Finger wird der Reiz, den die Nadel verursacht, abgeschwächt.[142]

Nr. 143

Können Tiere sich im Spiegel erkennen?

Spieglein, Spieglein an der Wand – die wenigsten Menschen kommen ohne ihn aus. Doch wie sieht es mit Tieren aus? Können auch sie ihr Spiegelbild erkennen?

Die bisherigen Forschungen deuten darauf hin, dass der Blick in den Spiegel eine zutiefst menschliche Angelegenheit ist. Nur ganz wenige Tierarten zeigten in Experimenten, dass sie ihr Spiegelbild erkennen.

Mit Spiegeltests versucht man herauszufinden, ob Tiere eine Vorstellung von sich besitzen und somit eventuell zu gewissen Bewusstseinsleistungen fähig sind. Beim ersten Blick in den Spiegel reagieren die meisten Tiere, als stünden sie einem anderen Artgenossen gegenüber. Einige zeigen dann jedoch, dass sie den Spiegel-Effekt durchschauen. Man kann beobachten, wie sie die Eigenschaften des Spiegels erkunden: Sie schaukeln hin und her oder versuchen, hinter den Spiegel zu blicken.

Eine weitere Methode, das Spiegelverständnis von Tieren zu erproben, sind Markierungsexperimente: Die Tiere bekommen eine farbige Markierung an einer Stelle, die sie nur im Spiegel sehen können, und es wird beobachtet, wie sie darauf reagieren: Ist ihnen bewusst, dass die Farbe an ihnen selbst haftet, oder vermuten sie den Fleck auf einem fremden Gegenüber?

Entsprechende Reaktionen haben Forscher bisher bei Schimpansen und Orang-Utans, bei Delfinen und Elefanten festgestellt. Auch bei Elstern gibt es Hinweise, dass sie sich im Spiegel erkennen. Allerdings reagieren nicht alle Exemplare einer Art gleich: Bei Schimpansen sind es etwa 10 bis 20 Prozent, die das Prinzip verstehen. Den Umkehrschluss, dass andere Tierarten zur Wahrnehmung ihrer eigenen Person unfähig sind, kann man daraus allerdings nicht ziehen: Forscher wissen nur, dass sie keine entsprechenden Reaktionen zeigen. Bei Haustieren wie Hund und Katze ist dies beispielsweise der Fall. Sie zeigen vor dem Spiegel keinerlei Zeichen des Selbsterkennens. Und Wellensittichen gefällt der Spiegel im Käfig nur deshalb so gut, weil er ihnen Gesellschaft vorgaukelt.[143]

Nr. 144

Hat Honig wirklich heilende Kräfte?

Honig ist eines der wertvollsten Produkte der Natur. Schon unsere Urgroßmütter schworen auf Honig als Heilmittel bei Erkältungen. Auch als Mittel zur Wundbehandlung wird das süße Produkt der fleißigen Bienen von alters her eingesetzt. Hat Honig tatsächlich heilende Kräfte?

Manche Inhaltsstoffe sprechen dafür. Honig besteht zwar im Wesentlichen aus Zucker, enthält aber unter anderem auch Gluconsäure, Wasserstoffperoxid und Inhibine. Gluconsäure beispielsweise sorgt für ein saures Milieu im Honig, was Keime an der Vermehrung hindert. Wasserstoffperoxid schädigt den Stoffwechsel der Krankheitserreger.
Als Inhibine bezeichnet man verschiedene entzündungshemmende Wirkstoffe, zum Beispiel Lysozym, Flavonoide oder aromatische Säuren. Ihre Zusammensetzung und Wirkmechanismen sind allerdings noch nicht vollständig erforscht. Außerdem rückt der Honig den Krankheitserregern auch mit einem physikalischen Trick zu Leibe: Durch den hohen Gehalt an Zucker entzieht er den Keimen Wasser. Sie trocknen aus und sterben ab.
Bei der Wundbehandlung wird Honig auf die Verletzung aufgetragen. Dadurch wird die Wunde luftdicht verschlossen. Die antibiotischen Wirkstoffe im Honig sollen sogar den gefürchteten Stämmen der Staphylococcus-Bakterien zu Leibe rücken. Auf diese Erkenntnis hat inzwischen auch die Industrie reagiert und honigimprägnierte Verbände und Wundbandagen entwickelt. Mediziner warnen jedoch bei der Behandlung schlecht heilender Wunden vor Selbstversuchen. Denn wer weiß schon, ob der Honig aus dem Supermarkt während der Produktion erhitzt wurde und noch ausreichend entzündungshemmende Eigenschaften besitzt? Die gehen nämlich zum Teil beim Erhitzen verloren.
Heiße Milch mit Honig erfreut sich vor allem bei Husten und Heiserkeit besonderer Beliebtheit. Am besten kommen die Wirkstoffe des Honigs jedoch zur Geltung, wenn man sich einen Löffel der süßen

Speise langsam auf der Zunge zergehen lässt oder den Honig im etwas abgekühlten bzw. trinkwarmen Kräutertee genießt. Das spart im Vergleich zum Haushaltzucker auch noch Kalorien, denn die stärkere Süßkraft des Invertzuckers im Honig und das ausgeprägte Aroma ermöglichen eine sparsamere Verwendung.[144]

Nr. 145

Was machen Schmetterlinge im Winter?

Die Zeit der Schmetterlinge ist im Herbst abgelaufen. Frühestens im März zeigen sich die ersten Falter wieder mit ihren farbenfrohen Flügeln. Was tun die Tiere bis dahin?
Einheimische Tag- und Nachtfalter überwintern auf ganz unterschiedliche Art und Weise. Die Tiere, die im Frühling als Erste beobachtet werden können, warten als sogenannte Vollinsekten an dunklen, kühlen Orten wie etwa auf Dachböden, in Kellern, Gartenhäusern, Mauernischen oder zwischen Holzbohlen auf die wärmere Jahreszeit. Dazu zählen Zitronenfalter, Tagpfauenauge, Trauermantel oder der Kleine Fuchs. Sie können komplett »einfrieren«. Das funktioniert, indem der Organismus zurückgefahren wird, um dadurch keine Energie zu verschwenden.
Andere Schmetterlinge wie Dukaten- und Zipfelfalter sowie Argusbläuling überstehen die kalte Jahreszeit als Ei. Raupen, die im Frühjahr schlüpfen, stammen aus Eiern, die im Vorjahr abgelegt wurden. Manche Falter überwintern auch als Raupe. Die schwarzen Raupen des Apollofalters zum Beispiel harren an geeigneten Stellen aus, wo sie sich zum Schutz vor Futter suchenden Fressfeinden tarnen können. Erst im Frühjahr entwickeln sie sich weiter – bis die erste Generation der Falter im Mai zu fliegen beginnt. Raupen der Kohlweißlinge und Aurorafalter wiederum puppen sich kurz vor Wintereinbruch ein. Sie versammeln sich nach dem Schlüpfen im Frühjahr, um sich zu paaren. Schließlich wandern einige Arten im Herbst wie Zugvögel in wärmere Regionen. Zu den bekanntesten einheimischen Wanderfaltern gehören Admiral und Postillion, aber auch Nachtfalter wie das Taubenschwänzchen, der

Totenkopf- oder Windenschwärmer. Im Frühsommer kehren sie dann in nächster Generation aus Südeuropa oder Nordafrika zurück.[145]

Nr. 146

Warum hat der Mensch kein Fell mehr?

Menschen haben im Gegensatz zu ihren nächsten Verwandten, den Menschenaffen, ihr Fell abgelegt. Schützte es tatsächlich vor Parasiten, wie englische Forscher vermuten?

Über die Umstände dieses Verlustes beim Frühmenschen lässt sich mangels Fossilienfunden nur spekulieren. Stechmücken oder Tsetsefliegen etwa können nackte Haut viel besser attackieren. Und diese Parasiten sind gerade im tropischen Afrika stark verbreitet, wo die ersten Frühmenschen auftauchten.

Einige Forscher favorisieren eine andere Erklärung: Unsere Vorfahren verloren ihr Haarkleid vor allem deshalb, um besser schwitzen zu können. Erst dadurch konnten sie in der heißen afrikanischen Savanne schnell und ausdauernd laufen – ein wichtiger Überlebensvorteil. Der Verlust des Fells ging mit anderen gewaltigen Umstellungen einher: aufrechter Gang, später ein wesentlich größeres Gehirn und eine Vervielfachung der Zahl der Nachkommen.

Entscheidende Voraussetzung dafür war eine wesentlich eiweißreichere Ernährung. Schon die Frühmenschen müssen relativ viel tierisches Protein verzehrt haben. Die Jagd auf Großwild aber kam zunächst nicht infrage, denn Waffen gab es noch nicht. Vieles spricht dafür, dass sie Beute von Raubtieren stahlen. Um nicht selbst zur Beute zu werden, mussten die Menschen schnell sein. Und da kommt der Verlust des Fells ins Spiel: Erst die Nacktheit hat uns zu ausdauernden Läufern gemacht. Nur so konnte der menschliche Körper sein effizientes Kühlsystem entwickeln, das ihn vor Überhitzung bewahrt. Den Verlust des Haarkleides konnten die Menschen im Lauf ihrer kulturellen Entwicklung ausgleichen: Sie lernten, sich mit fremden Fellen oder Feuer vor Kälte zu schützen. Was übrig blieb, ist eher spärlich: Die Kopfbehaarung schützt vor der Sonne, die Brauen halten Schweiß von den Augen ab, Scham- und Achselbehaarung verstärken die Duftwirkung von Sexuallockstoffen, die dort von Drüsen abgesondert werden.[146]

Nr. 147

Kann die Eule auch mit den Augen hören?

Eulen finden ihre Beute treffsicher, selbst bei nahezu absoluter Dunkelheit. Das liegt unter anderem an dem hervorragenden Zusammenspiel von Auge und Gehör. Wenn sie nämlich gar nichts mehr sehen, jagen sie ausschließlich nach dem Gehör. Dabei helfen die großen Augen.

Beide Augen liegen in einem Trichter aus Federn, der wie ein Parabolspiegel funktioniert. Die Federschleier bündeln – quasi wie Satellitenschüsseln – die auftreffenden Geräusche und leiten sie verstärkt in die neben den Augäpfeln liegenden Gehörgänge weiter.

Durch den asymmetrischen Aufbau der Ohren kommt es zu einem Millisekunden versetzten Eintreffen der Schallwellen, sodass die Geräuschquelle punktgenau lokalisiert werden kann. Das Orten der Beute geschieht dann durch das Drehen des Kopfes, sodass die Lautstärke an beiden Ohren gleich stark ist. Und im Kopfverdrehen sind die Eulen wahre Meister. Das müssen sie auch sein, denn ihre großen Augen sind nicht beweglich. Ohne Verrenkungen können sie lautlos hinter ihren Rücken blicken. So verlieren sie ihre Beute niemals aus Augen und Ohren.

Im Gegensatz zur Eule sehen die Fledermäuse nachts mit den Ohren. Fledermäuse haben zwar Augen, aber mit denen können sie nur tagsüber sehen. Wenn es dämmert, kommen sie aus ihren Verstrecken und starten tollkühne Flugmanöver – ohne anzuecken. Das tun sie, indem sie ständig Ultraschallwellen aussenden. Sie haben sozusagen ihr eigenes Echolot. An der Art der Schallwellen und an der Zeit, die diese benötigen, um zurückzukommen, können die Fledermäuse Ort und Entfernung exakt bestimmen.[147]

Nr. 148

Weshalb gibt es mehr Rechtshänder?

Die meisten Menschen benutzen die rechte Hand zum Schreiben, Zeichnen oder Ballwerfen. Viel weniger Menschen sind mit der linken Hand geschickter. Warum sind die Rechtshänder eigentlich in der Überzahl? Die Wissenschaft rätselt noch.

Nach Schätzungen von Forschern kommt etwa auf acht Rechtshänder ein Linkshänder. Es gibt aber auch Forscher, die ein Verhältnis 50:50 durchaus für möglich halten. Sie gehen davon aus, dass die Zahl der Linkshänder wesentlich höher ist als landläufig angenommen. Die Umschulung von der linken auf die rechte Hand, hauptsächlich beim Schreiben, die über lange Zeit gang und gäbe war, hat diese statistische Verzerrung verursacht. Auch heute noch werden viele Kinder rechtshändiger Eltern ganz unbewusst umerzogen. Schließlich ist es für Rechtshänder ganz normal, dem Nachwuchs den Löffel in die rechte Hand zu geben. Zudem schulen viele Kinder von sich aus unbewusst um, denn unsere Welt ist in sehr hohem Maße auf Rechtshänder ausgerichtet. Hier spricht man vom Nachahmungseffekt.

Einige Forscher sehen es als dringend notwendig an, dass Eltern schon bald nach der Geburt ihres Kindes auf die Gefahren der Umschulung eines linkshändigen Kindes hingewiesen werden. Jede Beeinflussung sei ein Eingriff in das Gehirn, denn »Händigkeit« sei Ausdruck der motorischen Dominanz der gegenüberliegenden Gehirnhälfte.

Genau das haben auch Wissenschaftler der Technischen Universität in München nachweisen können: Beim Schreiben wiesen Rechtshänder Aktivität in der linken Hirnhälfte auf und Linkshänder in der rechten Gehirnhälfte. Schreiben umgeschulte Linkshänder mit der rechten Hand, gibt es hingegen Aktivitäten in beiden Hirnhälften. Das Gehirn hat also offenbar nur zum Teil umgelernt.

Die Folgen können unter anderem Gedächtnisstörungen, Konzentrationsprobleme, Lese- und Rechtschreibschwierigkeiten sowie Störungen in der Feinmotorik und Sprachstörungen sein. Daraus können sich unterschiedlich ausgeprägte Verhaltensstörungen entwickeln.[148]

Nr. 149

Weshalb sind manche Menschen farbenblind?

Die Welt in all ihren schillernden Farben zu sehen ist nicht selbstverständlich. Vor allem Männer haben Probleme mit den Farben. Acht Prozent der Männer, aber nur 0,8 Prozent der Frauen haben eine Farbschwäche. Dabei handelt es sich zumeist um die sogenannte Rot-Grün-Blindheit. Störungen im Blau-Gelb-Bereich sind eher selten.
Was landläufig Farbenblindheit genannt wird, ist angeboren. Deshalb nehmen die meisten ihr Farbmanko lange Zeit gar nicht wahr. Da jedes Kind weiß, dass ein Feuerwehrauto rot ist, sieht auch der »Farbenblinde« ein rotes Feuerwehrauto. Erst wenn er in einem Malkasten Rot von Orange unterscheiden soll, bekommt er Probleme. Durch eine Untersuchung mithilfe von Farbtafeln können Farbuntüchtige von normal Farbsehenden unterschieden werden. Diese Tafeln enthalten aus verschiedenen Farbflecken zusammengesetzte Zahlen auf ebenfalls geflecktem, andersfarbigem, aber helligkeitsgleichem Grund. Diese Zahlen werden vom Farbuntüchtigen teilweise nicht erkannt. Die Feststellung, welche der dargebotenen Zahlenproben nicht richtig gelesen werden, lässt Schlüsse auf die Art der vorliegenden Farbsinnstörung zu.
Rot, Gelb und Blau sind die Grundfarben, aus denen sich alle Farben mischen lassen. Lichtstrahlen mit den Farbinformationen fallen in die Augen und treffen in der Netzhaut auf Farbrezeptoren, die sogenannten Zapfen. Der Mensch besitzt drei verschiedene Zapfentypen: Sensoren für Rot, Gelb und Blau. Sie reichen aus, um Millionen von Farbschattierungen wahrnehmen zu können. Das Licht wird in elektronische Signale umgewandelt. Diese Impulse werden ins Gehirn weitergeleitet, wo die Informationen dann verarbeitet werden. Geht auf diesem komplizierten Weg etwas schief, tritt eine Farbsinnstörung auf. Eine Therapie für diese angeborene Farbsinnstörungen gibt es nicht.[149]

Nr. 150

Wo kommt eigentlich all der Staub her?

Er ist überall und kriecht durch die kleinsten Ritzen: Staub. Dabei handelt es sich um feine und feinste, feste oder flüssige Teilchen, die in der Luft schweben. Beseitigen lassen die sich kaum, bestenfalls umverteilen. Häufig wird Staub aus der Sahara durch Stürme in obere Luftschichten getragen und gelangt mit Südwind nach Mitteleuropa.
Nun produziert aber nicht nur die Erosion der Erdoberfläche Staub. Tonnenweise schickt ihn uns täglich der Himmel. Er rieselt aus dem Weltall herunter – in Form von mikroskopisch kleinen Resten von Meteoriten, die in der Atmosphäre verglüht sind. Auch Vulkane sind gewaltige Staubschleudern ebenso wie Waldbrände.
Neben den natürlichen Luftverschmutzern gibt es aber auch vom Menschen verursachte »Dreckschleudern«: An erster Stelle stehen Industrie und Straßenverkehr. Schließlich »staubt« auch der Mensch selbst: Er verliert abgestorbene Hautschuppen und Haarpartikel. Auch seine Textilien verlieren durch Abrieb Staubteilchen.
Der grobe Anteil des Staubs setzt sich am Boden oder auch auf Möbeln ab. Bei Bauarbeiten etwa wird überwiegend Grobstaub erzeugt. Die Staubpartikel, die in der Luft verbleiben, werden Schwebstaub genannt. Dann gibt es noch den Feinstaub. Die Teilchen haben einen Durchmesser von weniger als zweieinhalb bis zehn Mikrometern. Zu dieser Fraktion gehören die für den Menschen vermutlich gefährlichsten Staubarten wie Dieselruß und Zigarettenrauch.
Denn der Feinstaub wird von den Filterorganen der menschlichen Atemwege nur unzureichend zurückgehalten und gelangt bis in Bronchien und Lunge, wo er sich festsetzen kann. Die Folge: Atemwegserkrankungen und allergische Reaktionen. Nach groß angelegten amerikanischen Untersuchungen aus den 90er-Jahren gibt es zudem einen direkten Zusammenhang zwischen dem Feinstaubgehalt der Luft und den Sterblichkeitsziffern sowie Erkrankungen an Krebs.

Während in den vergangenen Jahrzehnten Grobstaub in der Luft in Deutschland wesentlich reduziert werden konnte, bereiten die

Feinstäube nach wie vor Probleme. Zwar ging auch der Feinstaub merklich zurück, aber noch nicht in dem Umfang, dass die strengen Grenzwerte der Europäischen Union bereits eingehalten werden können. Um dies zu erreichen, sind eine Reihe von Maßnahmen auf europäischer und nationaler Ebene vorgesehen, darunter schärfere Regelungen für den Straßenverkehr und für Industrieanlagen.[150]

Nr. 151

Wie entsteht ein Regenbogen?

Der Regenbogen ist ein beeindruckendes Himmelsschauspiel. Das Phänomen entsteht, wenn die Sonne auf eine Regenwand scheint. Um das Spiel der Farben beobachten zu können, muss der Betrachter immer mit dem Rücken zur Sonne stehen.

Ein Sonnenstrahl trifft auf ein Wassertröpfchen. Beim Übergang von Luft zu Wasser wird er gebrochen. Er geht durch das Wassertröpfchen und wird auf der hinteren Seite des Tröpfchens gespiegelt. Dann kommt der Strahl vorn wieder aus dem Tröpfchen heraus, wechselt diesmal von Wasser zu Luft, wird also ein zweites Mal gebrochen und geht zurück in die Richtung des Betrachters. Manchmal wird der Lichtstrahl im Tröpfchen auch ein zweites Mal so reflektiert, dass neben dem Hauptregenbogen ein zweiter, etwas schwächerer Nebenbogen zu sehen ist. Sonnenlicht erscheint weiß, ist aber eigentlich ein Gemisch aus allen Spektralfarben. In den Tröpfchen werden die Farbanteile des Lichts unterschiedlich stark gebrochen. Rot wird schwach gebrochen oder abgelenkt, Violett stark. Dies bedeutet, dass Rot weniger stark von seiner Bahn abgelenkt wird als Violett. Die Farben treten also nicht mehr in derselben Richtung aus dem Wassertropfen. Das Licht wird in die Regenbogenfarben zerlegt. Dabei ist beim Hauptregenbogen Rot stets außen und Violett innen. Beim Nebenbogen ist es umgekehrt.

Der Regenbogen ist also nur ein optisches Phänomen. Jeder Betrachter sieht von seinem jeweiligen Beobachtungspunkt aus seinen eigenen Regenbogen. Wie viel er von dem Bogen sieht, hängt vom Winkel der Sonneneinstrahlung ab. Morgens und abends steht die Sonne sehr tief.

Dann ist fast ein kompletter Halbkreis zu sehen. Gegen Mittag steht die Sonne sehr hoch. Dann ist nur ein kleiner Abschnitt des Kreises zu erkennen. Der ganze Regenkreis ist nur aus großer Höhe zu sehen – zum Beispiel aus einem Flugzeug.[151]

Nr. 152

Warum umschwirren Motten das Licht?

Jeder hat ihn schon beobachtet: den ekstatischen Tanz von Insekten im Schein einer Straßenlaterne. Das Licht scheint die nachtaktiven Tiere geradezu magisch anzuziehen. Dabei endet der Tanz für die meisten tödlich. So kann zum Beispiel unter einer Straßenlaterne in Nähe eines Gewässers morgens eine bis zu 20 Zentimeter hohe Schicht toter Eintagsfliegen den Boden bedecken.
Insekten werden keineswegs vom Laternenlicht angelockt, vielmehr werden sie Opfer ihres Orientierungssystems. Das funktioniert so, dass die Insekten ihre Flugrichtung in einem bestimmten Winkel zum hellsten Licht am Himmel – meistens ist das der Mond – festlegen. Aufgrund der großen Entfernung zu diesem Licht ändert sich der Winkel auf den relativ kurzen Flugstrecken der Tiere nicht. Deshalb fliegen sie geradeaus. Kommt nun ein Insekt in den Lichtkreis eines noch helleren Lichtes (der Straßenlaterne), richtet sich die Orientierung darauf und das Tier fliegt im eigentlich auf den weit entfernten Mond ausgerichteten Winkel auf die Laterne zu. Durch die große Nähe des Lichtes wird das Insekt bei gleichbleibendem Winkel von der Laterne »eingefangen« und muss in immer engeren Spiralen auf diese zu- und schließlich hineinfliegen.
Der »Tanz der Insekten« um das Licht ist nur für unser Auge scheinbar ekstatisch. Viele Insekten, insbesondere Schmetterlinge (»Motten«), haben einen hüpfenden, andere einen schwirrenden Flug. Alles durcheinander auf engstem Raum sieht dann wohl etwas chaotisch aus. Sind die Insekten allerdings etwa durch Berührung der heißen Lampe schon geschädigt, lässt ihre Flugkoordinierung nach, was die »Ekstase« noch verstärkt. Nach stundenlangem nächtlichem Flug in ihrem

»Lichtgefängnis« erschöpft, sterben sie dann schließlich an Hunger und Energiemangel.
Die zunehmende Lichtflut, auch Lichtverschmutzung genannt, hat nicht nur negative Folgen für Insekten. Sie erschwert zum Beispiel auch Tieren die Orientierung, die sich bei ihren Wanderungen nach den Sternen richten. Geblendete Tiere nehmen Hindernisse nicht wahr, helligkeitsabhängige Tagesrhythmen beispielsweise bei Singvögeln kommen durcheinander.
Andere Tiere hingegen profitieren von den vom Licht »angelockten« Insekten. So wurden Fledermäuse beobachtet, die in die Insektenschwärme rund um die Laternen hineinstießen und reiche Beute machten. Auch aasfressende Kleintiere finden in den Morgenstunden unter den Lampen den Tisch reich gedeckt.[152]

Nr. 153

Was hilft gegen Schluckauf?

Fast jeder kennt ein angeblich sicheres Hausmittel gegen Schluckauf. Doch ob Kopfstand oder Luft anhalten – es hilft oft nicht. In vielen Fällen verschwindet der Schluckauf, wenn man tief einatmet und die Luft dann in den Bauch presst – bis er sich richtig wölbt. Es kann auch helfen, eiskalte Flüssigkeiten zu trinken, da sich dadurch die verkrampfte Muskulatur löst. Der Schluckauf entspannt sich meist auch, wenn man sich angestrengt konzentriert.
Zumeist ist ein bestimmter Nerv, der das Zwerchfell motorisch durch Reize steuert, blockiert: der sogenannte *nervus frenicus*. Er versorgt die Muskeln, welche die Brust von der Bauchhöhle abtrennen. Wenn diese Blockade mehrere Stunden anhält, sollte man einen Arzt aufsuchen. Im chronischen Fall muss ein betäubendes Mittel gespritzt werden, damit sich die anhaltende Verkrampfung im Muskel löst.[153]

Nr. 154

Weshalb kräht der Hahn?

Wenn der Hahn am Morgen mit stolz geschwelltem Kamm kraftvoll kräht, dann weckt er mitnichten seine Hühner. Vielmehr signalisiert er mit dem Erwachen: »Hier ist mein Revier. Ich bin ein toller Kerl.« Mit seinem Ruf markiert der Gockel sein Terrain und grenzt es gegen andere »tolle Kerle« ab.

Aus diesen Gründen kräht der Hahn auch nicht nur morgens, sondern den ganzen Tag über bis zum Abend, wenn die Hühner mit dem Sonnenuntergang »ins Bett gehen«. Kräht der eine Gockel, ziehen die anderen nach. So geht es reihum, bis es wieder von vorn anfängt.

Übrigens: Studien haben ergeben, dass vielseitige Gesangskünstler von den Hühnern mehr umschwärmt werden als Krächzer. Dabei scheint das »Kikeriki« den Hahn nicht sonderlich anzustrengen. Zumindest sind die energetischen Kosten des Krähens wesentlich geringer als die bei quakenden Fröschen, die sich kräftig dabei verausgaben.

Dass Hühner und Hähne mit dem Sonnenuntergang schlafen gehen und mit dem Sonnenaufgang erwachen, ist eigentlich nichts Besonderes. Dies tun alle tagaktiven Vögel. Der Schlaf-Wach-Rhythmus der Menschen war einst ähnlich: Der Bauer stand – wie seine Tiere – mit dem ersten Hahnenschrei auf und ging mit den Hühnern zu Bett.[154]

Nr. 155

Warum hilft Kratzen, wenn es juckt?

Aaaah, tut das gut, am juckenden Mückenstich zu kratzen. Doch warum empfindet man es eigentlich als angenehm, juckende Stellen mit den Fingernägeln zu traktieren?

Der leichte Schmerzreiz, der durch das Kratzen ausgelöst wird, überdeckt den Juckreiz. Denn die Schmerzimpulse werden etwas schneller zum Rückenmark geleitet und blockieren das Juck-Empfinden.

Man kann meist gar nicht anders, als zu kratzen: Der Körper reagiert reflexartig auf das Kitzeln auf der Haut. Die Schwelle, bei welcher der Kratz-Reflex einsetzt, ist individuell unterschiedlich. Aber man kann ihn nicht durch reine Willensstärke auf Dauer unterdrücken.

Vermutlich ist der Juckreiz vom Körper ursprünglich als eine Warnung beispielsweise vor Insekten auf der Haut angelegt. Man kratzt, und dadurch wird der Fremdkörper entfernt. Mit dem Wohlgefühl, das man durch das Kratzen empfindet, belohnt sich der Körper möglicherweise für diese schnelle Reaktion. Bei chronischem Juckreiz kann das allerdings fatal werden: Es gibt Patienten, die sich in einen Kratzrausch steigern und gar nicht mehr aufhören können. Dadurch wird die Haut gereizt und verletzt, Entzündungen können entstehen, die wiederum jucken. Man gerät in einen Juckreiz-Kratz-Teufelskreis.

Statt zu kratzen, sind bei Juckreiz deshalb kühlende und juckreizlindernde Lotionen sinnvoll. Bei einem Mückenstich kann es auch helfen, die betroffene Stelle nur kurz zu zwicken, statt zu kratzen: Dadurch hat man ebenfalls einen kurzen Schmerzreiz, der das Jucken überdeckt, der Haut aber weniger schadet. Bei Patienten mit chronischem Juckreiz kann man auch versuchen, zusätzlich zur Behandlung mit Medikamenten den Kratzreflex umzuleiten, indem man sie beispielsweise statt der Haut ein Kissen bearbeiten lässt.

Noch sind beim Thema Juckreiz viele Fragen offen. Erst seit Mitte der 90er-Jahre weiß man beispielsweise, dass Juckreiz auf eigenen Nervenbahnen weitergeleitet wird. Davor ging man immer davon aus, dass Juckreiz und Schmerzempfinden auf demselben Weg verarbeitet werden. Um die Mechanismen des Juckreizes besser zu erforschen und Patienten mit chronischem Juckreiz zu helfen, die oft sehr unter ihrer Krankheit leiden, hat sich ein Arbeitskreis gegründet, der das Problem interdisziplinär angehen möchte. Bei der Behandlung macht es nämlich oft Sinn, wenn Hautärzte mit Internisten, Nervenärzten oder Psychosomatikern zusammenarbeiten.[155]

Nr. 156

Warum verlieren Nadelbäume nicht ihr Grün?

Im Herbst verlieren die Laubbäume ihre Blätter, die Äste der Nadelbäume hingegen werden – mit wenigen Ausnahmen – nicht kahl. Für dieses Phänomen gibt es nach Expertenansicht keine einzelne Erklärung. Nadelbäume sind evolutionsgeschichtlich wesentlich älter als Laubbäume und haben eine einfachere Struktur.
Laubbäume haben dagegen die Fähigkeit entwickelt, im Winter ihr Blattwerk abzuwerfen und somit die über die Blätter entstehende Verdunstung praktisch auf null zu senken. Damit wird eine mögliche Austrocknung verhindert. Die Außenhaut der Nadeln (Epidermis) ist dagegen sehr viel fester als die von Laubblättern. Dadurch regulieren die Nadelgewächse ihrerseits ihren Feuchtigkeitshaushalt. Im Gegensatz zu den Laubbäumen besitzen die Nadelgehölze auch im Winter die Fähigkeit zur Fotosynthese. Das heißt, die grünen Nadeln produzieren mithilfe des Sonnenlichtes den Sauerstoff, den wir alle zum Atmen brauchen.[156]

Nr. 157

Weshalb haben viele Menschen Angst vor Spinnen?

»Pfui, Spinne!«, sagen viele Menschen, wenn sie sich vor etwas ekeln. Warum aber ist die Angst vor Spinnen so weit verbreitet? Es sind offenbar mehrere Faktoren im Spiel, wenn Menschen eine sogenannte Arachnophobie zeigen. Die Spinnenangst ist so alt die wie Menschheit selbst. Sie gehört zu jenen Ängsten, welche die Menschen beispielsweise vor bestimmten Tieren wie Schlangen oder großen Raubtieren bis heute haben. Der Anblick einer Spinne mit ihren acht langen dünnen Beinen, die sich scheinbar sehr schnell bewegen, weicht von dem uns bekannten Körperschema sehr stark ab.
Am Verhalten von kleinen Kindern im Alter von zwei bis vier Jahren lässt sich dies gut beobachten. Die Form und Bewegungen der Spinne

sind uns fremd und lösen somit Ängste oder Neugier aus. Oft spielt dabei auch das von den Eltern abgeschaute Verhalten eine wichtige Rolle. Wenn die Eltern auf Spinnen immer wieder mit Ekelverhalten reagieren, entwickeln die Kinder nach dem Schema Modelllernen zumeist schon in den ersten Jahren eine Spinnenangst.[157]

Nr. 158

Warum sehen wir manchmal Sternchen?

Wenn wir außer Puste sind, morgens zu schnell aufstehen oder uns die Achterbahnfahrt nicht bekommt, sehen wir manchmal Sternchen. Ein solches Flimmern vor den Augen hat meistens mit einer Gleichgewichtsstörung zu tun. Zumeist empfinden wir dann auch ein vorübergehendes Schwindelgefühl. Für das Flimmern in den Augen ist eine kurzfristige, plötzliche Durchblutungsstörung im Gehirn verantwortlich. Dies geschieht auch, wenn wir beispielsweise einen Stoß oder Schlag gegen das Auge bekommen.
Zur Orientierung im Raum und zur Aufrechterhaltung des Gleichgewichts verfügt der Mensch über verschiedene Systeme im Körper, die ihre Informationen an das Gehirn weitergeben. Dies sind das Auge, das Gleichgewichtsorgan im Innenohr und Sinneszellen, welche die Körperhaltung registrieren. Werden mehrere dieser Informationssysteme gestört, empfinden wir Unsicherheit beziehungsweise Schwindel. Durch die mangelhafte Durchblutung wird die Bildverarbeitung beim Auge gestört. So sehen wir etwas, das wir in Wirklichkeit gar nicht sehen.[158]

Nr. 159

Wieso jucken Mückenstiche?

Es könnte alles so schön sein. Sonne, Sand, Meer – und dann: ein unerträgliches Jucken an den von Mücken zerstochenen Waden. Die

Stiche der meisten Mücken sind für den Menschen harmlos. Doch das Jucken ist oft lästig.

Der Juckreiz ist eine allergische Reaktion der Haut. Nach ihrem Stich injizieren Mücken ein Speichelsekret in die Haut, um die Gerinnung des Blutes zu verhindern. So können sie in Ruhe trinken. Das Sekret führt dazu, dass im Rahmen einer Sofortreaktion innerhalb von Minuten Histamine in der Haut freigesetzt werden. Diese verursachen eine allergische Reaktion mit Schwellung, Juckreiz und Rötung. Doch anders als die Stiche von Wespen und Bienen »spritzen« Mücken kein Gift.

In den meisten Fällen beginnt der Stich nach wenigen Minuten zu jucken. Wie lange das dauert, hängt von zwei Faktoren ab: Zum einen ist entscheidend, ob die Mücke Zeit hatte, die volle Menge ihres Speichelsekrets zu injizieren oder vorher verscheucht wurde. Zum anderen ist die individuell unterschiedliche Stärke der allergischen Reaktion ausschlaggebend.

Ob der Mückenstich nur eine Stunde oder mehrere Tage lang juckt, hängt jedoch nicht von der Mückenart ab. Ursache für den gelegentlich auch über einige Tage anhaltenden Juckreiz ist eine allergische Spätreaktion. Wer dem Reiz nachgibt und kratzt, verlängert unter Umständen das Leiden. Das Kratzen verstärkt die Reaktion und kann außerdem zu einer Infektion führen. In manchen Fällen können aber auch bakterielle Krankheitserreger direkt von den Mücken übertragen werden und bereits nach wenigen Stunden zu einer Erkrankung führen.

Warum manche Menschen besonders gern von Mücken gestochen werden, während andere kaum etwas abbekommen, hat verschiedene Gründe: Mücken werden unter anderem durch Wärme angezogen. Sind also zwei Menschen in einem Raum, wird die Mücke denjenigen mit der höheren Hauttemperatur ansteuern. Frauen werden häufiger gestochen als Männer, denn ihre Haut ist wärmer. Kinder sind bei den lästigen Insekten aus demselben Grund sehr beliebt.

Der Geruch der Hautausdünstungen spielt bei der Wahl des Opfers ebenfalls eine Rolle. Neben der individuellen Komponente wird dieser Geruch von der Ernährung beeinflusst. Bei einer Reise durch Afrika wird beispielsweise empfohlen, zur Mückenabwehr besonders scharfe Gerichte mit viel Knoblauch zu essen.[159]

Nr. 160

Bekommt man durch Stress graue Haare?

Den elterlichen Vorwurf »Ihr macht mir so viel Kummer, meine Haare werden davon grau« haben sich schon viele Kinder anhören müssen. Gibt es wirklich einen Bezug zwischen Ärger und Stress und dem Ergrauen von Haaren? Wissenschaftlich kann man einen solchen Zusammenhang nicht nachweisen.

Das Ergrauen von Haaren wird durch die Rückbildung von Melanozyten verursacht. Diese Zellen produzieren das Pigment Melanin, das für die Färbung des Haares verantwortlich ist. Die Melanozyten produzieren im Laufe eines Menschenlebens weniger Melanin und dadurch können sich zunehmend graue Haare bilden. Ab welchem Alter und in welchem Umfang jemand graue Haare bekommt, ist hauptsächlich genetisch vorgegeben.

Wie bei anderen Alterungsprozessen des Körpers ist es denkbar, dass man durch einen gesunden Lebensstil auch das Ergrauen der Haare hinauszögern kann. Die Faltenbildung der Haut ist beispielsweise auch genetisch bedingt, kann aber durch Rauchen, Sonne oder eine ungesunde Lebensweise beschleunigt werden. Eine ähnliche Theorie zum Thema graue Haare konnte man bislang jedoch nicht belegen.

Ein anderes Phänomen, das untersucht wird, betrifft die reduzierte Durchblutung der Kopfhaut durch das bei Stress produzierte Adrenalin. Nicht nachgewiesen ist, ob Adrenalin Auswirkungen auf das Wachstum und die Pigmentierung der Haare hat. Belegt ist, dass bestimmte Krankheiten bei einigen Menschen ein verstärktes Entfärben der Haare auslösen. Hierzu gehören zum Beispiel Autoimmunerkrankungen und Vitamin- oder Eisenmangel. Häufig kann man dann die Grunderkrankung behandeln und das vorzeitige Ergrauen der Haare stoppen.

Immer wieder hört man von Fällen, in denen Menschen durch ein schlimmes Erlebnis über Nacht ergraut sein sollen. Hierbei handelt es sich allerdings nicht um ein plötzliches Entfärben der Haare. Die betroffenen Menschen leiden an einem starken Haarausfall, von dem nur pigmentierte Haare betroffen sind. Dadurch bleiben auf dem Kopf nur die schon vorher vorhandenen grauen Haare übrig. Diese Fälle sind extrem selten und auch hier konnte der Zusammenhang zwischen dem Schock und dem Ausfall der Haare nicht nachgewiesen werden.[160]

Nr. 161

Muss man bei Gewitter raus aus dem See?

Wenn es am Himmel blitzt und donnert, sollte man zuweilen das Weite suchen. »Schwimme bei Gewitter nie in einem See«, bekommen schon die kleinsten Badehosenträger mit auf den Weg. Lebensrettende Maßnahme oder altbackene Volksweisheit?

Auch wenn es noch so verlockend ist: In einem See haben bei nahendem Gewitter selbst die besten Schwimmer nichts mehr zu suchen. Die Erklärung ist recht einfach: Bei einem Blitzeinschlag findet ein Ladungsausgleich statt, es fließt Strom. Selbst wenn man nicht direkt getroffen wird, kann es unangenehme Folgen haben. Der Grund: Der Blitz schlägt zwar beispielsweise in einen Baum ein, die elektromagnetische Ladung wird aber sofort auch ins nähere Umfeld weitergeleitet. Was schon an Land zur kleinen Katastrophe werden kann, wird im Wasser richtig gefährlich. Denn es leitet besonders gut.

Da ein Blitz besonders häufig in den höchsten Punkt einschlägt, ist der herausragende Kopf eines Schwimmers auf einer glatten Wasseroberfläche für ihn ein willkommenes Ziel. Und darum sollte der Badefan so schnell wie möglich ans Ufer kraulen, sobald er die ersten dicken Wolken am Horizont sieht.[161]

Nr. 162

Schadet Lesen bei Dämmerlicht den Augen?

Heimliches Lesen unter der Bettdecke ist für Kinder zu später Stunde das reinste Abenteuer. Doch während der Nachwuchs bei

Taschenlampenlicht den neuesten *Harry-Potter*-Roman verschlingt, bangen die Eltern um die Sehkraft ihrer Sprösslinge. Doch stimmt es tatsächlich, dass Lesen bei Dämmerlicht den Augen schadet?
Auch wenn es zum großen Teil genetische Veranlagung ist, ob man als Brillenschlange und Kontaktlinsenträger durchs Leben geht – wirklich gesund ist das Lesen im Halbdunkeln tatsächlich nicht. Den Augen macht dabei nicht nur die spärliche Lichtquelle, sondern vor allen Dingen die Nähe zum Buch zu schaffen.
Als in Experimenten Hühnern eine Spezialbrille aufgesetzt wurde, bemerkten Forscher, dass ihre Netzhaut bei andauernder Nahsicht Wachstumssignale aussandte und sich der Augapfel streckte. In der Folge wurden die Hühner kurzsichtig. Ein ähnliches Schicksal könnte junge Leseratten ereilen, die ihre Nase zu lange und vor allen Dingen zu tief in die Bücher stecken.
Es gibt tatsächlich einen Zusammenhang zwischen vielem Lesen im jugendlichen Alter und der Kurzsichtigkeit. Schlechte Lichtverhältnisse und ein geringer Abstand zum Buch machen es den Augen besonders schwer, Kontraste darzustellen. Allein diese Mehrbelastung führt aber sicher nicht zwangsläufig zur Kurzsichtigkeit. Auch eine entsprechende Veranlagung muss vorhanden sein.
Man sagt, Naturvölker sind weitsichtig, Kulturvölker sind kurzsichtig. Eine These, an der durchaus etwas dran ist. Dies ist aber kaum ein Grund, Kindern das Lesen zu verbieten. Stattdessen sollte man lieber für ausreichend Entspannungspausen und genügend Licht sorgen.[162]

Nr. 163

Warum fallen wir im Schlaf nicht aus dem Bett?

In der Nacht laufen die meisten Schläfer zur Höchstform auf. In ihren Träumen werden sie zum Fußballstar, zur umjubelten Primaballerina, bekommen einen Oscar oder spielen im Dschungel den Lebensretter. Zum wahren Helden werden sie aber aus anderen Gründen. Denn trotz all der bestandenen Abenteuer fallen sie im Schlaf nicht aus dem Bett. Warum eigentlich nicht?

Im Schlaf nimmt die Muskelspannung ab, sodass wir die meiste Zeit sehr ruhig daliegen. Als Schutzmechanismus vor unkontrollierten Bewegungen sind dabei die Muskeln wie gelähmt. Nur die Augen bewegen sich in den Traumphasen schnell hin und her.
Sobald man sich jedoch umdrehen und die Position wechseln möchte, wird die Muskulatur aktiviert und der Schläfer wacht ganz kurz auf. Bis zu zehnmal in der Stunde wiederholt sich dieser Prozess. Im Unterbewusstsein nimmt der Träumer dann die Rahmenbedingungen und örtlichen Gegebenheiten wahr.
Bei Kindern funktioniert dieser Prozess noch nicht so gut, deshalb fallen sie des Öfteren aus dem Bett. Ein Lernprozess, der erst im Laufe von Jahren abgeschlossen ist. Es ist wie beim Einparken. Dabei lernt man auch von Mal zu Mal, die Maße des Fahrzeugs abzuschätzen, bis sie ins Unterbewusstsein übergegangen sind.
Ein ähnlicher Prozess spielt sich auch im Schlaf ab. An ein neues Bett muss man sich ebenfalls erst gewöhnen. Das erklärt, warum man in den ersten ein bis zwei Nächten in einer neuen Umgebung zunächst schlechter schläft als sonst. Erst wenn das Unterbewusstsein die Maße des Bettes gespeichert hat, kann man wieder vertrauensvoll und tief in süßen Träumen schlummern – als Held der Nacht.[163]

Nr. 164

Machen Kopfbälle dumm?

Der Streit ist fast so alt wie die Sportart selbst. Und auch heute geht es noch heiß her, wenn Fußballer und Fans über mögliche Schäden durch Kopfbälle diskutieren. Die Frage bleibt: Machen Kopfbälle dumm?
Bisherige sportmedizinische Forschungen zeigen, dass man differenzieren muss. Grundsätzlich ist die Kraft, die bei einem Kopfball auf den Körper einwirkt, nicht so groß, dass man akute Verletzungen erwarten muss.
In mehreren Studien wurden Frauen und Männer beim Köpfen untersucht und es konnten hinterher keine größeren Veränderungen bei neuropsychologischen Tests festgestellt werden. Hierbei wurden

zum Beispiel die Merkfähigkeit, die Denkgeschwindigkeit und das Erinnerungsvermögen getestet. Einige Versuchpersonen erlebten allerdings Symptome, die denen nach einer leichten Gehirnerschütterung gleichen. Diese Empfindungen konnten allerdings nicht gemessen werden und verschwanden rasch wieder.
Als man die neuropsychologischen Tests mit Personen wiederholte, die über einen langen Zeitraum Fußball gespielt und viel geköpft hatten, verschlechterten sich die Ergebnisse allerdings. Es gibt also Hinweise darauf, dass Kopfbälle über einen längeren Lebenszeitraum zu messbaren Funktionsveränderungen im Gehirn führen können. Dies heißt also, dass Kopfbälle nicht sofort dumm machen, auf Dauer aber die Gehirnleistung verändern können.
Aus sportlicher Sicht ist jedoch Kopfball nicht gleich Kopfball. Das Gefahrenpotenzial von Kopfbällen kann man durch die richtige Technik mindern. Trainiert werden sollte das richtige Timing und die Bewegungskoordination, damit man den Ball kontrolliert mit der Stirn annehmen kann. Es ist auch möglich, die Nacken- und Rückenmuskulatur gezielt für Kopfbälle zu stärken.[164]

Nr. 165

Hinterlassen Fische Spuren im Wasser?

Friedlich schwimmen Fische im klaren Wasser des Aquariums hin und her. Ihre Bewegungen hinterlassen keine Spuren, die das Menschenauge sehen könnte. Die Fische im Becken nehmen jedoch die Fährten wahr. Fische hinterlassen im Wasser Spuren.
Wenn ein Fisch sich bewegt, hinterlässt er ein charakteristisches Muster im Wasser. Die Verwirbelungen können andere Fische dann mithilfe ihres Seitenlinienorgans wahrnehmen. Dieses besteht aus einzelnen Sinnesknospen, die über den ganzen Körper verteilt sind.
Die verschiedenen Fischarten hinterlassen unterschiedliche Spuren im Wasser. Das Muster hängt davon ab, wie schnell ein Fisch schwimmt und ob er sich eher mithilfe der Brust- oder Schwanzflossen fortbewegt. Ob Fische sich aber daran genau erkennen können, ist noch unklar.

Forscher haben bislang nicht herausgefunden, ob es artspezifische Informationen gibt.
Durch die Spuren im Wasser können Fische erkennen, in welche Richtung ein anderer Fisch geschwommen ist und wie lange dies her ist. Diese Informationen scheinen vor allem für Raubfische nützlich zu sein. Die Schwimmfährte im Wasser hilft ihnen, ihre Beute zu verfolgen und aufzuspüren.[165]

Nr. 166

Wie entsteht Magenknurren?

Wenn wir Hunger haben, signalisiert der Körper den Nahrungsbedarf auf unterschiedliche Weise. Das deutlichste Zeichen ist das Magenknurren: Wenn wir von einem leeren Magen sprechen, befinden sich darin allerdings immer noch Wasser und Luft. Das Magenknurren entsteht durch Bewegungen der Magenmuskulatur. Durch Zusammenziehen verformt sich der Magen fast wie zu einem Schlauch. Wasser und Luft werden dabei durch den sich verformenden Magen gepresst. Dadurch entstehen die knurrenden Geräusche.
Das Ganze ist eine normale Reaktion des Körpers. Unterstützt wird dieses Hungersignal durch weitere Reaktionen des Körpers, beispielsweise wenn Lebensmittel in den Blick geraten. Dann werden im Mund Speichel und im Magen eine Säure, beides Verdauungssäfte, freigesetzt. Auch Veränderungen des Blutzuckerspiegels haben einen Einfluss. Sinkt der Pegel zu tief, werden über die Hormonkette Botenstoffe freigesetzt, die im Körper ein Hungergefühl auslösen.[166]

Nr. 167

Können Tiere weinen?

Krokodilstränen sind sprichwörtlich geworden. Sie rinnen, wenn das Tier seine Beute verschlingt, und Menschen deuten dies als Heuchelei. Denn bei uns sind Tränen meist Zeichen großer Gefühle wie Trauer, Wut oder Freude. Können Tiere in diesem Sinne weinen?
Es gibt einige Tiere, die weinen. Bei Krokodilen kann man dies beobachten und auch bei Meeresschildkröten. Auch Möwen oder Albatrosse vergießen zähflüssige Tränen, ebenso Galapagosmeerechsen und andere am Meer lebende Tiere.
Der Tränenfluss bei Tieren hat unterschiedliche Gründe. Weinen kann zum Beispiel Ausdruck großer körperlicher Anstrengung sein. Tränen fließen etwa, wenn Meeresschildkröten beim Eierlegen stark pressen müssen oder sich Krokodile beim Runterschlucken ihrer Beute verausgaben.
Vögel hingegen weinen eher in ihren Erholungszeiten. Wenn eine Möwe in der Sonne sitzt und sich ausruht, kann man mit etwas Glück selbst eine Träne sehen. Möwen und andere am Meer lebende Tiere fressen stark salzhaltige Nahrung und müssen dieses Salz teilweise wieder ausscheiden. Ihre Tränendrüsen sind zu Salzdrüsen geworden und helfen, überschüssiges Salz aus ihrem Körper loszuwerden.
Der Tränenfluss bei Tieren hat also keinen emotionalen Hintergrund. Wenn Weinen bei Tieren also keine Gefühle ausdrückt, wie äußern Tiere ihre Emotionen? Denn bei Vögeln und einigen Säugetieren kann man beobachten, dass sie zum Beispiel bei Trauer ähnlich reagieren wie Menschen.
Bei diesen Tieren verschlechtert sich die Muskelspannung und dies lässt Federn oder Fell herunterhängen. Einige Tiere vernachlässigen in dieser Zeit auch ihre Körperpflege, nehmen keine Nahrung auf oder werden teilnahmslos. Klagerufe gibt es bei solchermaßen trauernden Tiere allerdings nicht. Hunde und Wölfe heulen zwar häufig in dieser Situation. Die Rufe sind aber ganz normale Kontaktrufe, die der Mensch fälschlicherweise als Klagerufe interpretiert.[167]

Nr. 168

Warum läuft einigen Menschen beim Sport die Nase?

Kaum ist die Aufwärmphase beim Sport vorbei, läuft einigen Menschen die Nase. Obwohl sie keine Erkältung haben, müssen sie beim Volleyball, Badminton oder Joggen öfter das Taschentuch zücken. Dies ist die Folge einer verstärkten Reaktion der Nasenschleimhaut auf Impulse des vegetativen Nervensystems. Das sorgt unter anderem dafür, dass unsere Muskeln bei körperlichen Belastungen genügend Sauerstoff bekommen.

Der Sauerstoff kommt aus der Luft, die wir durch die Nase einatmen – zumindest bis zu einem bestimmten Grad an Anstrengung. Die Nase wiederum hat die Funktion, die Atemluft anzuwärmen, anzufeuchten und zu reinigen, bevor sie in die Lunge gelangt. Mit sechs sogenannten Schwellkörpern – das sind große Blutspeicher in den Nasenmuscheln – kann die Nase auf die jeweilige Temperatur und Feuchtigkeit der Luft reagieren.

Ist die Luft zum Beispiel trocken und kalt, füllen sich die Schwellkörper verstärkt mit Blut. Dadurch wird der Innenraum der Nase kleiner und gleichzeitig vergrößert sich die Kontaktoberfläche für den Luftstrom, der angefeuchtet oder erwärmt werden muss. Zusätzlich bilden die Schleimhautdrüsen Sekret. Die Nasenschleimhäute der betroffenen Sportler sondern vermehrt Flüssigkeit ab und daher läuft dann bei ihnen die Nase.

Einige Menschen neigen bei körperlichen Anstrengungen übrigens mehr zu einer laufenden Nase als andere. Etwa 60 Prozent aller Sportler berichten über dieses Phänomen. Das ist zwar mitunter lästig, aber kein Grund zur Besorgnis. Meist hört die Nase von allein auf zu laufen, sobald der Körper wieder zur Ruhe kommt. Bei 50 bis 70 Prozent der Betroffenen ist die verstärkte Sekretproduktion allerdings Ausdruck einer allergischen Erkrankung der Nasenschleimhaut.[168]

Nr. 169

Kann man seinen Intelligenzquotienten steigern?

Wer einen Intelligenzquotienten (IQ) von 85 bis 115 hat, ist nichts Besonderes. Damit schwimmt man mit der Masse und gilt als durchschnittlich begabt. Um dagegen zur »Grips-Elite«, zur kleinen Gruppe der Hochbegabten, zu gehören, sind ganz andere IQs gefragt, 130 sollten es schon sein – mindestens. Einen solchen Wert erreicht jedoch nur jeder 50. Mensch in Deutschland. Aber kann man seinen IQ durch Training steigern?

Mensa, dem Verein für hochbegabte Menschen, sind keine belastbaren wissenschaftlichen Aussagen in dieser Richtung bekannt. Die Intelligenz ist nach dem aktuellen Stand der Forschung eine Eigenschaft, die bemerkenswert stabil ist.

Die zugrunde liegende Begabung insgesamt kann man nicht steigern. Aber das Gehirn passt sich Aufgaben an. So lassen sich reine Gedächtnisleistungen oder die Fähigkeit zur räumlichen Orientierung von Taxifahrern erheblich steigern. Es gehören also tägliches Arbeiten und erlebbarer Nutzen dazu, um einen Fähigkeitsbereich deutlich zu verbessern.

Was bringen dann die vielen Gehirnjogging-Programme, die zurzeit auf dem Markt sind? Programme zum Gehirnjogging sind interessant, weil sie alle verlangen, dass man sich ausdauernd mit einem Thema beschäftigt und Krisen bewältigt, wenn man spontan keine Lösung findet. Außerdem verlangen die meisten Programme, dass man nicht gradlinig denkt, sondern komplexe Lösungen findet. Das fördert auch die Kreativität und hilft, nicht in eingefahrenen Bahnen zu denken. Mithilfe von Gehirnjogging lassen sich demnach verschiedene Fähigkeiten trainieren. Viele Experten sind jedoch skeptisch, ob sich dabei auch der Intelligenzquotient verbessert.

Der IQ von Erwachsenen verändert sich im Laufe des Lebens offenbar kaum mehr. Bei Teenagern und Kindern sind nach Angaben von Forschern noch erhebliche IQ-Schwankungen möglich. Im Alter von 12 bis 16 Jahren kann sich der IQ einer Studie zufolge um bis zu 20 Punkte verschlechtern oder verbessern. Die Veränderungen im IQ-Ergebnis gehen mit Anpassungen in der Gehirnstruktur einher.

Warum es zu diesen Sprüngen beim IQ kommt, ist unklar. Möglicherweise spielt Bildung dabei eine Rolle. Das würde bedeuten, dass sich Intelligenz zumindest bei Jugendlichen doch trainieren ließe. Wir sollten vorsichtig damit sein, vermeintlich Leistungsschwache schon frühzeitig abzuschreiben, da sich ihr IQ nur wenige Jahre später signifikant verbessert haben kann. In vielen Ländern gibt es die Tendenz, den weiteren Bildungsweg von Kindern schon relativ früh festzulegen – vielleicht zu früh.

Relativ neu ist die Erkenntnis, dass auch Computerspiele zu einer Steigerung des IQ in der Jugend beitragen können. Dies funktioniert aber nicht mit sogenannten Ballerspielen, sondern nur mit speziell entwickelten Programmen, die das logische Denken fördern. Die so trainierten Kinder schnitten danach nicht nur in Intelligenztests besser ab. Auch ihre Leistungen in der Schule fielen deutlich und auf Dauer besser aus.

Ein hoher IQ kann in der Schule oder im Beruf enorme Vorteile haben. Doch haben Superhirne auch Vorteile im Alltag? Ob Menschen mit einem hohen IQ auch im Leben schlauer sind, ist nicht gesagt. Lebensklugheit hat viel mit Erfahrungen zu tun. Hochbegabte lernen oft nicht, ihre besondere Begabung zielgerichtet einzusetzen, und haben oftmals sogar Schwierigkeiten im Umfeld von anderen Menschen, die normal begabt sind.

Es nützt beispielsweise wenig, genau zu wissen, wie der Nagel in die Wand hinein muss und was physikalisch passiert, wenn das Metall des Nagels sich in den Stein bohrt. Man muss es schon schaffen, den Nagel mit dem Hammer auch genau zu treffen.[169]

Nr. 170

Warum fliegen Vögel in Keilformation?

Der Herbst zeigt dem Betrachter ein besonderes Naturschauspiel am Himmel. Vögel, die sich zum Flug gen Süden gesammelt haben, fliegen meist in großen Schwärmen und kommen dabei oft wie in einer einstudierten Choreografie zu einer ständig wechselnden Formation zusammen. Einige folgen offenbar einem Anführer und bilden eine Art »V«. Doch warum fliegen Vögel in dieser Keilformation?

Das ist wie beim Sechstagerennen. Dort fährt auch immer ein Rennfahrer voran und die anderen fahren energiesparend in seinem Windschatten. Wie beim Radrennen wechseln sich auch Vögel mit der Führungsposition ab. Wer einen Vogelzug länger beobachtet, kann dieses Phänomen beobachten. Nach einer Weile lässt sich der Anführer zurückfallen und ein anderer rückt an seine Stelle.

Nach welchen Gesichtspunkten die Vögel ihren »Anführer« wechseln, ist nicht bekannt. Möglicherweise lässt ihn die Ermüdung einfach zurückfallen. Vielleicht gibt es aber auch einen angeborenen Zeitrhythmus. Wenn die sogenannte Keilformation nicht immer perfekt ausssieht, kann das an kleinen Verwirbelungen in der Luft liegen oder einfach daran, dass einige Vögel ihren eigenen Kopf durchsetzen wollen.

Allerdings formieren sich nicht alle Vogelarten auf diese Weise. Hauptsächlich größere Ruderflieger fliegen in der Keilformation. Dazu gehören zum Beispiel Gänse, Enten, Kormorane, Möwen oder Watvögel wie der Große Brachvogel. In Hamburg sammeln sich abends zum Beispiel die Möwen und fliegen oft in Keilformation zu ihrem Schlafplatz auf der Alster.

Für kleinere Vögel und größere Segelflieger ist diese Technik dagegen nicht sinnvoll. Bei diesen Tieren sind die aerodynamischen Bedingungen, insbesondere die Wirbelbildungen und Strömungen hinter den »Tragflächen« anders. Segelflieger wie Adler, Bussarde oder Störche nutzen thermische Aufwinde, um Höhe zu gewinnen, und segeln dann weite Strecken mit ruhig gehaltenen Flügeln. Sie müssen somit keinen Vortrieb mit der eigenen Körperkraft wie die Ruderflieger erzeugen. Bei den meisten Singvögeln wechseln kurze Schlag- und Gleitphasen. Dies dürfte im Vergleich zu konstanten Ruderern einen ungleichmäßigen Sog erzeugen.[170]

Nr. 171

Weshalb ist die untergehende Sonne rot?

Ein tiefroter Sonnenuntergang gehört zu den schönsten Naturschauspielen. Aber warum erscheint die Sonne, wenn sie sich am Abend dem Horizont nähert, mitunter in tiefem Rot und andere Male in blassem Gelb? Das hat mit den unterschiedlichen Wellenlängen des von der Sonne abgestrahlten Lichts zu tun.
Wenn die Sonne sich dem Firmament nähert, also in einem flachen Winkel steht, haben ihre Strahlen einen längeren Weg durch die Erdatmosphäre zu durchlaufen. Die Erdatmosphäre hat die Eigenschaft, langwellige Strahlung wie das ultraviolette Licht zu absorbieren, wenn viel Wasserdampf in der Atmosphäre oder die Luft stark verunreinigt ist. Dann erscheint die Sonne mitunter in dunklem Rot. Wenn die Atmosphäre dagegen trocken ist und wenig Staub und Verunreinigungspartikel in ihr schweben, erscheint die Sonne heller.[171]

Nr. 172

Wie gefährlich sind Asteroiden?

»Vorsicht Steinschlag!« – solche Warnschilder kennt man von steilen Gebirgspässen. Doch eigentlich müssten sie auch in sämtlichen Tiefebenen aufgestellt werden. Passiert es doch immer wieder, dass wie aus dem Nichts gewaltige Gesteinsbrocken aus dem Weltall auf die Erde niedergehen. Ein Beispiel ist der Meteorit, der im September 2007 in der Nähe eines peruanischen Dorfes abstürzte und in der Andenregion einen rund 30 Meter großen Krater hinterließ. Wer da zum falschen Zeitpunkt am falschen Ort ist, wird das unverhoffte Rendezvous wohl auch mit Schutzhelm nicht überleben.
Von einem Meteorit sprechen Wissenschaftler, wenn ein Kleinkörper im Sonnensystem (Meteorit) beim Eintritt in die Erdatmosphäre nicht vollständig verglüht und komplett oder in Teilen auf die Erde fällt. Im

Extremfall kann das sogar globale Auswirkungen haben. So geht die Wissenschaft davon aus, dass ein Meteorit mit etwa zehn Kilometern Durchmesser dafür verantwortlich war, dass vor 65 Millionen Jahren die Dinosaurier ausstarben.

Der Brocken traf nicht jeden Saurier direkt, sondern war offenbar so groß, dass er für Jahre die Sonne verdunkelte: Vermutlich wurde durch den Aufprall irrsinnig viel Geröll und anderes Material in die Atmosphäre aufgewirbelt. Dieser Dauernebel verursachte einen rapiden Temperaturabfall und einen für die Dinosaurier nicht verträglichen Klimawandel.

In unserem Sonnensystem ziehen Meteoriten und Asteroiden von bis zu 1000 Kilometern Durchmesser ihre Kreise. Sie befinden sich in festen Umlaufbahnen, von denen die meisten weit entfernt sind. Allerdings sind fatale Bahnänderungen theoretisch möglich: Gerät ein Meteorit oder Asteroid beispielsweise zu nah an den Jupiter, kann der Riesenplanet den Gesteinsbrocken in eine andere Bahn lenken, die im ungünstigsten Fall die Erde kreuzt.

Ein solches Ereignis in der Größenordnung wie beim Sauriersterben ist sehr unwahrscheinlich und kommt nur alle 100 Millionen Jahre vor. Dennoch unterhält die US-amerikanische Raumfahrtbehörde NASA ein Warnsystem, das die großen Asteroiden ab einem Kilometer Durchmesser überwacht. So kann schon Monate vorher berechnet werden, ob und wann ein aus der Bahn geratener Asteroid auf der Erde einschlägt. Welchen Erdteil oder gar welches Land er treffen wird, lässt sich dagegen nicht vorhersagen: Allein wenn man sich um eine halbe Stunde irrt, hat sich die Erde für viele Millionen Menschen schon entscheidend weiter gedreht.[172]

Nr. 173

Warum stehen uns bei Angst die Haare zu Berge?

Wenn wir uns erschrecken oder Angst bekommen, spielen sich in unserem Körper mehrere Reaktionen ab. Eine davon ist, dass sich die Haare aufrichten. Sie stehen einem plötzlich sprichwörtlich zu Berge.

Diese Reaktion ist ein Relikt aus unserer Entwicklungsgeschichte. In Stress- und Angstsituationen schüttet der Körper Hormone aus, die einen buchstäblich erstarren lassen. An den Haarenden am Körper und auf dem Kopf befinden sich kleine Muskeln, die sich dann plötzlich zusammenziehen. Dadurch richten sich die Haare auf.
In der Evolution spielt diese Muskelanspannung eine wichtige Rolle. Sie lässt uns zum einen besser auf Gefahren reagieren. Aber das Aufrichten der Haare hat noch eine weitere Funktion. Im Tierreich lässt sich dies besonders gut beobachten: Wenn ein Gegner angreift, richtet sich das Fell auf und lässt den Körper größer erscheinen. Beim Igel zeigt sich das am deutlichsten. Er richtet seine Stacheln auf, wird dadurch größer – und ist zugleich schwerer angreifbar.[173]

Nr. 174

Weshalb fällt Schnee nicht als festes Eiskorn vom Himmel?

Schnee besteht aus Eis und ist trotzdem federleicht. Ein romantischer Winterspaziergang wäre sonst eine äußerst unangenehme Angelegenheit, der man ohne Beulen nicht entkommen würde. Um so fein und leicht zu bleiben, muss der Schnee von Anfang an unter Idealbedingungen entstehen.
Eine Schneeflocke muss in Ruhe wachsen dürfen. Schneeflocken entstehen in den hoch gelegenen, kalten Teilen der Wolken, indem feine Tröpfchen kalten Wassers beispielsweise an einem Staubkörnchen festfrieren. Ist genügend Feuchtigkeit vorhanden, wächst der Eiskristall zu einem meist flachen, sechsarmigen Schneekristall heran. Mehrere dieser Schneekristalle verhaken sich bei leichter Berührung zu einem feinen Gebilde und formen eine Schneeflocke.
Diese Flocke ist nun schwer genug und beginnt ihren Weg in Richtung Erdboden. Dabei schwebt sie ganz langsam hinab und passiert verschiedene Luftschichten. Sind diese immer kalt genug, sodass die einzelnen feinen Eishärchen der Schneeflocke nicht zu schmelzen beginnen, erreicht die Schneeflocke zart und luftig ihr Ziel.

Wenn innerhalb der Atmosphäre allerdings warme Luftmassen auf kalte treffen, entstehen schnell starke vertikale Winde, welche die leichten Flocken innerhalb der Wolke auf und nieder wirbeln. Durch diese Auf- und Abwinde geraten die Kristallgebilde mal in wärmere Schichten, in denen sie beginnen zu tauen, um gleich darauf in einer kälteren Schicht erneut zu gefrieren. Dabei bildet sich um die Kristallgebilde eine geschlossene Eisschicht. Nach dieser Rundreise kommen die Schneeflocken dann nicht mehr als Flocken auf dem Boden an, sondern als sogenannter Schneegriesel: kleine graupelige Eiskörnchen, denen man an ihrem weißlichen Kern ansieht, dass sie noch Reste der ursprünglichen Kristalle in sich tragen.
Würde die Wirbelei in der Wolke lange genug dauern, könnte sich aus einer Schneeflocke sogar noch ein festes, eisiges Hagelkorn bilden, das schließlich in rasender Geschwindigkeit auf die Erde prasseln könnte. Da es im Winter in den Wolken aber grundsätzlich etwas ruhiger zugeht, weil die niedrig stehende Sonne meist zu schwach ist, um extreme Temperaturunterschiede zu bewirken, dürfen wir uns im Winterhalbjahr ohne Schutzhelm aus dem Haus wagen.[174]

Nr. 175

Wie genau ist ein Kompass?

Früher gab es kein GPS oder moderne Navigationsgeräte – es war der Kompass, der Seeleute und Landstreicher an ihr Ziel lotste. Auf Segeljachten oder bei den Pfadfindern kommt er bis heute zum Einsatz. Blindlings vertrauen sollte man der in die Himmelsrichtungen weisenden Nadel aber nicht, wenn man sich im Wald verirrt: Die magnetische Richtungsweisung eines Kompasses kann erheblich von der geografischen Realität abweichen.
Die Position des geografischen Nord- und Südpols ist durch die Rotationsachse der Erde festgelegt. Die Kompassnadel aber orientiert sich an vielen einzelnen lokalen Magnetfeldlinien. Diese richten sich nach der Position der magnetischen Pole aus, verlaufen aber mit örtlichen Abweichungen von deren direkter Verbindung. Die Position

der magnetischen Pole weicht somit von den geografischen Polen ab und variiert. Grund sind Schwankungen des Erdmagnetfelds, die auch eine Änderung der Abweichungen der Magnetfeldlinien bewirken.
In Südamerika und Südafrika beispielsweise sind die Abweichungen derzeit besonders groß, dort unterscheidet sich die Kompassweisung zum magnetischen Nordpol mitunter um bis zu 20 Grad von der Lage des geografischen Äquivalents. Über Grönland, den Ozeanen und der Antarktis ist die sogenannte Deklination oder Kompassmissweisung sogar noch größer. In Deutschland beträgt die Änderung nur etwas mehr als ein Grad in zehn Jahren. Manchmal schwankt das Magnetfeld der Erde so gravierend, dass Plus- und Minuspol ihre Position vertauschen, magnetischer Norden also plötzlich Süden ist und umgekehrt. Das letzte Mal gab es eine solche Umpolung vor 780 000 Jahren.[175]

Nr. 176

Sind Selbstgespräche normal oder krankhaft?

Es sind bei Weitem nicht nur vereinsamte Menschen, die Selbstgespräche führen. Auch wer einen regen Austausch mit Familie und Freunden pflegt, neigt mitunter zu anregenden Diskussionen, wenn er mit sich alleine ist. Meistens besteht aber kein Grund zur Sorge: Selbstgespräche sind in der Regel harmlos und dienen sogar einem bestimmten Zweck – zum Beispiel können sie in einer schwierigen Situation einen fokussierenden und motivierenden Charakter entwickeln.
Ein Beispiel sind Sportler, die sich in entscheidenden Spielsituationen selbst Mut zusprechen oder nach wichtigen Punktgewinnen für ihre Leistung loben – lautstark und für alle hörbar. Auch vor schulischen oder beruflichen Herausforderungen wie einem wichtigen Referat kann sich eine Selbstansprache positiv auswirken.
Selbstgespräche sind gewissermaßen verbale und punktuelle Ausbrüche unserer permanenten gedanklichen Reflexion, die normalerweise nonverbal über die sogenannte innere Stimme abläuft. Offenbar neigen aber zerstreute Menschen häufiger zu Selbstgesprächen als solche, deren Denken in sehr geordneten Bahnen abläuft.

Untersuchungen haben gezeigt, dass die Frontalhirnaktivität, also der Bereich für planvolles Handeln, bei strukturiert denkenden Menschen sehr aktiv ist. Bei zerstreuten Personen ist sie dagegen deutlich weniger ausgeprägt – sie müssen ihre Gedanken ständig neu refokussieren. Dabei läuft ihr inneres Monitoring häufiger als bei anderen auch über die äußere Stimme ab – sie führen Selbstgespräche.

In besonders schweren Fällen kann dies auf Außenstehende skurril bis beängstigend wirken – etwa wenn nachts in der U-Bahn der Sitznachbar allzu energisch auf sich selbst einredet. Die Grenze, bis zu welchem Punkt Selbstgespräche normal sind und ab wann krankhaft, ist sicherlich fließend.

Problematisch wird es in jedem Fall dann, wenn sich der inneren Stimme fremde, real nicht existente Stimmen hinzugesellen und sich der Betroffene mit diesen angeregt unterhält. Zehn Prozent der Bevölkerung hören manchmal Stimmen oder haben das Gefühl, beobachtet zu werden. Nicht immer hat dies auch Einfluss auf das Verhalten. Die Selbstgespräche können aber durchaus Symptom für eine psychische Erkrankung wie etwa eine Psychose sein.[176]

Nr. 177

Wachsen Ohren und Nase auch noch im hohen Alter?

Unter Schwerhörigkeit leiden viele Senioren. Mit größeren Ohren lässt sich dieses Defizit natürlich nicht ausgleichen, höchstens mit einem Hörgerät. Dennoch werden Ohren mit zunehmendem Alter offenbar immer länger. Das haben Untersuchungen Mitte der 1990er-Jahre gezeigt. Forscher untersuchten die Ohren von 206 Erwachsenen und fanden heraus, dass sie in der Länge tatsächlich im Laufe des Lebens zulegten – um durchschnittlich 0,22 Millimeter pro Jahr.

Bei einem 80-Jährigen können die Ohren folglich durchaus einen guten Zentimeter länger sein als in seiner Jugend. Warum sie derart an Größe zulegen, ist unklar. Eine mögliche Erklärung kann aber sein, dass das Gewebe mit zunehmendem Alter schlaffer wird. Die Schwerkraft sorgt

dafür, dass das schlaffe Gewebe nach unten hängt, was die Ohren insgesamt länger erscheinen lässt.
Ähnlich verhält es sich mit der Nase. So ist eine hängende Nasenspitze im Alter nichts Ungewöhnliches. Hin und wieder müssen Betroffene sogar in diesem Bereich operiert werden, weil die Nase derart hängt, dass sie die Atmung behindert. Krankhaft ist hingegen eine sogenannte Akromegalie. Dabei handelt es sich um eine Überproduktion an Wachstumshormonen, die unter anderem Nase und Ohren ebenfalls übermäßig anwachsen lassen kann.[177]

Nr. 178

Wie viel Energie kostet eine Suchanfrage bei Google?

Wer im Internet unterwegs ist, kann in Sekundenschnelle an jedem Ort der Welt sein. Ein Flugzeug muss man dafür nicht besteigen – ein paar Mausklicks reichen aus. Was vielen Menschen nicht bewusst ist: Auch virtuelles Reisen kostet eine Menge Energie. Allein eine Anfrage bei der Suchmaschine Google kostet vier Watt Strom pro Stunde oder zwei Gramm CO_2-Ausstoß, wie Forscher aus den USA errechnet haben. Das entspricht dem Stromverbrauch einer Energiesparlampe, die eine Stunde lang brennt.
Wissenschaftler haben beobachtet, dass hierzulande beim Thema Klimawandel vor allem über klassische Energiefresser wie das Auto oder Kraftwerke debattiert wird, während die Nachhaltigkeit in der Informationsgesellschaft kaum eine Rolle spielt. Dabei entfielen schon 2001 fünf Prozent des Elektroenergieverbrauchs in Deutschland auf die Informations- und Kommunikationstechnik, nämlich 23,2 Terawattstunden. Für 2010 wird mit 29, für 2015 mit 31 Terawattstunden gerechnet.
Dabei ist es nicht allein der Computer am Arbeitsplatz oder daheim, der beim Internetsurfen die Energie verbraucht. Im Wesentlichen treiben die Infrastruktur der Datenautobahnen sowie die Serverleistung den Stromverbrauch in die Höhe. Und vielbesuchte Internetseiten wie

Google oder Wikipedia haben gewiss keine kleinen Serverräume, um die unzähligen Anfragen aus aller Welt zu beantworten.
Aber es lässt sich durchaus noch teurer durch das World Wide Web surfen. Eine Auktion bei Ebay schlägt mit 18 Gramm CO_2 zu Buche. Und wer im Netz gleich ganze virtuelle Identitäten annimmt, wird vollends zum Klimasünder. Ein Jahr lang eine Identität in der Parallelwelt *Second Life* zu pflegen, entspricht dem durchschnittlichen jährlichen Stromverbrauch eines Brasilianers.[178]

Nr. 179

Kann das Wetter krank machen?

Gerade in der dunklen Jahreszeit haben Beschwerden über das Wetter Hochkonjunktur. »An wolkigen Tagen komme ich nicht in die Gänge« oder »Wenn Regen aufzieht, habe ich immer Rückenschmerzen« sind oft gehörte Klagen. Aber wirken sich Temperatur, Luftdruck oder Luftfeuchtigkeit tatsächlich auf die Gesundheit aus? Das Wetter selbst macht nicht krank. Aber unterschiedliche Wetterfaktoren können dem menschlichen Organismus unter bestimmten Umständen trotzdem sehr zu schaffen machen.
Wissenschaftler unterscheiden zwischen wetterfühligen und wetterempfindlichen Menschen. Wetterfühlige klagen zum Beispiel bei Wetterumschwüngen über allgemeines Unwohlsein, Schlafstörungen oder Konzentrationsschwäche. Zumeist handelt es sich dabei um eher subjektive Empfindungen oder Gefühlslagen, bei denen der Zusammenhang zwischen Wetter und gestörtem Wohlbefinden wissenschaftlich nur schwer nachprüfbar ist. In Umfragen bezeichnet sich relativ stabil etwa die Hälfte der Bevölkerung als vom Wettereinfluss abhängig.
Wetterempfindliche Menschen leiden zumeist an einer ernsten Grunderkrankung wie Rheuma, Blutdruckstörungen oder Asthma. Bei ihnen können bestimmte Wetterlagen Symptome der jeweiligen Grunderkrankung verstärken und im Extremfall sogar Anfälle auslösen. Verschiedene wissenschaftliche Studien haben nachgewiesen, dass vor allem auf- und abziehende Tiefdruckgebiete für gesundheitliche

Belastungen sorgen. So reagieren etwa bei aufziehenden Tiefs Menschen mit entzündlichen Rheumaerkrankungen oder niedrigem Blutdruck besonders empfindlich – vor allem wenn dies mit Warmlufteinfluss einhergeht (Warmluftadvektion). Dagegen sind bei abziehenden Tiefdruckgebieten, verbunden mit einströmender Kaltluft (Kaltluftadvektion), vor allem Patienten mit Arthrose oder hohem Blutdruck von Beschwerden betroffen.

Deshalb lassen Reaktionen auf die Witterung vor allem Rückschlüsse auf den bereits vorhandenen Gesundheitszustand zu. Ein vollkommen gesunder Mensch ist weder wetterfühlig noch wetterempfindlich. Wetterfühlige können Beeinträchtigungen durch Training vorbeugen, indem sie sich etwa viel im Freien bewegen oder regelmäßig in die Sauna gehen. Bei Wetterempfindlichen kann dagegen nur die Behandlung der Grunderkrankung im Vordergrund stehen. Dem Wetter kann man nicht entfliehen, deshalb sollte man versuchen, andere Belastungen zu reduzieren.[179]

Nr. 180

Warum können Wasserläufer übers Wasser rennen?

Manche Insekten flitzen über das Wasser, als wäre es ein fester Untergrund. Für einige Arten ist die Wasseroberfläche ein natürlicher Lebensraum, obwohl sie nicht schwimmen können. Einer ihrer bekanntesten Vertreter ist der Wasserläufer, der bei seinen Beutezügen über Seen, Bäche oder Pfützen ein flinkes Tempo vorlegen kann. Aber warum geht er eigentlich nicht unter?

Das zur Familie der Wanzentiere gehörende Insekt macht sich die Oberflächenspannung des Wassers, das sogenannte Oberflächenhäutchen, zunutze. Wie ein unsichtbarer Film überzieht das Oberflächenhäutchen die Wasseroberfläche: Wenn man genau hinschaut, kann man unter den Füßen des Wasserläufers die Eindellungen auf dem Oberflächenhäutchen erkennen. Entscheidend für die besondere Fähigkeit des Wasserläufers ist sein geringes Gewicht. Über die sechs

langen, dünnen Beine, die mit wasserabweisenden Härchen überzogen sind, wird es geschickt über eine größere Fläche verteilt.
Das Oberflächenhäutchen entsteht in der Regel auf Flächen, an denen Flüssigkeiten und Gase aufeinanderstoßen. Erzeugt wird es von den kleinsten Teilchen des Wassers, den Molekülen. Die Moleküle üben aufgrund ihres elektrischen Ladungspotenzials Kräfte aufeinander aus. Unter der Wasseroberfläche werden sie förmlich in alle Richtungen gezogen, weil jedes Wassermolekül von anderen Wassermolekülen umgeben ist. Die kleinsten Teilchen neutralisieren sich auf diese Weise gegenseitig.
An der Oberfläche eines Gewässers ist das anders. Dort wirken die Kräfte der Wassermoleküle nur in das Innere der Flüssigkeit, weil sich darüber die gasförmige Luft befindet. Bei dieser Reaktion entsteht Energie, die an der Wasseroberfläche eine Barriere erzeugt. Die Stärke dieser Energie ist von der Größe des Gewässers abhängig: Je größer die Oberfläche ist, desto höher ist der Energiegehalt dieser Oberflächenspannung. Der Wasserläufer ist in der Lage, sich mithilfe dieses unsichtbaren Energieteppichs über Wasser zu halten: Die Eindellungen des Oberflächenhäutchens wirken dabei wie Sprungfedern, die ihm zusätzlich Schwung verleihen.
Die Fähigkeit des Wasserlaufens ist allerdings auch für Wasserläufer endlich. Mit zunehmendem Alter verlieren die Tiere die Fähigkeit, die notwendige Muskelspannung für die Fortbewegung auf dem Wasser aufrechtzuerhalten. Alte Wasserläufer gehen demnach schlichtweg unter.[180]

Nr. 181

Weshalb leiden werdende Väter manchmal unter Schwangerschaftssymptomen?

Eine Schwangerschaft ist anstrengend. Der Bauch wird runder und runder, morgens stellen sich regelmäßig Schwindel und Übelkeit ein und häufig meldet sich dazu auch noch ein hämmernder Kopfschmerz. Allerdings plagen sich nicht nur viele werdende Mütter mit diesen schwangerschaftstypischen Beschwerden, sondern auch manch werdender Vater. Es ist verblüffend, wie Männer manchmal die Beschwerden ihrer schwangeren Frauen übernehmen.

Das Phänomen ist in der Wissenschaft unter dem Namen »Couvade-Syndrom« bekannt. Im Französischen hat das Wort *couver* unter anderem die Bedeutung »ausbrüten« oder »liebevoll betreuen«. Vor allem Männer, die ohnehin sehr mitfühlend sind, neigen oft zu »Parallelschwangerschaften«. Die werdenden Väter versetzen sich derart intensiv in die Situation ihrer Partnerin hinein, dass sie psychosomatische Beschwerden entwickeln, die jenen der Schwangeren gleichen. Männer solidarisieren sich auf diese Weise mit der Schwangerschaft.

In den meisten Fällen ist das Phänomen kein Grund zu größerer Sorge. Gleichwohl entwickeln einige Väter einen erheblichen Leidensdruck. Denn Grund des vermeintlichen Mitleidens können auch ungelöste Konflikte sein: Hinter dem intensiven Mitgefühl können massive Ängste stehen. Denkbar sind etwa Zukunftssorgen oder Bedenken der Väter, mit dem Kind in eine Rivalität um die Zuneigung der Mutter zu treten.

Zum »Couvade-Syndrom« kursieren in der Wissenschaft allerdings noch weitere Erklärungen. Vertreter tiefenpsychologischer Ansätze gehen zum Beispiel davon aus, dass Männer insgeheim eine Art »Gebärneid« hegen und aus diesem Grund zu parallelen Beschwerden neigen. Damit kompensieren sie die Tatsache, selbst keine Kinder zur Welt bringen zu können.

Auf neurologischer Ebene lässt sich das Phänomen der »Parallelschwangerschaften« möglicherweise auch mit den erst seit einigen Jahren erforschten Spiegelneuronen erklären. Diese Nervenzellen im Gehirn lösen beim Betrachter quasi spiegelbildlich dieselben Handlungen aus, die er gerade beobachtet. Am Beispiel des »Couvade-Syndroms« würde dies bedeuten, dass das Nervensystem eines Mannes, der die Schwangerschaftsbeschwerden seiner Frau wahrnimmt, die entsprechenden Empfindungen automatisch auch im eigenen Körper in Gang setzt.[181]

Nr. 182

Warum »korken« manche Weine?

Eine gute Flasche Wein wird meist mit einer gewissen Vorfreude geöffnet. Schließlich will man den edlen Tropfen in gemütlicher Atmosphäre richtig genießen. Manchmal weicht das selige Lächeln allerdings rasch einer enttäuschten Miene, wenn nämlich aus der Flasche kein angenehmes Aroma dringt, sondern ein unappetitlich muffiger Geruch. Die Ursache kann ein Phänomen sein, das in Fachkreisen als Korkton bekannt ist.

Dahinter steht nicht bloß ein bröseliger Flaschenverschluss, sondern eine chemische Reaktion. Der muffige Ton des Weines ist in den meisten Fällen ein Zeichen dafür, dass sich im Naturkorken Trichloranisol gebildet hat. Dieser kurz TCA genannte Stoff ist zwar in den im Wein enthaltenen Mengen nicht gesundheitsschädlich, aber er kann einen edlen Tropfen bereits in geringsten Konzentrationen verderben. Bei einer Flasche Weißwein ist bereits weniger als ein Millionstel Gramm TCA für den Menschen wahrnehmbar. Zwischen zwei und fünf Prozent der Flaschen einer Ernte sind in der Regel von diesem Fehler betroffen.

TCA entsteht, wenn bei der Verarbeitung der Korkeichenrinde zum Korken mehrere Stoffe miteinander reagieren. Die Rinde selbst enthält Phenole. Wenn diese Phenole auf chlorhaltige Substanzen treffen, wie sie zum Beispiel in manchen Bleich-, Putz- oder Pflanzenschutzmitteln vorkommen, bilden sich sogenannte Trichlorphenole. Gesellen sich dazu noch Schimmelpilzkulturen wie Trichoderma, die etwa in nassen Korken nach dem Glätten mit Wasserdampf gedeihen könnten, entsteht aus den Trichlorphenolen das muffig riechende TCA.

Obwohl der Korkton als Weinfehler gilt, zeugt er nicht zwangsläufig von einem minderwertigen Wein, sondern von einem nicht einwandfrei verarbeiteten Korken. Winzer können die Qualität ihrer Naturverschlüsse testen, indem sie einen Probekorken etwa acht bis zehn Tage in Wasser einlegen. Wenn danach ein muffiger Geruch wahrnehmbar ist, besteht das Risiko, dass ein Großteil der Korkenlieferung TCA enthält. Steckt der fehlerhafte Korken jedoch erstmal in der Flasche, ist der Wein in der Regel kaum noch zu retten. Theoretisch könnte man das

TCA mit Aktivkohle entfernen. Davon wird der Geschmack allerdings noch weiter in Mitleidenschaft gezogen.
Im Laufe der Korkenherstellung kann eine Behandlung mit dem Enzym Suberase die Gefahr eines Korktons vermindern, wie Forscher vor einigen Jahren herausfanden. Dieses Verfahren wird aber noch nicht bei allen Produzenten eingesetzt. Wer ganz sichergehen möchte, muss deshalb wohl eine Flasche mit »Korken« aus Kunststoff oder Glas wählen oder einen Schraubverschluss.[182]

Nr. 183

Was sehen Blinde?

Die Augen sind unser Fenster zur Welt. Wir schlagen sie morgens auf und sehen Formen, Farben und Lichteindrücke. Der Sehsinn prägt maßgeblich unsere Vorstellung von der Welt. Blind zu sein wäre laut Umfragen für die meisten Menschen die schlimmste aller Behinderungen. Nichts mehr sehen zu können macht Angst, denn viele stellen sich das wie eine tiefschwarze Finsternis vor. Doch ist das wirklich so? Was empfinden blinde Menschen noch – sehen sie wirklich nichts?
Das ist eine extrem individuelle Sache, denn blind ist nicht gleich blind. Menschen, die nicht einmal mehr hell oder dunkel wahrnehmen können, sind die absolute Ausnahme. Wer weniger als zwei Prozent Sehvermögen hat, gilt in Deutschland dem Gesetz nach als blind. In Deutschland gilt das für rund 164 000 Menschen.
Etwa 160 Kinder kommen im Jahr blind auf die Welt. Das Durchschnittsalter der Erblindung liegt aber bei 78 Jahren. Das macht deutlich, dass es sich um eine typische Alterserscheinung handelt, bei der sich Blindheit aus einer Sehbehinderung heraus entwickelt hat. Die meisten Betroffenen haben also noch irgendeine Art von Seheindruck. Was sie wahrnehmen, hängt dabei von der Art der Sehbehinderung ab, die zu der Erblindung geführt hat.
Ein sogenannter Tunnelblick erlaubt es manchen Blinden, auf einem winzigen Fleck noch scharf zu sehen. Unter der Adresse absv.de des Blinden- und Sehbehindertenvereins Berlin kann sich jeder anhand

eines Sehbehinderungssimulators einen Eindruck verschaffen, wie sich die fünf häufigsten Sehbehinderungen auf die Wahrnehmung auswirken.[183]

Nr. 184

Was macht die Löcher im Universum schwarz?

Ein schwarzes Loch verleiht jedem Science-Fiction-Roman eine spektakuläre Kulisse: Wie ein gieriger Schlund im Universum saugt es alles in sich hinein und scheint sogar die Physik auf den Kopf zu stellen. Seine enorme Schwerkraft zerrt gleichsam auch an der menschlichen Vorstellungskraft. Doch welche Geheimnisse stecken tatsächlich hinter seiner Farbe, die schwärzer nicht sein kann?

Ein schwarzes Loch ist ein Himmelskörper mit so starker Anziehungskraft, dass selbst das Licht nicht entfliehen kann. Das grundlegende Prinzip gilt auch für die Erde. Um sie zu verlassen, brauchen Raketen eine enorme Geschwindigkeit. Man nennt das die Fluchtgeschwindigkeit. Im Fall der Erde beträgt diese zwölf Kilometer pro Sekunde. Die Fluchtgeschwindigkeit eines Schwarzen Loches überschreitet dagegen sogar die Lichtgeschwindigkeit von 300 000 Kilometer pro Sekunde: So ein Gebilde ist dann unweigerlich tiefschwarz, denn kein Lichtstrahl kann entkommen.

Ein Loch im eigentlichen Sinne ist es nicht, denn es fliegt ja nichts hindurch: Sterne, Planeten – alles, was hineinstürzt, wird ein Teil des Himmelskörpers im Zentrum des Schwarzen Lochs. Dadurch steigt seine Masse weiter und es wird sogar noch gefräßiger. Durch die fehlende Strahlung lassen sich Schwarze Löcher nur sehr schwer direkt beobachten. Nur wenn sie gerade fressen, machen sie sich überhaupt bemerkbar, sodass Astronomen indirekt auf ihre Existenz schließen können. Sie messen dann die Röntgenstrahlung, die entsteht, wenn ein Schwarzes Loch Materie einsaugt und diese dadurch enorm erhitzt.

Forscher haben gezeigt, dass auch im Zentrum unserer Milchstraße ein gewaltiges Schwarzes Loch sitzt. Es hat etwa die Größe unseres Sonnensystems und dabei eine Masse von vier Millionen Sonnen.

Dieser unvorstellbare Gigant im Inneren unserer Galaxis braucht uns aber keine Angst einzujagen. Die Erde ist von allen Schwarzen Löchern zu weit entfernt, um ihrem Hunger zum Opfer zu fallen.[184]

Nr. 185

Geht Muskelkater durch Bewegung schneller weg?

Der Umzug ist geschafft. Doch die Nachwirkungen sind erst am nächsten Tag spürbar. Auf einmal wird jede Treppenstufe zur Qual – auch ohne Umzugskartons. Muskeln machen sich bemerkbar, an die man lange keinen Gedanken verschwendet hat. Nach landläufiger Meinung hilft dagegen nur eines:. Rauf aufs Fahrrad oder ab ins Fitness-Studio. Aber geht Muskelkater durch Bewegung tatsächlich schneller weg?
Dafür gibt es bisher keinen Beweis. Bislang hat die Wissenschaft noch kein Mittel nachgewiesen, das die Dauer des Muskelkaters verkürzt. Das Einzige, was möglicherweise Linderung verschaffen kann, sind Wärme oder Saunagänge. Dadurch wird die Durchblutung angeregt. Wer die Muskeln weiter beansprucht, nimmt den Schmerz während der Bewegung eventuell weniger wahr. Wenn man vom Fahrrad absteigt, ist der Muskelkater aber wieder da.
Der Muskelkater ist ein Zeichen dafür, dass die Muskeln akut überlastet sind. Alte Muskelfasern gehen durch die körperliche Betätigung kaputt. Wer viel Sport treibt, verringert das Alter der Fasern, die sich schneller erneuern und dadurch belastbarer sind. Man könnte sagen, dass sich die Muskeln mausern. Wer die Muskeln während dieses Prozesses intensiv dehnt, bezweckt unter Umständen sogar, dass sich die Schmerzen verschlimmern.
Muskelkater ist in der Regel aber nicht gefährlich. Lediglich bei Bodybuildern gab es Fälle, in denen es nach exzessiver Anabolika-Einnahme zur Muskelauflösung (Rhabdomyolyse) gekommen ist. Der Muskelfaserstoff Myoglobin kann ein Nierenversagen auslösen, was im Extremfall zum Tod führen kann.
Auf jeden Fall kommt es nach der Belastung akut zu einer verringerten Kraft im betroffenen Muskel und zu einer zunehmenden

Bewegungseinschränkung. Der Schmerz, den man spürt, ist auf die Freisetzung von Entzündungsstoffen im Muskel zurückzuführen. Diese entstammen Zellen, die aufgrund der Mikroverletzungen verzögert in den Muskel einwandern. Daher spürt man den Muskelkater erst Stunden später beziehungsweise am nächsten Tag.[185]

Nr. 186

Angst – was ist das eigentlich?

Zittern, Herzrasen, feuchte Hände und ein unangenehmes Gefühl in der Magengrube – das sind die körperlichen Zeichen der Angst. Gleichzeitig bestimmt sie aber auch unsere Gedanken, Gefühle und unser Verhalten. Allen Aspekten ist dabei eins gemeinsam: Sie sind unangenehm. Kaum ein Gefühl hat einen schlechteren Ruf – wir haben sogar Angst vor der Angst. Sie ist allen Menschen angeboren; wann und wie stark wir sie empfinden, ist von Mensch zu Mensch verschieden. Doch warum ist die Angst ein so heikler Punkt, warum hat diese unbeliebte Emotion eine so machtvolle Stellung?
Viele empfinden Angst als ein Problem – man darf dabei aber nicht vergessen, dass sie eine lebenswichtige Funktion hat. Angst schützt uns, indem sie uns alarmiert, wenn wir in Gefahr sind. Sie soll uns zu Kampf, Flucht oder zur Vorsicht animieren. In der Angstsituation melden die Sinnesorgane dem Gehirn Informationen, die es als Gefahr interpretiert. Dabei arbeiten verschiedene Gehirnbereiche zusammen und senden schließlich Signale, die in unserem Körper die typischen Angstreaktionen auslösen. Herzrasen, beschleunigte Atmung und Muskelspannung bis zum Zittern versetzen unseren Körper dabei in höchste Leistungsbereitschaft. Für das Überleben unserer Vorfahren war das äußerst wichtig. Menschen, die zu wenig Angst hatten, gehören nicht zu unseren Vorfahren, denn sie starben früh.
Beim Thema Angst gibt es aber auch noch eine Variante, die nichts mit einer lebensbedrohlichen Situation zu tun hat: die soziale Angst. Unter der Beobachtung anderer Menschen etwas tun zu müssen macht uns nervös. Wir fürchten, beurteilt zu werden, das kann ebenfalls zu

Angstreaktionen führen. Aber auch die soziale Angst hat ihre Wurzeln in einer wichtigen Funktion. Wir alle sind ein wenig schüchtern: Das regelt unser Zusammenleben und verhindert, dass wir Regeln brechen und uns zu schnell die Köpfe einschlagen.

Die Schutzfunktion der Angst schießt allerdings bei einigen Menschen weit über das Ziel hinaus. Dann ist sie kein Signal für Wachsamkeit oder Vorsicht mehr, im Gegenteil: Die Angst wird selbst zur Bedrohung und verwandelt das Leben der Betroffenen in einen Spießrutenlauf. Die Angst hat keinen Hochschulabschluss, es ist ein sehr primitives System. Dieselbe Angst, die einst unsere Vorfahren vor dem Säbelzahntiger schützte, kann bei manchen Menschen heute Panik vor dem harmlosen Stubentiger auslösen. Sie schaltet den Verstand aus und suggeriert höchste Gefahr. Wenn irrationale Ängste dieser Art die Lebensqualität massiv einschränken, ist deshalb Handeln angesagt.[186]

Nr. 187

Warum ist das Faultier so langsam?

Das Faultier ist das Symbol für Faulheit schlechthin. Das seltsame Grinsen in seinem runden Gesicht scheint zu sagen: »Ich habe Zeit!« Wie in Zeitlupe hangelt sich dieses Wesen durch die Regenwälder Mittel- und Südamerikas. Es setzt sogar schon im wahrsten Sinne des Wortes Moos an – das verleiht seinem zotteligen Fell eine modrig grüne Farbe. In der Natur hat alles einen Sinn, heißt es – doch was ist der Sinn dieser Langsamkeit? Warum turnt das Faultier nicht munter durch die Äste wie die Affen?

Mit Faulheit hat das nichts zu tun. Diese Langsamkeit ist ein sehr cleveres Erfolgskonzept. Das Faultier spart durch seine gemächlichen Bewegungen eine Menge Energie. Auf diese Weise kann es eine Futterquelle nutzen, die vielen anderen Tieren zu mager wäre: Es ernährt sich von den extrem nährstoffarmen Blättern der Baumkronen. Möglichst wenig bewegen, um keine Energie zu verschwenden – so schafft es das Faultier, damit auszukommen.

Zweifingerfaultiere erreichen eine Länge von etwas über einem halben Meter und werden bis zu neun Kilogramm schwer. Den größten Anteil

an diesem Gewicht stellt allerdings der Mageninhalt, denn für den Bewegungsapparat des Faultieres reicht eine sehr kleine Muskelmasse aus. Faultiere sind unter ihrem langen Fell erstaunlich dünn. Mit diesem Konzept der Sparsamkeit hatten die Tiere beachtlichen Erfolg: Die sechs unterschiedlichen Faultierarten konnten sich mit dieser Strategie die Wälder Mittel- und Südamerikas erobern und leben dort in oft beachtlicher Dichte. In manchen Gebieten stellen Faultiere sogar den größten Anteil bei der Biomasse der Säugetiere dar.
Die Langsamkeit bietet sogar noch einen weiteren Vorteil: So moosgrün und ohne auffällige Bewegungen sind Faultiere für Feinde in den Baumkronen kaum auszumachen. Dadurch entgehen sie oft selbst den scharfen Augen der Harpyie – einer großen Adlerart, die in den Wäldern nach Beute Ausschau hält. Wehrlos ist aber auch das Faultier nicht. Wenn es tatsächlich einmal angegriffen wird, ist Schluss mit gemütlich: Es kann mit seinen langen Krallen durchaus flinke Hiebe austeilen und mit seinen spitzen Zähnen kräftig zubeißen.[187]

Nr. 188

Wovon lebt der Schimmel an der Wand?

Hinter dem Schrank an der feucht-kühlen Wand gefällt es ihm besonders gut: In gelben Schlieren und schwarzen Flecken bedeckt ein Schimmelpilz die Tapete. Der modrige Untermieter bietet nicht nur einen abstoßenden Anblick, er bedeutet auch ein Gesundheitsrisiko – ein starker Befall kann Allergien und Atemwegserkrankungen auslösen. Gerade während des Winterhalbjahrs geht es dem unbeliebten Gast so richtig gut: Der Feuchtigkeitsniederschlag an mancher Wand verpasst ihm einen kräftigen Wachstumsschub. Doch von Feuchtigkeit allein kann dieser Organismus nicht existieren – woher bekommt der Pilz seine Nahrung, wovon lebt der Schimmel an der Wand?
Schimmelpilze sind zähe Überlebenskünstler. Auch sie brauchen Kohlenstoffverbindungen als Energiequelle, aber selbst eine Wand kann sie ihnen bieten. Tapeten sind in der Regel aus Pflanzenfasern,

dazu kommt noch der Kleister mit seinen organischen Verbindungen – das deckt schon den Tisch für dieses genügsame Lebewesen. Selbst eine nackte Wand bietet ausreichend Nahrung, denn hier setzt sich Staub nieder, der viele organische Stoffe enthält. Selbst aus Plastik, Farben, Gipskarton und vielem mehr kann sich der Schimmel seine Lebensgrundlage herauslösen.

Wenn alle Bedingungen für das Wachstum eines Schimmelpilzes stimmen, dann wird er auch kommen, denn seine Sporen sind überall. Bietet die Wand genügend Feuchtigkeit, breitet sich das Pilzgeflecht erst noch unmerklich aus, bis dann schließlich die gefürchteten Flecken auftreten. Ohne Feuchtigkeit wird aber auch die nährstoffreichste Oberfläche nicht verpilzen: Nass muss es allerdings auch nicht sein, es reicht schon eine Luftfeuchtigkeit von etwa 80 Prozent. Über kühlen Oberflächen bilden sich diese Bedingungen in Gebäuden recht schnell. Bei einer Luftfeuchte von 60 Prozent in der Raumluft kann sie durch um fünf Grad kältere Bedingungen über der Wand schon bei 80 Prozent liegen. Richtiges Lüften und eine gute Dämmung der Wand können das jedoch verhindern.

Ist der Schimmel einmal an der Wand, ist er hartnäckig. Selbst wenn die Feuchtigkeit eine Zeit lang für seine Lebensvorgänge nicht ausreicht, kann ihm das nur wenig anhaben. Er bildet Überdauerungsformen und wartet, bis wieder genügend Wasser vorhanden ist, damit er weiter das Nahrungsangebot der Wand anknabbern kann.[188]

Nr. 189

Sind Blutegel wirklich kleine Heiler?

Ein schleimiger Wurm, der Blut saugt – für viele Menschen gibt es kaum ein ekelhafteres Tier als den Blutegel: Er lauert in trüben Gewässern, hungrig nach dem Blut badender Opfer. Andererseits werden diesem bizarren Wesen auch fast magische Heilkräfte nachgesagt: Wo er sein Blut saugt, vergehen Schmerzen und gereizte Gelenke heilen, heißt es. Doch was ist wahr daran? Ist der Blutegel wirklich ein kleiner Heiler oder sein Einsatz nur eine abergläubische Heilmethode aus grauer Vorzeit?

Die Behandlung mit Blutegeln hat nachweislich große Erfolge vor allem bei Gefäßerkrankungen und Gelenksbeschwerden erzielt. Die Heilkraft der Blutegel ist schon seit Jahrtausenden bekannt. Das hat auch seinen wissenschaftlichen Namen geprägt: *Hirudo medicinalis*. Seit einiger Zeit tritt der kleine Wurm aber auch wieder einen regelrechten Siegeszug durch die moderne Medizin an, denn seine medizinische Wirksamkeit ist wissenschaftlich belegt. Wenn Blutegel beißen, saugen sie nicht nur Blut, sie geben auch Substanzen in die Wunde ab: Der bekannteste Wirkstoff ist das Hirudin mit seinen blutverdünnenden Eigenschaften. Forscher haben eine Reihe weiterer hochwirksamer Substanzen im Speichel der Blutsauger identifiziert – der Blutegel ist quasi eine lebende Apotheke mit blutverdünnenden, schmerzstillenden und entzündungshemmenden Substanzen.

All seine Geheimnisse hat er allerdings noch nicht preisgegeben: Die volle Heilkraft entsteht erst durch einen ganzen Cocktail an Wirkstoffen, deren exakte Wirkung noch nicht bekannt ist. Bei Krampfadern, Gelenkserkrankungen und sogar bei Migräne werden mit der Blutegeltherapie große Erfolge erzielt, um nur einige Anwendungsmöglichkeiten zu nennen. In ihrer Wirkung lässt die Anwendung der schleimigen Tiere teilweise moderne Medikamente und Salben hinter sich. Die kleinen Heiler in Wurmgestalt stammen dabei keineswegs aus irgendeinem trüben Teich, sondern werden extra für medizinische Zwecke gezüchtet. Ekel ist immer eine Frage des Leidensdrucks. Wem der Blutegel einmal geholfen hat, der wird dieses Tier mit anderen Augen betrachten.[189]

Nr. 190

Wie entsteht Weinstein?

Wer beim genussvollen Leeren eines Weinglases plötzlich ein Knirschen zwischen den Zähnen spürt, schüttelt sich meist vor Unbehagen. Weinstein nennt man den sandigen Bodensatz, der Weintrinkern mitunter den Genuss vermiest. Bei den winzigen Körnern handelt es sich jedoch nicht um Rückstände vom Erdboden des Weinbergs, die ein achtloser Winzer in den guten Tropfen rieseln ließ, sondern um das Produkt eines chemischen Prozesses.

Obwohl der Weinstein beim Trinken für böse Überraschungen sorgen kann, ist er eigentlich ein gutes Zeichen. Denn die feinen Kristalle sind ein Hinweis auf einen hohen Weinsäureanteil des Weines, der in der Regel auf eine lange Reifezeit der Trauben hindeutet: Je mehr Weinsäure ein Wein enthält, desto intensiver ist sein Geschmack.

Wenn der Wein jedoch gleichzeitig viele Mineralien aufweist, kann es auf längere Sicht zu chemischen Reaktionen mit der Säure kommen. Bestimmte Salze wie Kaliumhydrogentartrat und Calciumtartrat bilden dann Kristalle, die nicht wasserlöslich sind und sich entweder am Boden der Weinflasche oder am Korken absetzen. Vor allem in besonders säurehaltigen Weißweinen wie Riesling kann sich dieser Weinstein leicht bilden. Wenn die Flasche im Kühlschrank lagert, wird der Prozess meist noch beschleunigt.

In vielen hochwertigen Rotweinen findet sich häufig ein ähnlicher Bodensatz, der Depot genannt wird. Dieser besteht allerdings hauptsächlich aus Farb- und Gerbstoffen des Weines, die bei längerer Lagerung entstehen.

Eine gesundheitliche Gefährdung geht vom Weinstein nicht aus. Auch ist der Bodensatz keinesfalls ein Merkmal für eine schlechte Qualität oder Verarbeitung des Tropfens. Bei besonders säurehaltigen Weinen wenden Winzer oft ein spezielles Verfahren an, um der Weinsteinbildung vorzubeugen. Die Fässer werden rund sechs Wochen bei kühlen Temperaturen gelagert, davon mindestens eine Woche bei etwa null Grad Celsius. Der entstandene Weinstein bleibt dann nach der Leerung des Fasses als Bodensatz zurück und gelangt nicht in die Flasche.[190]

Nr. 191

Schützt ein kalter Winter vor einer Stechmückenplage?

Beim Badespaß am See, abendlichen Grillen oder kurz vor dem Einschlafen: Stechmückenalarm! Wo auch immer die lästigen Blutsauger auftauchen, sorgen sie bei uns für üble Laune. Viele hoffen allerdings auf den Effekt des kalten Winters: Der strenge Frost dezimiere die Plagegeister, was sich bis in das Sommerhalbjahr auswirke, heißt es. Werden wir nach einem kalten Winter weniger gestochen?

Der kalte Winter macht den Mücken nichts aus. Stechmücken gibt es sogar in Sibirien mit seinen Eiswintern. Für die deutschen Mücken sind die im Vergleich dazu harmlosen Frostperioden kein Problem – ein kalter Winter schützt nicht vor einer Mückenplage im Sommerhalbjahr. Die meisten der 47 Stechmückenarten in Deutschland überwintern im Ei-Stadium, wobei in Frostperioden die Lebensfunktionen der Larven in den Eiern auf ein Minimum zurückgehen. Bestimmte Substanzen in ihren Körpern wirken dabei wie Frostschutzmittel. Außerdem ist der Wassergehalt im Gewebe gering – das schützt vor der Bildung zerstörerischer Eiskristalle. Wie stark die Invasion der Blutsauger in einem Jahr ausfällt, hängt vor allem von den Entwicklungsbedingungen im Frühjahr und Sommer ab. Wasser und Wärme sind dabei die entscheidenden Faktoren. Nach Überschwemmungen oder langen Regenfällen finden die Stechmücken in Wasseransammlungen ideale Brutstätten für ihre Larven. Wenn dann noch hohe Temperaturen dazukommen, entwickeln sich die unbeliebten Insekten explosionsartig. Für die Eiablage brauchen die weiblichen Stechmücken Nahrung in Form von Blut – der Mensch ist dafür ein willkommenes Opfer. In manchen Jahren kann es in bestimmten Gebieten zu einer Anflugrate von bis zu 700 Stechmücken pro Minute kommen. Da ist dann kein Spaziergang mehr möglich.[191]

Nr. 192

Warum kann der Wind Musik davontragen?

Ein stürmischer Wintertag, dennoch spielt ein wackerer Straßenmusikant in der Fußgängerzone den Titel »Wind of Change«. Dabei lässt sich ein seltsames Schallphänomen beobachten: Auch wenn man beim Spaziergang den Musiker schon lange hinter sich gelassen hat, trägt plötzlich ein Windstoß noch einmal einen Musikfetzen herbei – der

Wind kann offenbar Musik transportieren. Doch wie kommt es zu diesem kuriosen Effekt?
Schallwellen breiten sich nicht nur in ihrem Trägermedium nach allen Seiten ringförmig aus, sondern wandern auch mit ihm mit, wenn es sich bewegt. Ein ähnlicher Effekt ist beispielsweise sichtbar, wenn man einen Stein in einen Fluss wirft: Die Wellen breiten sich im Trägermedium kreisförmig aus, gleichzeitig werden die Wellenringe aber auch vom fließenden Wasser weitergetragen und bewegen sich am Ufer vorbei.
So wie die Wellenberge im Wasser mit zunehmender Entfernung von ihrem Ursprung kleiner werden, so schwindet auch die Lautstärke von Schall mit der Distanz zu seiner Quelle. Die Drift durch den Wind hat den Effekt, als verkürze sie unsere Entfernung zu der Tonquelle. Die strömende Luft ist das Medium des Schalls, also trägt sie den Gesang des Musikers mit sich. So kann ihn der Wind bei entsprechender Richtung noch einmal an unser Ohr treiben. Zusätzlich werden die Schallwellen im Wind auch noch gestaucht und verzogen, sodass an manchen Punkten ein besonders intensiv verstärkender Effekt auftreten kann.
Im umgekehrten Fall gilt das natürlich auch. Bläst der Wind von uns aus in Richtung der Tonquelle, werden die Schallwellen von uns weggetrieben – die Lautstärke nimmt ab. Würde der Wind dabei rein theoretisch mit Schallgeschwindigkeit wehen, würden wir selbst direkt neben dem Musiker nichts mehr hören. Für einen wahrnehmbaren Effekt bei der Lautstärke reicht dagegen schon der Windstoß eines stürmischen Wintertags.[192]

Nr. 193

Woher kennt eine Körperzelle ihre Funktion?

Der menschliche Körper besteht aus Milliarden von Zellen, die alle in ihrem Zellkern den Bauplan des gesamten Körpers tragen. Trotz dieser immer identischen Erbinformation sind sie aber nicht gleich: Da gibt es Herzzellen, Hautzellen, Nervenzellen und viele andere Spezialisten, die teilweise sehr unterschiedliche Aufgaben erfüllen müssen: Eine Herzzelle muss sich beispielsweise rhythmisch zusammenziehen können, ganz anders eine Haarwurzelzelle: Sie ist für die Bildung des Haars verantwortlich. Doch woher weiß eine Haarwurzelzelle, dass sie keine Herzzelle ist – und umgekehrt?

Jede Zelle eines Körpers besitzt zwar die gleiche DNA, auf ihr sitzen aber Schaltermoleküle, die bestimmte Informationen an- oder abschalten. Bei einer Herzzelle sind dadurch beispielsweise Gene für die Herzfunktionen aktiviert, andere Programme sind dagegen abgeschaltet. Man kann das Prinzip mit einem Computer vergleichen: Auf seiner Festplatte können ebenfalls viele unterschiedliche Programme gespeichert sein. Damit sie arbeiten, müssen sie aber aktiviert werden. Die Grundfunktionen für alle Programme übernimmt beim Computer das Betriebssystem. Ähnlich ist das auch bei der Zelle: Einige Grundprogramme, wie beispielsweise die für den Stoffwechsel, müssen in jeder Zelle ablaufen, die Spezialisierung der Zelltypen erfolgt dann über Spezialprogramme, also aktive Gene.

Die Spezialisierung beginnt schon sehr früh während der Embryonalentwicklung im Mutterleib. Die Eizelle besitzt noch ein Erbgut ohne Schaltermoleküle, die den Zelltyp festlegen. Nach der Befruchtung beginnt sie sich zu teilen, sehr schnell bekommt der entstehende Zellhaufen eine Struktur: Die Zellen teilen sich in Fraktionen auf. Hier beginnen die ersten Festlegungen, die einer Zelle eine bestimmte Funktion in dem winzigen Körper zuweisen.

Bestimmte Zellen eines Embryos, die noch die Fähigkeit besitzen, sich in viele unterschiedliche Zelltypen zu entwickeln, nennt man Stammzellen. Je nach ihrer Position im Zellverband geben ihnen bestimmte Botenstoffe Schritt für Schritt immer feinere Funktionszuweisungen. Wie genau diese Regelprozesse zur Ausbildung eines Körpers mit seinen komplexen Strukturen führen, ist allerdings immer noch ein Forschungsgebiet mit vielen offenen Fragen.

Mit biotechnologischen Verfahren ist es heutzutage sogar möglich, einige Schaltermoleküle wieder von der DNA zu entfernen. So können Wissenschaftler im Labor Hautzellen eines Menschen wieder in Zellen verwandeln, aus denen sich noch andere Zelltypen bilden können – sie können also künstlich Stammzellen erzeugen. Von dieser Technik erhoffen sie sich, eines Tages beispielsweise Organe für Transplantationen züchten zu können.[193]

Nr. 194

Was treibt Schlafwandler aus dem Bett?

Wer kennt nicht das klassische Bild vom Schlafwandler auf dem Dach? Wenn wir etwas mit »schlafwandlerischer Sicherheit« tun, meinen wir die Fähigkeit, etwas wie im Schlaf zu beherrschen. In der Realität hat das Schlafwandeln aber wenig mit Sicherheit zu tun. Schlafwandler bewegen sich im Tiefschlaf auf ihrem Streifzug nicht gerade sehr feinfühlig. Offenbar haben sie das Bestreben, immer geradeaus zu laufen. Dabei ecken sie häufig an, fallen auch schon mal die Treppe hinunter oder stürzen aus einem Fenster.

Dass Schlafwandler »herumgeistern«, hängt offenbar entscheidend mit einem Licht zusammen. Daraus könnte sich erklären, warum sich das Bild mit dem Mond über viele Jahre hinweg in unserer Vorstellung eingeprägt hat. Der Mond – einst die wichtigste Lichtquelle in der Nacht – wird heute von der Straßenlaterne oder der Leuchtreklame verdrängt. Möglich, dass deshalb heute niemand mehr aufs Dach klettert.

Die Ursachen des Schlafwandelns (Somnambulismus) sind bis heute nicht geklärt. Es gibt Hinweise darauf, dass eine familiäre Vorbelastung eine Rolle spielt. Auch fiebrige Erkrankungen im Kindesalter, Schlafentzug oder Stress könnten auslösende Faktoren sein. Unter dieser sogenannten Aufwachstörung leiden vor allem Kinder im Alter zwischen vier und acht Jahren, seltener Erwachsene. Zumeist verschwindet die Krankheit so plötzlich, wie sie gekommen ist.

Typisch für den Schlafwandler ist, dass er sich am nächsten Morgen nicht an seine nächtlichen Aktivitäten erinnern kann. Das Schlafwandeln kann von sehr kurzer Dauer sein, aber auch schon mal 20 Minuten dauern.

Da sich Schlafwandler im Tiefschlaf befinden und dabei nicht etwa träumen, sollten sie nicht geweckt werden. Am besten ist es, einen Schlafwandler sanft in Richtung Bett zu führen. In der Regel wird er folgen und weiterschlafen. Ein gut abgedunkeltes Schlafzimmer kann das Schlafwandeln verhindern. Abgeschlossene Haustüren und verriegelte Fenster beugen schweren Unfällen vor.[194]

Nr. 195

Wie entstehen Hagelkörner?

Hagelkörner sind ein faszinierendes Naturphänomen. Sie treten plötzlich und zu jeder Jahreszeit auf. Damit Hagelkörner entstehen können, müssen in einer Gewitterwolke starke Aufwinde herrschen. Hagelkörner sind nichts anderes als gefrorene Regentropfen: Wenn die Aufwinde bei einem Gewitter stark genug sind, fallen die Regentropfen nicht zu Boden, sondern werden in höher liegende, kältere Luftschichten getragen. Dort gefrieren sie und fallen erst dann zu Boden, wenn entweder der Aufwind nachlässt oder ihr Eigengewicht so groß wird, dass sie vom Wind nicht mehr getragen werden.

Wenn Hagelkörner lange genug durch die höheren Luftschichten gewirbelt werden, können sie in unseren Regionen einen Durchmesser von vier bis fünf Zentimetern erreichen. Etwa eine halbe bis zu einer ganzen Stunde benötigt die Atmosphäre, damit aus Regentropfen solche knapp tischtennisballgroße Hagelkörner wachsen können und aus 15 bis 17 Kilometern Höhe zu Boden stürzen. Interessant dabei ist übrigens, dass der Niederschlag auch im Sommer zumeist als Schnee entsteht, aber durch die wärmeren Luftschichten in Bodennähe schmilzt und als Regen niedergeht. Nur im Winter, wenn die Luft auch in niedrigeren Schichten deutlich kälter ist, kommt der Niederschlag als Schnee am Boden an.[195]

Nr. 196

Können wir unsere Träume beeinflussen?

Nachts kommt immer wieder der gleiche Albtraum. Wer schweißgebadet und angsterfüllt aufwacht, würde gerne seine Träume verändern können. Geht denn das?

Nicht jeder kann seine Träume beeinflussen, aber man kann es lernen. Mit der sogenannten Klartraumtechnik kann man versuchen, seine

Trauminhalte gezielt zu manipulieren. Diese Methode lässt sich am Beispiel vom häufig auftretenden Fluchttraum erklären. Darin läuft die träumende Person vor einer Bedrohung weg, kommt aber nicht vom Fleck. Schlafforscher suchen dann eine Möglichkeit, diesen Traum aufzulösen, etwa dadurch, dass die flüchtende Person sich umdreht und der Bedrohung entgegengeht.

Auf die neue Lösung der Traumsituation kann man sich dann konditionieren. Dies geschieht etwa dadurch, dass man sich fünf Mal am Tag für zehn Minuten in das Traumbild hineinversetzt und die Situation auf die neue Weise angeht. Bei vielen Personen lösen sich die Träume dann auf, die Bedrohung entpuppt sich nicht selten als harmlos.

Klarträumen funktioniert übrigens auch bei angenehmen Träumen. Theoretisch kann man auch positive Träume im eigenen Sinn gestalten. Aus stark suggerierten Wünschen wird so vielleicht ein schöner Traum. Die beschriebene Methode wird auch bei Patienten mit schweren posttraumatischen Belastungsstörungen wie Vergewaltigung oder Kriegserlebnissen eingesetzt. Die intensive Auseinandersetzung mit diesen Erfahrungen ist aber nur mit psychiatrischer Betreuung angeraten.[196]

Nr. 197

Wann erkennen sich Babys im Spiegel?

Am Anfang ist das Spiegelbild noch fremd. Wenn Kleinkinder in den ersten Lebensmonaten voller Erkundungsdrang durch die Wohnung krabbeln, stößt die eigene Spiegelung meist auf kein größeres Interesse. Die Babys begegnen dem Gegenüber eher etwas verständnislos, denn sie halten es für eine andere Person. Erst zwischen dem 12. und dem 18. Lebensmonat entwickeln Kleinkinder die Fähigkeit, sich selbst im Spiegel zu erkennen.

Die plötzliche Erkenntnis »Huch, das bin ja ich!« gehört zu den entscheidenden Schritten in der Persönlichkeitsentwicklung. Die Kinder lernen in dieser Phase, sich selbst als Person wahrzunehmen.

Dies geschieht bei den meisten noch vor dem Sprechenlernen. Meistens können sie zu diesem Zeitpunkt das Wort »Ich« noch gar nicht aussprechen. Der Denkprozess für das Kind besteht darin, das Spiegelbild mit der Vorstellung von sich selbst zu verbinden. Das ist eine fundamentale kognitive Leistung.

Wissenschaftlich wurde dieser Entwicklungssprung mit dem sogenannten Rouge-Test erforscht. Die Kinder bekommen einen Farbklecks auf die Nase gemalt und werden zum Spielen in einen Raum gesetzt, in dem ein Spiegel steht. Sobald sie die Spiegelung entdecken, beobachteten die Forscher, ob sie dem vermeintlichen »Kind im Spiegel« an die Nase fassen oder sich selbst. Etwa 50 Prozent der Kinder erkennt sich im Alter von etwa 15 Monaten, mit spätestens 18 Monaten können das normalerweise alle. Auch die meisten Arten von Menschenaffen wie Schimpansen oder Orang-Utans »bestehen« das Experiment, die Mehrheit der übrigen Tiere dagegen nicht.

Die Kinder entwickeln in diesem Stadium allerdings nicht nur ein Bewusstsein für sich selbst, sondern ebenso für andere. Denn wer sich selbst als unverwechselbare Person wahrnimmt, beginnt gleichzeitig, ein Gefühl für die Motive und Handlungen der übrigen Menschen aufzubauen. Die Kinder erlernen während dieser Phase der Selbsterkennung ebenfalls die Fähigkeit zur spontanen Empathie, dem Mitfühlen mit anderen.

Auch dies kann in Experimenten nachvollzogen werden: Wenn einer Testperson zum Beispiel eine Puppe kaputtgeht und sie deshalb ein trauriges Gesicht macht, reagieren die »Spiegel-Kinder« zumeist mit Anteilnahme und Hilfsbereitschaft. Die Kinder, die sich noch nicht im Spiegel erkennen können, begegnen einem solchen Missgeschick teilnahmslos oder irritiert, weil sie es nicht einordnen können.

Eltern, deren Kinder sich Zeit lassen mit dem Erkennen im Spiegel, müssen sich aber keine Sorgen machen. Ein früher oder später Erwerb dieser Fähigkeit hat nichts mit der Intelligenz des Kindes zu tun: Ein Kind, das früh laufen kann, ist als Erwachsener schließlich auch nicht schneller beim 100-Meter-Lauf.[197]

Nr. 198

Werden beim Weinen Stresshormone ausgeschwemmt?

Ob aus Trauer, Wut, Angst oder Freude: Fast jeder Mensch muss ab und zu weinen. Bei Frauen geschieht dies bis zu 64-mal im Jahr, Männer weinen im Durchschnitt bis zu 17-mal. Meistens sind es intensive Gefühle, die die Tränen strömen lassen. Forscher nennen diese Form des Weinens daher auch »emotionale Tränen«. Sie grenzen sie damit gegenüber den Tränen ab, die fließen, wenn ein Staubkorn ins Auge fliegt oder der Wind direkt auf die Augen bläst.

Bei diesen nichtemotionalen Tränen ist die Funktion klar: Sie spülen Fremdkörper aus und schützen das Auge vor Austrocknung. Aber was ist mit den Wut- oder Freudentränen? Welchen biologischen Sinn könnten sie haben? Eine Vermutung lautet: Beim emotionalen Weinen werden besonders viele Stresshormone mit den Tränen abgegeben. Möglicherweise hilft das sogar dabei, Stress abzubauen.

Doch unterscheiden sich die durch Emotionen ausgelösten Tränen tatsächlich von der »normalen« Tränenflüssigkeit? Leider gibt es nur sehr wenige wissenschaftliche Arbeiten zur Zusammensetzung emotionaler Tränen.

Immerhin ist mittlerweile klar, dass das Milchbildungshormon »Prolactin« – zumindest bei Frauen – sowie Mangan und Kalium in den emotionalen Tränen in höherer Konzentration vorliegen. Gleiches gilt für das »Glückshormon« Serotonin. Dieses spielt unter anderem als Botenstoff oder Neurotransmitter bei der Signalübertragung im Nervensystem eine wichtige Rolle.

Diese Hormone und Transmittersubstanzen werden mit den Tränen ausgeschieden. Allerdings in einem so geringen Maß, dass es unwahrscheinlich ist, dass dies einen therapeutischen Effekt hat. Stresshormone wie Adrenalin, Noradrenalin, Dopamin oder Adrenocorticotropin (ACTH) sind in den emotionalen Tränen nicht enthalten.

Ebenso ist bisher wissenschaftlich nicht nachgewiesen worden, dass mit den Tränen Schadstoffe ausgeschwemmt werden.

Welchen Nutzen haben Tränen dann überhaupt? Subjektiv wird das Weinen vom Weinenden als Erleichterung empfunden und eine Stimmungsaufhellung nach dem Weinen beschrieben. Dieses entspricht auch der »Katharsis-Theorie des Weinens«, die auf Hippokrates und Aristoteles zurückgeht. Sie ist von der Psychoanalyse übernommen worden: Demnach bewirken Tränen eine psychische Reinigung.

Besser geht es den »Heulsusen« aber nicht unbedingt, wie verschiedene Studien gezeigt haben. Das funktioniert nur, wenn der Anlass für die Tränen vorüber ist Auch die Vermutung, dass Weinen körperlich entspannt, ist wissenschaftlich nicht haltbar: Während des Weinens sind Menschen körperlich angespannt – vom Anfang bis zum Ende.

Viele Tränen-Theorien sind also eher fragwürdig. Doch es gibt auch einige, die bestätigt wurden: Männer gehören häufig in die Gruppe der »Nichtweiner«. Für sie sind Tränen entweder ohne Bedeutung oder werden durch kulturelle Einflüsse und Selbstdisziplin abtrainiert.

Frauen weinen nicht nur länger und schluchzen häufig dabei, auch die Gründe für das Weinen unterscheiden sich vom Mann. Während Frauen meist in Konfliktsituationen weinen, bei Verlusten oder wenn sie sich persönlich unzulänglich fühlen, kommen Männern eher aus Empathie oder bei Trennung die Tränen. Die Sozialisation veranlasst Frauen, ihre Gefühle durch Worte, Tränen und Gesten nach außen zu tragen. Stattdessen internalisieren Männer ihre Gefühle und handeln.[198]

Nr. 199

Weshalb kann ein kompletter Vogelschwarm geradeaus fliegen?

Wie schafft es ein Schwarm Vögel, in einer Linie geradeaus zu fliegen? Bestimmt nicht durch Disziplin: Schaut man durch ein Fernglas einem Schwarm hinterher, löst sich der scheinbar geordnete Formationsflug in ein chaotisches Hin und Her auf. Die einzelnen Tiere fliegen zickzack, rempeln manchmal ihre Nachbarn an und wechseln abrupt die Position in der Gruppe. Und trotzdem fliegt der Schwarm geradeaus. Wie ist das möglich?

Eine naheliegende Antwort ist, dass die Tiere von einem Vogel angeführt werden. Beobachtet man aber zum Beispiel einen Schwarm Amseln, wird schnell klar, dass dies so nicht sein kann: Die vorderste Position innerhalb des Schwarms wechselt ständig. Fast jeder Vogel kann blitzartig an die erste Stelle gelangen.
Haben Vögel vielleicht ein leistungsfähiges Verständigungssystem, um ihren gemeinsamen Flug zu ordnen? Filmaufnahmen in Zeitlupe offenbaren, dass ein Vogelschwarm innerhalb einer siebzigstel Sekunde seine Richtung wechseln kann. Eine Verständigung innerhalb so kurzer Zeit scheint fast unmöglich.
Fachfremde Disziplinen halfen den Vogelkundlern in den letzten 15 Jahren aus der Erklärungsnot. So erkannte in den 80er-Jahren ein Programmierer, dass sich die Tiere wie ein Netzwerk organisieren: Jeder Vogel reagiert nur auf seine Nachbarn: Er versucht, sich in der Geschwindigkeit anzupassen, Zusammenstöße zu vermeiden und sich in der Mitte der lokalen Gruppe zu bewegen. Eine übergeordnete Instanz gibt es nicht. Diesen Ansatz nutzte der Programmierer, um für den Film *Batman kehrt zurück* im Computer Fledermausschwärme und Pinguinkolonien zu erzeugen, die täuschend echt aussehen.
Andere Wissenschaftler nutzten Formeln, mit denen Forscher im letzten Jahrhundert die Bewegung von Flüssigkeiten und Gasen berechnet haben – die sogenannten Navier-Stokes-Gleichungen. Demnach werden die chaotischen Flugmanöver eines Vogels im Schwarm von den unregelmäßigen Bewegungen der anderen Vögel wieder ausgeglichen. Der einzelne Vogel bewegt sich zwar kreuz und quer, aber der Schwarm als Ganzes fliegt geradeaus.[199]

Nr. 200

Friert ein Baumstamm im Winter durch?

Teiche, Seen und Pfützen sind zu Eis erstarrt – wenn der Winter die Temperaturen in die Minusgrade treibt, zeigt sich das Wasser von seiner harten Seite. Sogar die dicke Wassertonne im Garten friert komplett durch. Während der Mensch die Vorzüge der Zentralheizung genießt und viele Tiere sich mit einem dicken Pelz vor dem Frost schützen, scheint die Bäume nichts zu wärmen. Ist ihr dicker Stamm im Winter auch durchgefroren wie die Wassertonne im Garten?

Baumstämme frieren nicht durch, denn sie enthalten gar nicht so viel Wasser. Ein Baumstamm ist aus verschiedenen Schichten aufgebaut, von denen nur die Leitgewebe und das sogenannte Kambium mit Pflanzensaft gefüllt sind. Sie sind die lebenden Anteile des Baumstammes und bilden eine dünne Schicht unter der Rinde. Hier findet auch das Dickenwachstum des Baumes statt: Zellen im Kambium bilden nach innen Holz und nach außen Bast, das im Verlauf der Zeit zur Borke wird. Diese verholzten Teile enthalten nur wenig Feuchtigkeit – hier bildet sich also auch kein Eis. Die Borke wirkt wie ein Mantel für den Baum: Sie besitzt viele Lufteinschlüsse und bildet dadurch eine Wärmedämmung.

Das Kambium und die Leitgewebe sind die Teile des Baumes, die vom Frost bedroht werden: Wenn Zellsaft gefriert, dann zerstören die Eiskristalle die Gewebestrukturen – so entstehen Frostschäden. Das muss der Baum also verhindern. Je dünner und jünger Pflanzenteile sind, desto mehr sind sie von Frost bedroht, denn sie enthalten mehr Wasser und sind schlechter isoliert. Das gilt besonders für die Knospen im Frühjahr, aber auch Wurzeln sind frostgefährdet. Ein Teil des Abhärtungsvorgangs im Herbst und frühen Winter beruht darauf, dass die Wassergehalte abnehmen. Oft ist es gar nicht der Frost mitten im Winter, sondern es sind die Früh- oder Spätfröste, die den Pflanzen zu schaffen machen, denn in diesen Zeiten sind ihre Schutzmechanismen nicht voll aktiviert.

Bäume besitzen außerdem eine Art Frostschutzmittel. Bestimmte Zuckerverbindungen und Eiweißstoffe in ihrem Zellsaft senken ihren Gefrierpunkt. Das ist von Baumart zu Baumart unterschiedlich; auch diese Eigenschaften machen sie mehr oder weniger winterhart.[200]

Quellen

1 Die Informationen in diesem Text beruhen auf Forschungen von Ulrike Walbröl von der AG Chamäleons in der Deutschen Gesellschaft für Herpetologie und Terrarienkunde in Rheinbach, 06.07.07.

2 Die Informationen in diesem Text basieren auf Erkenntnissen des Neurologen Curt Beil aus Köln, 25.11.05.

3 Die Informationen in diesem Text beruhen auf Erkenntissen von Professor Wolfgang Nitsche, Aerodynamiker an der Technischen Universität Berlin, 29.06.07.

4 Die Informationen in diesem Text basieren auf Erklärungen des britischen Physikers John William Strutt, bekannt als Lord Rayleigh, 02.11.01.

5 Die Informationen in diesem Text beruhen auf Analysen von Karl Bosch, Professor für Mathematik und Statistik in Stuttgart, 13.07.07; weitere Informationen siehe Karl Bosch: *Das Lottobuch*, Oldenbourg-Verlag, 2004.

6 Die Informationen in diesem Text basieren auf Studien des Astronomen Heinrich Wilhelm Matthias Olbers, des Physikers Hermann Bondi und des Astronomen Edward R. Harrison, 26.01.01.

7 Die Informationen in diesem Text basieren auf den Forschungen von Wendy Boss von der Staats-Universität Nord-Carolina und Professor Pahlich, Leiter des Instituts für Pflanzenphysiologie in Gießen, 23.02.01.

8 Die Informationen in diesem Text beruhen auf Erkenntnissen des russischen Historikers L. G. Bondarev von der Staats-Universität in Moskau. Er ist der Geschichte der Holznutzung vom Mittelalter bis zum 18. Jahrhundert nachgegangen. 09.02.01

9 Die Informationen in diesem Text basieren auf den Forschungen von Wolfram Knapp, deutscher Journalist und Raumfahrtexperte. Mehr zum Mondbluff im Internet unter: http://www.badastronomy.com/bad/tv/foxapollo.html. *02.03.01.*

10 Die Informationen in diesem Text basieren auf den Untersuchungen von Gustav Peters vom Zoologischen Forschungsinstitut in Bonn, Norbert Sachser, Verhaltensbiologe an der Universität Münster, Hans Güttinger, Professor an der Universität Kaiserslautern, und Christoph von Campenhausen, Professor an der Universität Mainz. 16.03.01.

11 Die Informationen in diesem Text basieren auf den Forschungen des amerikanischen Mediziners Jerry Winkelstein, der im »Journal of the American Medical Association« (JAMA) einen Kollegen zitiert, sowie der Forschung des Kopenhagener Epidemiologen Anders Koch. 23.03.01.

12 Dies berichten der Vogelkundler Michael Cherry von der Universität Stellenbosch in Südafrika und Andrew Bennett von der britischen Universität Bristol in der Zeitschrift »Proceedings of the Royal Society«, *30.03.01.*

13 Die Informationen in diesem Text basieren auf einem Beitrag von Gregory Falkovich vom israelischen Weizmann Institut im Magazin »Physical Review Letters« (Bd. 86, S. 2790), 06.04.01.

14 Wissenschaftler um Peter Dunn von der Universität Wisconsin-Milwaukee berichten von ihrer Studie in der Fachzeitschrift »Evolution« (Bd. 55, S. 161), 20.04.01.

15 Die Informationen dieses Textes beruhen auf Aussagen von Dirk Heinrich, Hals-Nasen-Ohrenarzt in Hamburg, 16.11.07.

16 Zu diesem Ergebnis kommen die beiden Astronomen Kacper Rybicki von der Polnischen Akademie der Wissenschaften und C. Denis von der Universität Lüttich in einem Artikel im Fachblatt »Icarus«, 18.05.01.

17 Über ihren Fund berichten Ben Sheldon und seine Kollegen in der Fachzeitschrift »Nature«, 04.05.01.

18 Dies berichtet das Forscherteam um Giovanni Dietler von der Universität Lausanne im Fachblatt »New Journal of Physics«, 15.06.01.

19 Die Informationen in diesem Text beruhen auf Erkenntnissen des Tutzinger Ökonomen und Zeitforschers Martin Held sowie von Professor Ursula Staudinger, Psychologin an der International University Bremen, *29.07.05.*

20 Die Informationen in diesem Text beruhen auf Forschungen des Psychologen Hans-Peter Trolldenier von der Universität Würzburg sowie der Psychotherapeutin Johanna Sattler, Leiterin der Beratungsstelle für Linkshänder in München, *30.09.05. Weitere Informationen zum Thema auch auf* www.lefthander-consulting.org.

21 Die Informationen dieses Textes beruhen auf Erkenntnissen der Tierpsychologin Gabriele Zuske sowie des Veterinärmediziners Professor Ingo Nolte von der Tierärztlichen Hochschule Hannover, 07.10.05.

22 Die Informationen dieses Textes beruhen auf Forschungen des Kieler Dermatologen Johannes Müller-Steinmann, 21.10.05.

23 Die Informationen in diesem Text beruhen auf Beobachtungen von Alexander Sliwa, Biologe im Zoo Wuppertal, 08.06.07.

24 Die Informationen in diesem Text basieren auf Erklärungen des Meteorologen Gerhard Lux vom Deutschen Wetterdienst in Offenbach, *17.08.07.*

25 Die Informationen in diesem Text beruhen auf Forschungen von Uwe Meier, Vorsitzender des Berufsverbands Deutscher Neurologen in Neuss, *22.06.07.*

26 Die Informationen dieses Textes basieren auf Erkenntnissen von Rainer Niemann, Biologe und Papageienexperte aus Münster, 20.07.07.

27 Die Informationen in diesem Text beruhen auf Aussagen von Nils Hinrichsen, Lebensmittelchemiker an der Universität Hamburg, 27.07.07.

28 Die Informationen dieses Textes beruhen auf Erkenntnissen des Elektroingenieurs Bernhard Heil vom Institut für Hochspannungstechnik an der Rheinisch-Westfälischen Technischen Hochschule Aachen, 03.08.07.

29 Die Informationen in diesem Text beruhen auf Erkenntnissen von Professor Karl F. Mann, Suchtexperte der Deutschen Gesellschaft für Psychiatrie, Psychotherapie und Nervenheilkunde, *31.08.07. Für weitere Informationen siehe* dgppn.de und psychiater-im-netz.de.

30 Die Informationen in diesem Text beruhen auf Beobachtungen von Stefanie Armbrust, Tierärztin in der Eichhörnchen-Auffangstation in Eckernförde, *21.09.07. Weitere Informationen unter* eichhoernchen-schutz.de.

31 Die Informationen dieses Textes beruhen auf Forschungen von Professor Wolfram Kollatschny, Direktor des Instituts für Astrophysik an der Universität Göttingen, *07.09.07.*

32 Die Informationen in diesem Text beruhen auf Forschungsergebnissen von Professor Werner Schempp, Anthropologe und Humangenetiker an der Universität Freiburg, 14.09.07.

33 Die Informationen in diesem Text beruhen auf Erkenntnissen von Professor Dieter Adelung, mariner Zoologe am Leibniz-Institut für Meereswissenschaften in Kiel, *12.10.07. Weitere Informationen unter* ifm-geomar.de.

34 Die Informationen in diesem Text beruhen auf Erkenntnissen von Erik Senger, Hautarzt in Rödermark und Mitglied des Berufsverbands der Deutschen Dermatologen, 30.11.07.

35 Die Informationen in diesem Text beruhen auf Erläuterungen von Professor Robert Sausen vom Institut für Physik der Atmosphäre am Deutschen Zentrum für Luft- und Raumfahrt (DLR) in Oberpfaffenhofen, 21.12.07.

36 Die Informationen dieses Textes beruhen auf Forschungsergebnissen von Hanns Hatt, Professor für Biologie an der Ruhr-Universität Bochum, 28.12.07.

37 Die Informationen in diesem Text basieren auf Aussagen von Klaus Müller-Schilling, Kurator im Zoo Hannover, 04.01.08.

38 Die Informationen in diesem Text basieren auf Forschungen von Dirk Ziems, Konsumforscher und Geschäftsführer des Kölner Instituts ifm Wirkungen und Strategien, 18.01.08.

39 Die Informationen dieses Textes basieren auf Daten des Statistischen Bundesamtes in Wiesbaden und Aussagen von Christian Albring, Präsident des Berufsverbands der Frauenärzte, 25.01.08.

40 Die Informationen in diesem Text basieren auf Erläuterungen von Bernd Herkner, Biologe und Leiter des Naturmuseums Senckenberg in Frankfurt am Main, 01.02.08.

41 Die Informationen dieses Textes beruhen auf Erkenntnissen von Klaus Schwarzer, Geologe an der Universität Kiel, 08.02.08.

[42] Die Informationen dieses Textes basieren auf Aussagen von Michael Deeg vom Berufsverband der Hals-Nasen-Ohrenärzte, 29.02.08.

[43] Die Informationen dieses Textes basieren auf Erkenntnissen von Ines Lanzl, Professorin für Augenheilkunde an der Technischen Universität München, *14.03.08.*

[44] Die Informationen in diesem Text beruhen auf Forschungen von Peter Christian Lorenzen, Lebensmitteltechnologe am Max Rubner-Institut (Bundesforschungsinstitut für Ernährung und Lebensmittel), *11.04.08. Siehe auch* bfel.de.

[45] Die Informationen in diesem Text beruhen auf Erläuterungen von Klaus Hoffmann, leitender Oberarzt der Hautklinik der Universität Bochum, 18.04.08.

[46] Die Informationen dieses Textes basieren auf Aussagen von Rüdiger Greinert, Biophysiker und Generalsekretär der Europäischen Gesellschaft zur Hautkrebsprävention (Euroskin), *02.05.08. Siehe auch* euroskin.eu.

[47] Die Informationen in diesem Text beruhen auf Erklärungen von Jürgen Kusche, Leiter des Bereichs Schwerefeld am GeoForschungsZentrum (GFZ) Potsdam, *09.05.08. Siehe auch www.*gfz-potsdam.de.

[48] Die Informationen dieses Textes beruhen auf Erkenntnissen von Dietlind Friedrich vom Berufsverband der Augenärzte Deutschlands, 23.05.08.

[49] Die Informationen in diesem Text beruhen auf Aussagen von Bernd Herkner, Biologe und Leiter des Naturmuseums Senckenberg in Frankfurt am Main, 27.06.08.

[50] Die Informationen in diesem Text basieren auf Ausführungen des Meteorologen Gerhard Lux vom Deutschen Wetterdienst in Offenbach, 30.05.08.

[51] Die Informationen in diesem Text basieren auf Forschungen von Professor Wulf Schiefenhövel, Vorsitzender der Gesellschaft für Anthropologie und Humanethologe am Max-Planck-Institut in Andechs, 01.08.08.

[52] Die Informationen in diesem Text beruhen auf Erkenntnissen von Professor Michael Grashorn vom Institut für Tierhaltung und Tierzüchtung der Universität Hohenheim, 04.07.08.

[53] Die Informationen in diesem Text basieren auf Erläuterungen von Professor Ferdinand Binkofski von der Universität Lübeck, 10.10.08.

[54] Die Informationen in diesem Text basieren auf Ausführungen von Horst Dauter, Geschäftsführer des Bundesverbands der Deutschen Augenoptiker in Braunschweig, und Elke Giese, Modische Leiterin beim Deutschen Mode-Institut in Köln, 11.07.08.

[55] Die Informationen in diesem Text basieren auf Ausführungen von Professor Peter Eilts vom Institut für Verbrennungskraftmaschinen der Technischen Universität Braunschweig, 24.10.08.

[56] Die Informationen dieses Textes basieren auf Erläuterungen von Karina Tarantik, Chemikerin an der Ludwig-Maximilians-Universität München, 18.07.08.

[57] Die Informationen in diesem Text beruhen auf Erkenntnissen der Herforder Ernährungswissenschaftlerin Ines Beine, 15.08.08.

[58] Die Informationen in diesen Text basieren auf Forschungen von Axel Buchner, Psychologie-Professor an der Heinrich-Heine-Universität in Düsseldorf, 17.10.08.

[59] Die Informationen in diesem Text beruhen auf Erklärungen von Professor Gereon Fink, Direktor der Klinik und Poliklinik für Neurologie an der Universitätsklinik Köln, 31.10.08.

[60] Die Informationen in diesem Text basieren auf Aussagen von Professor Wolfram Delius vom Berufsverband Deutscher Internisten, *21.11.08.*

[61] Die Informationen in diesem Text beruhen auf Erkenntnissen des Lachforschers und Humanbiologen Professor Carsten Niemitz von der Freien Universität Berlin, 02.01.09.

[62] Die Informationen in diesem Text basieren auf Forschungen der Professorin Ulrike Blume-Peytavi vom Kompetenzzentrum für Haare und Haarerkrankungen der Berliner Charité, 16.01.09.

[63] Die Informationen dieses Textes beruhen auf Aussagen von Professor Onur Güntürkün, Biopsychologe an der Ruhr-Uni Bochum, 23.01.09.

[64] Die Informationen in diesem Text basieren auf Erkenntnissen von Ulrich Kutschera, Professor für Pflanzenphysiologie und Evolutionsbiologie an der Uni Kassel, 13.02.09.

[65] Die Informationen in diesem Text basieren auf Forschungen von Carsten Niemitz, Professor für Humanbiologie an der FU Berlin, 20.02.09.

[66] Die Informationen in diesem Text basieren auf Erkenntnissen von Peter Henningsen, Professor für psychosomatische Medizin an der TU München, 27.02.09.

[67] Die Informationen in diesem Text basieren auf Aussagen von Hanns Hatt, Professor für Zellphysiologie an der Ruhr-Universität Bochum, 06.03.09.

[68] Die Informationen dieses Textes beruhen auf Forschungen von Torsten Schöneberg, Professor für Biochemie und Endokrinologie an der Uni Leipzig, 27.03.09.

[69] Die Informationen in diesem Text beruhen auf Ausführungen von Johannes Petersen, emeritierter Professor für Kleintierzucht der Uni Bonn, *03.04.09.*

[70] Die Informationen in diesem Text basieren auf Erkennnissen des Sportwissenschaftlers und Schwimmexperten Andreas Bieder von der Deutschen Sporthochschule in Köln, 17.04.09.

[71] Die Informationen in diesem Text beruhen auf Forschungen des Saarbrückerer Psychologen und Attraktivitätsforschers Ronald Henss, 24.04.09.

[72] Die Informationen in diesem Text basieren auf Aussagen des Venenspezialisten Professor Eberhard Rabe, Präsident der Deutschen Gesellschaft für Phlebologie, 29.05.09.

[73] Die Informationen dieses Textes beruhen auf Berichten von Karl Kronig, stellvertretender Direktor des Museums für Kommunikation in Bern, und Christian Herzog vom Branchenverband der Informationswirtschaft, Bitkom, 05.06.09.

[74] Die Informationen in diesem Text basieren auf Aussagen von Professor Klaus-Peter Jünemann, Direktor der Klinik für Urologie des Kieler Uniklinikums, 12.06.09.

[75] Die Informationen dieses Textes beruhen auf Erkenntnissen von Professor Jürgen Zulley, Leiter des Schlafmedizinischen Zentrums und leitender Psychologe am Universitäts- und Bezirksklinikum Regensburg, 03.07.09.

[76] Die Informationen in diesem Text basieren auf Ausführungen von Ulrich Hansen, Direktor des Instituts für Geophysik der Universität Münster, 10.07.09.

[77] Die Informationen in diesem Text basieren auf der Forschung von Tatjana Kleine vom Lehrstuhl für Botanik der Ludwig-Maximilians-Universität in München, 24.07.09.

[78] Die Informationen in diesem Text beruhen auf Erkenntnissen des Tierarzts Frank Merkt von der Tierklinik Neckarwiesen in Esslingen, 31.07.09.

[79] Die Informationen in diesem Text basieren auf Erläuterungen von Professor Ernst Tamm vom Lehrstuhl für Humananatomie und Embryologie der Universität Regensburg, 07.08.09.

[80] Die Informationen in diesem Text basieren auf Forschungen von Harald Giessen, Direktor des 4. Physikalischen Instituts der Universität Stuttgart, 21.08.09.

[81] Die Informationen in diesem Text basieren auf Untersuchungen von Friedrich Ladich von der Universität Wien, *28.08.09*. Auf der Homepage der Arbeitsgruppe um Ladich (homepage.univie.ac.at/friedrich.ladich/) kann jeder hören, wie es beispielsweise klingt, wenn ein Piranha sich Gehör verschafft oder ein verärgerter Wels meckert.

[82] Die Informationen in diesem Text basieren auf Forschungen von Marie-Luise Schwarz-Schilling, Anthropologin aus Berlin und Autorin des Buches *Die Ehe - Seitensprung der Geschichte*, Dielmann 2005. 02.10.09.

[83] Die Informationen in diesem Text basieren auf Studien der Zwillingsforscherin Meike Watzlawik von der TU Braunschweig, 11.09.09.

[84] Die Informationen in diesem Text basieren auf Aussagen von Ernst Tamm vom Lehrstuhl für Humananatomie und Embryologie der Universität Regensburg, 23.10.09.

[85] Die Informationen in diesem Text basieren auf Untersuchungen des Mumienforschers Frank Rühli von der Universität Zürich, 30.10.09.

[86] Die Informationen in diesem Text beruhen auf Ausführungen von Ulrich Hansen, Direktor des Instituts für Geophysik der Universität Münster, 13.11.09.

[87] Die Informationen in diesem Text basieren auf Erkenntnissen von Justus Ilgner, leitender Oberarzt an der Hals-, Nasen- und Ohren-Klinik des Universitätsklinikums Aachen, 20.11.09.

[88] Die Informationen in diesem Text basieren auf Erkenntnissen von Johannes Wagner, Chefarzt der Abteilung für Endokrinologie an der Schlossklinik Abtsee in Laufen, 27.11.09.

[89] Die Informationen in diesem Text basieren auf Forschungen von Andrea Polle, Leiterin der Abteilung Forstbotanik und Baumphysiologie an der Georg-August-Universität Göttingen, 18.12.09.

[90] Die Informationen in diesem Text basieren auf Erkenntnissen von Thomas Beikler, Direktor der Poliklinik für Zahnerhaltung und Präventive Zahnheilkunde in Düsseldorf, 08.01.10.

[91] Die Informationen in diesem Text basieren auf Studien von Henner Simianer von der Abteilung für Tierzucht und Haustiergenetik an der Georg-August-Universität Göttingen, 22.01.10.

[92] Die Informationen in diesem Text basieren auf Erkenntnissen von Sabine Wenisch vom Institut für Veterinär-Anatomie, -Histologie und -Embryologie an der Justus-Liebig-Universität Gießen, 05.02.10.

[93] Die Informationen in diesem Text beruhen auf Untersuchungen von Peter Rosenkranz, Leiter der Landesanstalt für Bienenkunde an der Universität Hohenheim, 12.02.10.

[94] Die Informationen in diesem Text basieren auf Forschungen von Sabine Ellinger vom Institut für Ernährungs- und Lebensmittelwissenschaften der Universität Bonn, 18.06.10.

[95] Die Informationen in diesem Text beruhen auf Forschungsergebnissen von Helmut Fuchs, wissenschaftlicher Leiter der »German Mouse Clinic« am Helmholtz-Zentrum München, 12.03.10.

[96] Die Informationen in diesem Text beruhen auf Erkenntnissen von Johannes Wagner, Chefarzt der Abteilung für Endokrinologie an der Schlossklinik Abtsee in Laufen, 09.04.10.

[97] Die Informationen in diesem Text basieren auf Beobachtungen des Vogelexperten Julian Heiermann vom Naturschutzbund Deutschland (NABU) in Berlin, 23.04.10.

[98] Die Informationen in diesem Text beruhen auf Studien von Clemens Büttner vom Institut für Orientalische und Ostasiatische Philologien der Universität Frankfurt am Main, 16.07.10.

[99] Die Informationen in diesem Text beruhen auf Aussagen des Inga Tiemann, Leiterin des wissenschaftlichen Geflügelhofs des Bundes deutscher Rassegeflügelzüchter, 30.04.10.

[100] Die Informationen in diesem Text basieren auf Erkenntnissen von Joachim Fritz von der »Kleintierklinik am Landratsamt« in Heilbronn, 14.05.10.

[101] Die Informationen in diesem Text beruhen auf Forschungen von Professor Andre Lipski vom Institut für Ernährungs- und Lebensmittelwissenschaften der Rheinischen Friedrich-Wilhelms-Universität Bonn, 05.11.10.

[102] Die Informationen dieses Textes basieren auf Beobachtungen von Inga Tiemann, Leiterin des wissenschaftlichen Geflügelhofs des Bundes deutscher Rassegeflügelzüchter, 21.05.10.

[103] Die Informationen in diesem Text basieren auf Erklärungen von Dietmar Belda, Präsident des deutschen Bauchrednerverbandes, 28.05.10.

[104] Die Informationen in diesem Text basieren auf Untersuchungen von Christine Luckenbach vom Institut für humangenetische Analytik in Tübingen, 09.07.10.

[105] Die Informationen in diesem Text basieren auf Untersuchungen des Verhaltensforschers Dennis Turner vom Institut für angewandte Ethologie und Tierpsychologie in Hirzel bei Zürich, 06.08.10.

[106] Die Informationen in diesem Text basieren auf Ausführungen des Dermatologen Daniel Schäfer aus Öhringen, 20.08.10.

[107] Die Informationen in diesem Text basieren auf Forschungen von Thomas Wagner, Dozent für Biologie an der Universität Koblenz-Landau, 03.09.10.

[108] Die Informationen dieses Textes beruhen auf Aussagen von Heinrich Meyer, Leiter des Lehrstuhls für Physiologie der Technischen Universität München, 10.09.10.

[109] Die Informationen in diesem Text basieren auf Erkenntnissen von Oliver Bischoff vom Institut für Flugzeugbau der Universität Stuttgart, 24.09.10.

[110] Die Informationen in diesem Text basieren auf Ausführungen von Heinz Pitsch vom Institut für Technische Verbrennung an der Universität Aachen, 01.10.10.

[111] Die Informationen in diesem Text basieren auf Erkenntnissen von Matthias Franz vom Landesamt für Geologie, Rohstoffe und Bergbau in Freiburg, 08.10.10.

[112] Die Informationen in diesem Text basieren auf Erklärungen des Biologen Heiner Klös vom Zoo Berlin, 12.11.10.

[113] Die Informationen in diesem Text beruhen auf Beorbachtungen von Bernhard Mühr vom Institut für Meteorologie und Klimaforschung in Karlsruhe, 03.12.10.

[114] Die Informationen in diesem Text basieren auf Ausführungen von Lars Frömmig vom Institut für Fahrzeugtechnik an der TU Braunschweig, 24.12.10.

[115] Die Informationen in diesem Text basieren auf Beobachtungen von Julian Heiermann vom Naturschutzbund Deutschland, 31.12.10.

[116] Die Informationen in diesem Text beruhen auf Aussagen von Hans-Jürgen Trojan, Augenarzt aus Marburg, 15.10.10.

[117] Die Informationen in diesem Text basieren auf Erkenntnissen von Antje Gahl von der Deutschen Gesellschaft für Ernährung in Bonn, 07.01.11.

[118] Die Informationen in diesem Text basieren auf Forschungen von Karina Morgenstern vom Institut für Festkörperphysik der Universität Hannover, 14.01.11.

[119] Die Informationen in diesem Text basieren auf Studien von Axel Kramer, Direktor des Instituts für Hygiene und Umweltmedizin an der Universität Greifswald, 21.01.11.

[120] Die Informationen in diesem Text basieren auf Erklärungen von Hartmut Höller, Wolkenphysiker am Institut für Physik der Atmosphäre in Oberpfaffenhofen-Wessling, 28.01.11.

[121] Die Informationen in diesem Text basieren auf Aussagen von André Schüle vom Zoo Berlin, 04.02.11.

[122] Die Informationen in diesem Text basieren auf Erkenntnissen von Herbert Swenson vom US Geological Survey (USGS) in Denver, Albert Gerdes vom MARUM in Bremen und Rainer Feistel vom Leibniz-Institut für Ostseeforschung Warnemünde. 14.10.11.

[123] Die Informationen in diesem Text basieren auf Erkenntnissen von Julian Heiermann vom Naturschutzbund Deutschland (NABU), 18.02.11.

[124] Die Informationen in diesem Text basieren auf Beobachtungen von Sebastian Schröter von der Hamburger Sternwarte, 25.02.11.

[125] Die Informationen in diesem Text basieren auf Untersuchungen von Bernhard Ronacher von der Humboldt Universität zu Berlin, 18.03.11.

[126] Die Informationen in diesem Text basieren auf Forschungen von Lothar Wondraczek, Professor am Institut für Glas und Keramik der Universität Erlangen, und Philip Moriarty, Nanoforscher an der Universität von Nottingham, 08.07.11.

[127] Die Informationen in diesem Text basieren auf Erkenntnissen von Niels Rattenborg vom Max-Planck Institut für Ornithologie in Seewiesen, 15.07.11.

[128] Die Informationen in diesem Text beruhen auf Erkenntnissen der Lebensmittelchemikerin Natascha Brandes von der Freien Universität Berlin sowie von Professor Gerhard Ruhenstroth-Bauer vom Max-Planck-Institut für Biochemie und dem Laienforscher Hans Baumer, 04.07.03.

[129] Die Informationen in diesem Text basieren auf Ausführungen von Christian Voigt vom Leibniz-Institut für Zoo- und Wildtierforschung in Berlin, *05.08.11.*

[130] Die Informationen in diesem Text basieren auf Erkenntissen des Rohstoffexperten Hermann Wotruba von der RWTH Aachen, 12.08.11.

[131] Die Informationen in diesem Text basieren auf Untersuchungen des britischen Physikers Peter Vukusic von der University of Exeter, 19.08.11.

[132] Die Informationen in diesem Text basieren auf Erkenntnissen von Torben Küchler vom Institut für Biochemie und Lebensmittelchemie der Universität Hamburg, 19.09.03.

133 Die Informationen dieses Textes basieren auf Forschungen von Kellar Autumn vom Lewis & Clark College in Portland, Oregon. Er und seine Kollegen gehören zu den Wissenschaftlern, die sich seit Jahren mit den Geckofüßen beschäftigen. Auch die deutsche Forschergruppe um Eduard Arzt vom Leibnitz Institut für Neue Materialien (INM) widmet sich dieser Forschung. 02.09.11.

134 Die Informationen in diesem Text basieren auf Erklärungen von Richard Huber vom Fachinformationszentrum Chemie in Berlin, 09.09.11.

135 Die Informationen in diesem Text basieren auf Untersuchungen des Schneckenforschers Gerhard Haszprunar von der Ludwig-Maximilians-Universität in München und Thomas Hülsken von der University of Queensland in Brisbane, 30.09.11.

136 Die Informationen in diesem Text beruhen auf Forschungen von Yvonne Pörs vom Institut für Biologie der Humboldt-Universität zu Berlin, 07.10.11.

137 Die Informationen dieses Textes beruhen auf Untersuchungen des Schlafforschers Tilmann Müller vom Universitätsklinikum Münster und Andrea Rodenbeck aus der AG Schlafforschung & Klinische Chronobiologie der Charité-Universitätsmedizin Berlin, 28.10.11.

138 Die Informationen in diesem Text basieren auf Forschungen der Vogelkundlers Jason Mobley von der Cornell University im US-amerikanischen Bundesstaat New York und Christina Bauch vom Institut für Vogelforschung »Vogelwarte Helgoland«, 11.11.11.

139 Die Informationen in diesem Text beruhen auf Studien der Neurowissenschaftler Charles Simon und William Emmons aus dem Jahr 1956 sowie von Ken Paller von der Northwestern University in Evanston und Marcos Frank von der University of Pennsylvania in Philadelphia, 04.11.11.

140 Die Informationen in diesem Text basieren auf Untersuchungen von Professorin Cornelia Deeg vom Institut für Tierphysiologie an der Tierärztlichen Fakultät der Ludwig-Maximilians-Universität München, 19.12.08.

141 Die Informationen in diesem Text basieren auf Erkenntissen von Professor Michael Strupp, Leiter der Schwindel-Ambulanz an der Universitätsklinik der Ludwig-Maximilians-Universität München, 20.04.07.

142 Die Informationen in diesem Text basieren auf Forschungen von Wolfgang Kreischer, Vorstand im Berliner Landesverband der Allgemeinärzte, 21.03.03.

143 Die Informationen in diesem Text basieren auf Forschungen des Biopsychologen Professor Onur Güntürkün der psychologischen Fakultät der Ruhr-Universität Bochum, 04.05.07.

144 Die Informationen in diesem Text beruhen auf Aussagen der Ernährungswissenschaftlerin Heike Brinkmann-Reitz vom Deutschen Grünen Kreuz, 19.12.03.

[145] Die Informationen in diesem Text basieren auf Erläuterungen von Christine Ströhlein vom Schmetterlings-Paradies Neuenmarkt, 07.11.03. Weitere Infos unter www.schmetterlingspark.de.

[146] Die Informationen in diesem Text basieren auf Forschungen von Professor Josef H. Reichholf von der Zoologischen Staatssammlung München. Er ist Biologe und Autor mehrerer Bücher zum Thema Evolution. 31.10.03.

[147] Die Informationen in diesem Text beruhen auf Aussagen von Ulrich Diehl, Geschäftsführer des »Biosphärenhauses« im Pfälzerwald, 24.10.03.

[148] Die Informationen in diesem Text basieren auf Studien des Biopsychologen Onur Güntürkün von der Ruhr-Universität Bochum sowie von Psychotherapeutin Johanna Barbara Sattler, die seit 1985 in München die bundesweit erste deutsche Beratungsstelle für Linkshänder betreut und auch schon zahlreiche Bücher zu diesem Thema veröffentlicht hat. Mehr Informationen unter www.lefthander-consulting.org. 03.10.03

[149] Die Informationen in diesem Text beruhen auf Aussagen von Georg Mehrle vom Berufsverband der Augenärzte, 25.07.03.

[150] Die Informationen in diesem Text basieren auf Erklärungen von Thomas Hagbeck vom Umweltbundesamt, 11.07.03.

[151] Die Informationen in diesem Text basieren auf Beobachtungen des Meteorologen Gerhard Lux vom Deutschen Wetterdienst, 20.06.03.

[152] Die Informationen in diesem Text beruhen auf Erkenntnissen des Wildtierforschers Dieter Martin, Leiter der Forschungsstation Gut Klepelshagen, 30.05.03.

[153] Die Informationen in diesem Text basieren auf Erläuterungen des Allgemeinmediziners Gerson Brunke, 01.11.02.

[154] Die Informationen in diesem Text basieren auf Forschungen des Verhaltensphysiologen Bernhard Ronacher von der Humboldt-Universität Berlin, 16.05.03.

[155] Die Informationen dieses Textes basieren auf Forschungen der Privatdozentin Sonja Ständer, Leiterin der Juckreiz-Ambulanz an der Hautklinik der Universität Münster. Weitere Informationen unter juckreiz-informationen.de. 11.05.07.

[156] Die Informationen in diesem Text basieren auf Erkenntnissen von Wolfgang Gerlach, Professor am Institut für Botanik und Pflanzenschutz im Wissenschaftszentrum Weihenstephan, 04.10.02.

[157] Die Informationen in diesem Text basieren auf Beobachtungen des Psychologen Thomas Ellwart von der Technischen Universität (TU) Dresden, an dessen Fachbereich die Spinnenangst erforscht wird; 02.08.02.

[158] Die Informationen in diesem Text basieren auf Aussagen von Michael Maiwald vom Herz-Kreislauf-Telefon in Heidelberg, 26.07.02.

159 Die Informationen in diesem Text basieren auf Erkenntnissen des Dermatologen Erik Senger aus Rödermark und des Greifswalder Insektenforschers Professor Werner Mohrig, 11.05.07.

160 Die Informationen in diesem Text basieren auf Forschungsergebnissen von Danuta Sobczak, Fachärztin für Dermatologie an der Erich-Lexer-Klinik in Freiburg, und Klaus Hoffmann, leitender Oberarzt der Hautklinik der Universität Bochum, 01.12.06.

161 Die Informationen in diesem Text beruhen auf Erklärungen von Gerhard Lux vom Deutschen Wetterdienst (DWD), 29.04.05.

162 Die Informationen in diesem Text basieren auf Erkenntnissen von Professor Frank Schaeffel von der Universitätsaugenklinik Tübingen und Professor Christian Ohrloff, Direktor der Universitäts-Augenklinik der Johann Wolfgang Goethe Universität in Frankfurt am Main, 12.08.05.

163 Die Informationen in diesem Text basieren auf Forschungen von Regina Gäbler, Ärztin im Schlaflabor des Krankenhauses Jerusalem in Hamburg, sowie von Peter Geisler, Schlafforscher an der Universität Regensburg, 16.09.05.

164 Die Informationeni in diesem Text beruhen auf Forschungen von Professor Andreas Schmid, Oberarzt der Sportmedizinischen Abteilung der Universitätsklinik Freiburg, 17.02.06.

165 Die Informationen in diesem Text basieren auf Beobachtungen von Joachim Mogdans, Privatdozent am Institut für Zoologie der Universität Bonn, 24.02.06.

166 Die Informationen dieses Textes beruhen auf Forschungen von Jörg Häseler, promovierter Lebensmittelchemiker vom Potsdamer Institut für Ernährungsforschung, 19.07.02.

167 Die Informationen in dieem Text basieren auf Forschungen des Verhaltensbiologen Udo Gansloßer, 10.03.06.

168 Die Informationen in diesem Text beruhen auf Untersuchungen von Professor Klaus Mees, Oberarzt an der Hals-Nasen-Ohren-Klinik der Universität München, 15.02.08.

169 Die Informationen in diesem Text beziehen sich auf Angaben von Matthias Moehl, dem Vorsitzenden des Vereins für hochbegabte Menschen (Mensa) in Deutschland, Thomas Eckerle vom Institut für Leistungsentwicklung und Sue Ramsden vom University College London (IGL), 11.04.08.

170 Die Informationen in diesem Text beruhen auf Forschungsergebnissen des Ornithologen Ommo Hüppop von der Inselstation der Vogelwarte Helgoland, 03.11.06.

171 Die Informationen in diesem Text basieren auf Erläuterungen von Michael Bauer vom Deutschen Wetterdienst (DWD) in Offenbach, 31.05.02.

172 Die Informationen in diesem Text basieren auf Beobachtungen von Klaus Reinsch vom Institut für Astrophysik an der Universität Göttingen, 28.09.07.

173 Die Informationen in diesem Text basieren auf Erklärungen von Ellen Maushagen, niedergelassene Hautärztin in Karlsruhe, 23.08.02.

[174] Die Informationen dieses Textes beruhen auf Aussagen von Gerhard Lux, Diplom-Meteorologe beim Deutschen Wetterdienst, 07.12.07.

[175] Die Informationen in diesem Text basieren auf Untersuchungen von Monika Korte, Geophysikerin am GeoForschungsZentrum Potsdam, 11.01.08.

[176] Die Informationen in diesem Text basieren auf Erkenntnissen von Professor Peter Falkai von der Deutschen Gesellschaft für Psychiatrie, Psychotherapie und Nervenheilkunde in Berlin, *07.03.08. Weitere Informationen unter www.*psychiater-im-netz.de.

[177] Die Informationen dieses Textes beruhen auf Forschungen von Joachim Dodenhöft, Oberarzt der Hals-Nasen-Ohren-Klinik im Städtischen Klinikum Karlsruhe, und von Wissenschaftler James Heathcote, 25.07.08.

[178] Die Informationen in diesem Text beruhen auf Untersuchungen von Siegfried Behrendt vom Institut für Zukunftsstudien und Technologiebewertung in Berlin, 08.08.08.

[179] Die Informationen in diesem Text beruhen auf Studien von Klaus Bucher, Biometeorologe vom Deutschen Wetterdienst (DWD) in Freiburg, 07.11.08

[180] Die Informationen in diesem Text beziehen sich auf Forschungen von Professor Norbert Grosser, Zoologe an der Fachhochschule Erfurt, und Othmar Marti, Professor für experimentelle Physik an der Uni Ulm, 14.11.08.

[181] Die Informationen dieses Textes beruhen auf Studien des Entwicklungspsychologen Harald Werneck von der Uni Wien, 13.03.09.

[182] Die Informationen in diesem Text basieren auf Erkenntnissen von Professor Helmut König, Leiter des Instituts für Mikrobiologie und Weinforschung der Uni Mainz, 20.03.09.

[183] Die Informationen dieses Textes basieren auf Aussagen von Volker Lenk, Sprecher des Deutschen Blinden- und Sehbehindertenverbands in Berlin, 17.07.09.

[184] Die Informationen in diesem Text basieren auf Studien von Astrophysiker Stefan Gillessen vom Max-Planck-Institut für extraterrestrische Physik in Garching bei München, 04.09.09.

[185] Die Informationen in diesem Text beruhen auf Untersuchungen von Hans-Joachim Appell, Professor für Funktionale Anatomie an der Sporthochschule Köln, 10.11.06.

[186] Die Informationen dieses Textes basieren auf Studien des Göttinger Psychiaters und Angstforschers Borwin Bandelow, 15.01.10.

[187] Die Informationen in diesem Text basieren auf Forschungen von John Nyakatura vom Institut für Spezielle Zoologie und Evolutionsbiologie der Friedrich-Schiller-Universität Jena, 19.02.10.

[188] Die Informationen in diesem Text beruhen auf Untersuchungen von Martina Clemens-Ströwer vom Berufsverband Deutscher Baubiologen, 19.03.10.

189 Die Informationen in diesem Text basieren auf Studien von Claudia Moser von der Internationalen Gesellschaft für Blutegeltherapie, 16.04.10.

190 Die Informationen in diesem Text basieren auf Forschungen des Weinexperten Klaus Epperlein vom Mitteldeutschen Institut für Weinforschung der Hochschule Anhalt in Köthen, 22.05.09.

191 Die Informationen dieses Textes basieren auf Forschungsergebnissen von Norbert Becker, wissenschaftlicher Leiter der Kommunalen Aktionsgemeinschaft zur Bekämpfung der Schnakenplage am Rhein, 04.06.10.

192 Die Informationen in diesem Text beruhen auf Erkenntnissen von Gottfried Behler vom Institut für Technische Akustik der Universität Aachen, 11.02.11.

193 Die Informationen dieses Textes basieren auf Forschungen von Michael Kessel vom Max-Planck-Institut für biophysikalische Chemie in Göttingen, 01.04.11.

194 Die Informationen in diesem Text basieren auf Studien von Jürgen Zulley, Leiter des Schlafmedizinischen Zentrums der Psychiatrischen Universitätsklinik am Bezirksklinikum Regensburg, 27.06.03.

195 Die Informationen in diesem Text basieren auf Ausführungen von Andreas Friedrich, Meteorologe beim Deutschen Wetterdienst (DWD) in Offenbach, 03.01.03.

196 Die Informationen in diesem Text beziehen sich auf Forschungen von Professor Göran Hajak, Ärztlicher Leiter des Schlafmedizinischen Zentrums der Universität Regensburg, 10.02.06.

197 Die Informationen in diesem Text basieren auf Erkenntnissen von Professor Jens B. Asendorpf, Persönlichkeitspsychologe an der Berliner Humboldt-Universität, 28.11.08.

198 Die Informationen in diesem Text beruhen auf Studien von Augenärzten der Deutschen Ophthalmologischen Gesellschaft (DOG) sowie Elisabeth Messmer von der Augenklinik der Ludwig-Maximilians-Universität München, 16.09.11.

199 Die Informationen in diesem Text basieren auf Erkenntissen von Craig Reynolds sowie von Forscher John Toner von der Universität Oregon und Yuhai Tu vom Watson-Forschungszentrum der Firma IBM, 02.02.01.

200 Die Informationen in diesem Text basieren auf Studien von Heike Bohne vom Institut für Zierpflanzen- und Gehölzwissenschaften der Leibniz Universität in Hannover, 17.12.10.